YUANGONG ANQUAN SHENGCHAN
ZHISHI DAODU

员工安全生产
知识导读

焦建荣　主编

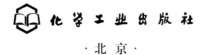

化学工业出版社

·北京·

内容简介

《员工安全生产知识导读》一书分为安全生产概述与法律知识、安全生产技术基础知识、安全生产危险作业防范知识、安全生产管理知识、生产安全事故预防知识、应急救护知识、数字化信息技术在安全管理中的应用七章。每章中都选用一些典型的事故案例作对照，依据国家安全生产法律法规、标准和管理要求，阐述了学习安全生产知识的重要性和必要性，旨在帮助员工掌握所需要的安全知识和方法，确保企业安全生产。

本书图文并茂，语言简洁，浅显易懂，具有较好的可读性，有利于安全生产知识的普及。每章都设有二维码，用手机扫描就能获得丰富的安全生产知识、管理方法及视频、图片等内容。本书可作为就业前从业人员安全生产教育和新员工入厂安全教育的基本教材，也可作为生产经营单位负责人、安全生产管理人员及其他有关人员安全生产培训的辅导用书。

图书在版编目（CIP）数据

员工安全生产知识导读/焦建荣主编. —北京：化学工业出版社，2023.10
ISBN 978-7-122-43799-0

Ⅰ.① 员… Ⅱ.① 焦… Ⅲ.① 企业管理-安全生产-基本知识 Ⅳ.① X931

中国国家版本馆CIP数据核字（2023）第130060号

责任编辑：高　震　　　　　　　　　　　装帧设计：韩　飞
责任校对：王　静

出版发行：化学工业出版社（北京市东城区青年湖南街13号　邮政编码100011）
印　　装：北京宝隆世纪印刷有限公司
787mm×1092mm　1/16　印张23½　字数550千字　2023年11月北京第1版第1次印刷

购书咨询：010-64518888　　　　　　　　　售后服务：010-64518899
网　　址：http://www.cip.com.cn
凡购买本书，如有缺损质量问题，本社销售中心负责调换。

定　　价：120.00元　　　　　　　　　　　　　　　版权所有　违者必究

《员工安全生产知识导读》
编写人员名单

主　　编： 焦建荣

编写人员：

王赟枫	王建忠	王　乾	季　琳	王　波
梁雪锋	王　俊	王建东	章　可	杨成栋
谈　睿	荆志华	骆进联	祁晓霞	奚小松
王志刚	杨　帆	蒋中秋	蒋文胜	杨　彦
马卓南	俞　涛	黄　钦		

前　言

安全生产是企业发展的基石，员工是安全生产管理中最关键、最活跃的要素。没有员工，企业就无法正常运行；没有员工的安全，企业的生产就没有保障。只有强化安全教育培训，提高员工的安全意识和技能素质，才能促进企业安全生产。

《中华人民共和国安全生产法》第二十八条规定："生产经营单位应当对从业人员进行安全生产教育和培训，保证从业人员具备必要的安全生产知识，熟悉有关的安全生产规章制度和安全操作规程，掌握本岗位的安全操作技能，了解事故应急处理措施，知悉自身在安全生产方面的权利和义务"。第五十八条规定："从业人员应当接受安全生产教育和培训，掌握本职工作所需的安全生产知识，提高安全生产技能，增强事故预防和应急处理能力。"安全生产教育培训是企业安全生产工作中一项非常重要的基础性工作。对员工进行安全生产培训教育，是安全管理基本工作之一，在安全管理中占有重要的地位，也是确保安全生产的前提条件。只有加强安全教育培训，不断强化员工安全意识，增强员工生产事故防范能力，才能筑起牢固的安全生产思想防线。安全管理工作是一项涉及面广，技术性强的系统性工作。作为企业员工，虽不能样样精通，但基本的安全知识和安全技能必须了解、掌握。例如：要熟知国家有关安全生产的法律、法规和标准；企业的各项规章制度和规定，及本工种、本岗位的操作规程、工艺特点、主要危险（害）因素、易发事故类别、发生紧急情况时应采取的应急救援措施等。特别是随着企业规模的扩大，设备的更新换代，数字化、信息化、自动化程度的不断提高，对企业员工的自身素质、专业知识、操作技能都提出了更高的要求，这就需要不断学习和更新安全生产知识。因此，企业必须组织员工系统学习安全知识，把安全知识植入每位员工的心中，使每一位员工认识到安全生产的重要性，增强安全生产的法治观念，强化安全生产的责任感，提高遵守规章制度和劳动纪律的自觉性，提升科学技术知识水平，牢记操作规程和提高预防、处置事故的能力，保障生命和企业财产安全。

基于此，编者从提高企业员工安全生产综合素质出发，遵循安全认知和能力提高的基本逻辑，以普及企业员工在生产过程中必备的安全知识为目的，以《中华人民共和国安全生产法》《中华人民共和国职业病防治法》等法律法规为依据，结合各类伤亡事故进行案例分析，特编写了《员工安全生产知识导读》一书。

本书分为安全生产概述与法律知识、安全生产技术基础知识、安全生产危险作业防范知识、安全生产管理知识、生产安全事故预防知识、应急救护知识、数字化信息技术在安全管理中的应用七章，旨在使企业员工了解安全生产法律法规，维护自身合法的权利和履行义务，掌握安全防护知识，增强安全意识，提高安全操作技能，预防事故的发生，实现企业的安全生产。

本书既有理论知识，又有实用性知识，符合实际需求。本书主要呈现四大特点：一是语言简练、图文并茂，突出实用性和针对性，力求做到内容充实、语言通俗易懂、结构条理清晰、形式多样化。二是每章都有各类伤亡事故典型案例，在归纳、总结伤亡事故的原因、特点及其发生的规律的基础上，与国家有关安全生产的法律法规政策、各行业安全生产管理标准作对照，有理有据。三是专门介绍了数字化信息技术在安全管理中的应用，并着重介绍在建筑施工、石油化工、特种设备、机械制造业安全管理中应用数字化信息技术的实例，将力求推动各行业安全生产管理模式、管理方法的革新，提高设备的本质安全和监测、监管水平，有效减少事故的发生。四是每章都设有二维码，用手机扫描就能呈现更丰富的安全生产知识、管理方法及视频、图片等内容，阅读更立体，方便读者查看和应用。

本书共七章，由焦建荣担任主编。参加编写的还有王赟枫、王建忠、王乾、季琳、王波、梁雪锋、王俊、王建东、章可、杨成栋、谈睿、荆志华、骆进联、祁晓霞、奚小松、王志刚、杨帆、蒋中秋、蒋文胜、杨彦、马卓南、俞涛、黄钦。

本书在编写中引用和参考了国家、行业安全生产有关文献资料，同时得到了常州市总工会、常州市应急管理局、常州市市场监督管理局、常州市武进区总工会、常州市武安安全生产培训服务中心有限公司、中天钢铁集团有限公司、中盐常州化工股份有限公司、新阳科技集团有限公司、常州东风农机集团有限公司、江苏成章建设集团有限公司、江苏祥康科技有限公司等单位和有关专家的大力支持和协助，在此表示衷心感谢！

由于编者水平有限，书中难免有疏漏之处，恳请读者批评指正。

编　者
2023 年 2 月

目 录

安全生产技术基础知识

第三章
安全生产危险作业防范知识

第四章
安全生产管理知识

第五章

生产安全事故预防知识

第六章　268

应急救护知识

第七章　307

数字化信息技术在安全管理中的应用

第一章

安全生产概述与法律知识

第一节 安全生产的概念

一、什么是安全生产

根据《中华人民共和国安全生产法》（以下简称《安全生产法》）的释义，"安全生产"就是指在生产经营活动中，为避免发生造成人员伤害和财产损失的事故，有效消除或控制危险和有害因素而采取一系列措施，使生产过程在符合规定的条件下进行，以保证从业人员的人身安全与健康以及设备和设施免受损坏，环境免遭破坏，保证生产经营活动得以顺利进行的相关活动。

二、安全生产方针

依照《安全生产法》第三条规定，安全生产工作坚持中国共产党的领导。安全生产工作应当以人为本，坚持人民至上、生命至上，把保护人民生命安全摆在首位，树牢安全发展理念，坚持安全第一、预防为主、综合治理的方针，从源头上防范化解重大安全风险。安全生产工作实行管行业必须管安全、管业务必须管安全、管生产经营必须管安全，强化和落实生产经营单位主体责任与政府监管责任，建立生产经营单位负责、职工参与、政府监管、行业自律和社会监督的机制。

[相关链接]

"安全第一"强调了安全的重要性。人的生命是至高无上的，每个人的生命只有一次，要珍惜生命、爱护生命、保护生命。事故意味着对生命的摧残与毁灭，因此，生产活动中应把保护生命安全放在第一位，坚持最优先考虑人的生命安全。

图 1-1 所示的 2 起特别重大爆炸事故和 1 起较大中毒事故，向我们警示了坚持"安全第一"不能有丝毫的动摇。抓经济工作，必须正确处理好安全与生产、安全与效益的关系，在指导思想上，在资金投入上，在工作安排上，在岗位操作

上，要把安全工作放在各项工作的首位，安全工作是各项工作的重中之重，否则，生产经营活动就无法得到有效的保障。

隐患未除 粉尘爆炸　　　　违规储存 引发爆炸　　　　忽视安全 酿成中毒

图1-1　说明"安全第一"的重要性示图

"预防为主"是指安全工作的重点应放在预防事故的发生上。按系统工程理论，按照事故发展的规律和特点，预防事故的发生。安全工作应当做在生产活动之前，事先就充分考虑事故发生的可能性，并自始至终采取措施以防止和减少事故。

图1-2所示的3起较大事故，其主要原因都是前期没有做好预防措施，冒险蛮干，导致事故的发生。血的教训告诫我们，防范措施不能有丝毫的疏漏。对发现的事故隐患不能麻痹大意，要有严密的防范措施，并一抓到底，不留后患，确保整改到位。

措施不力 引发垮塌　　　　缺乏监管 电梯坠落　　　　盲目拆卸 塔吊倒塌

图1-2　做好"预防为主"的必要性示图

"综合治理"是指要自觉遵循安全生产规律，抓住安全生产工作中的主要矛盾和关键环节。要标本兼治，重在治本，采取各种管理手段预防事故发生。并综合运用科技、经济、法律、行政等手段，充分发挥社会、职工、舆论的监督作用，实现安全生产的齐抓共管。

图1-3所示的3起中毒事故示图，给了我们以下几点警示。

1.加强"综合治理"的思想不能有丝毫的松懈。对于作业中存在的安全隐患要做到全面分析，找出症结所在，制定防范措施，并落实到现场和人。

2.加强职工培训教育不能有丝毫的放松。在培训教育上要理论联系实际，采取有针对性、趣味性的培训方式方法，提高员工操作技能和应变能力。

3.加强监督检查不能有丝毫的遗漏。要广泛发动职工群众和社会中介组织，做好经常性、专业性、全面性的安全生产检查，确保安全。

盲目治理 造成中毒　　　　　违章检修 遭受中毒　　　　　缺乏知识 多人中毒

图1-3 开展"综合治理"工作的广泛性示图

三、安全生产管理

安全生产管理是针对人们在生产经营过程中的安全问题，运用有效的资源，发挥人们的智慧，通过人们的努力，进行有关决策、计划、组织和控制等活动，实现生产过程中人与机器设备、物料环境的和谐，从而避免或减少生产过程中由于事故所造成的人身伤害、财产损失、环境污染以及其他损失。

根据《安全生产法》第四条规定，生产经营单位必须遵守本法和其他有关安全生产的法律、法规，加强安全生产管理，建立健全全员安全生产责任制和安全生产规章制度，加大对安全生产资金、物资、技术、人员的投入保障力度，改善安全生产条件，加强安全生产标准化、信息化建设，构建安全风险分级管控和隐患排查治理双重预防机制，健全风险防范化解机制，提高安全生产水平，确保安全生产。安全生产管理的对象是企业员工、设备设施、物料、环境、财务、信息等。（员工参与安全生产管理的具体内容详见第四章）

[以案说法]

加强安全生产管理的重要性。

火灾事故示图见图1-4。

违规储存 引发火灾　　　　　违章搭建 造成火灾　　　　　把关不严 酿成火灾

事故原因：该公司违规储存危险化学品。堆场只能作为临时货物周转使用，不具备堆放三氯异氰尿酸、氢氧化钠等危险化学品的条件；同时放松入库时的安全管理，未对已经破损的包装袋并受潮吸湿的隐患进行检查，导致包装破损后三氯异氰尿酸吸湿分解发热，持续累积引燃塑料包装物，从而引发了火灾事故。

事故原因：该公司仓库本应属于防火间距的空间违章采用泡沫夹芯板搭建大棚，将建筑物连成一片，并在大棚下堆放了大量物料，不符合耐火等级和防火间距的要求，致使火灾仓库蔓延至邻近搭建的大棚，从而造成过火面积扩大。

事故原因：该中心医院配电室电缆短路时高温电弧和金属喷溅颗粒引发了电缆沟内的可燃物；配电室及部分电器设备改造工程中存在施工质量不合格现象，没有组织检测验收就直接投入使用，特别是购置、敷设了质量不合格的电缆，从而埋下了安全隐患，是该起事故的违规原因。

图1-4 吸取事故（以火灾事故为例）教训，狠抓安全生产管理工作示图

四、安全生产技术

安全生产技术是指企业在进行生产过程中，为防止伤亡事故，保障劳动者人身安全采取的各种技术措施。

在生产活动中，在某些作业环境中存在的对劳动者安全与健康不利的因素、设备和工具不完善或者劳动组织和操作方法缺陷等，都可能引起各种伤亡事故。为了预防这些事故及消除其他有害健康的问题，必须采取各种措施，保障环境、设备、人身安全。这些措施，综合统称为安全生产技术。

1. 安全生产技术主要内容

① 分析造成各种事故的原因。

② 研究防止各种事故的办法（见图1-5）。

③ 提高设备的安全性。

④ 研讨新技术、新工艺、新设备的安全措施（见图1-6）。

2. 安全生产技术措施

① 消除危险源。

② 限制能量或危险物质。

③ 隔离。

④ 安全设计。

⑤ 减少故障和失误（例如安装光电式保护装置以减少故障和失误见图1-7）。

图1-5　研究、制定安全技术措施示图　　图1-6　研讨新设备的安全措施示图　　图1-7　光电式保护装置示图

[以案说法]

掌握安全生产技术知识的必要性。

事故示图见图1-8。

工人应变能力不强 发生燃爆　　　缺乏保护装置 引发爆炸　　　设备缺陷 引发爆炸

图1-8　事故示图

图 1-8 所示的 3 起爆炸事故的主要原因，都是由于缺乏必要的安全装置、操作技术及应变能力。因此，事故警示了我们，在日常工作中要理论联系实际，掌握本岗位设备性能、工艺操作流程、技术措施及操作方法，防止事故的发生。

五、安全生产规章制度

安全生产规章制度是以安全生产责任制为核心的、指引和约束人们在安全生产方面的行为准则。其作用是明确各岗位安全职责、规范安全生产行为、建立和维护安全生产秩序。（生产经营单位各岗位的安全生产工作职责可扫二维码）

企业安全生产规章制度，一般可分三大类：一是以企业安全生产责任制为核心的全公司（厂）安全生产总则；二是各种管理制度，如安全生产教育制度、检查制度、安全技术措施计划管理制度、特种作业人员培训制度、危险作业审批制度、伤亡事故管理制度、职业卫生管理制度、特种设备安全管理制度、电气安全管理制度、劳动防护用品管理制度、防火管理制度等；三是岗位安全操作规程，如正常开、停车操作程序；各种操作参数、指标的控制；安全注意事项和异常处理方法；事故应急处理措施；紧急停车操作程序；个体安全防护措施等。

建立健全安全生产管理制度，使企业职业安全卫生工作纳入生产经营管理活动的各个环节，实现全员、全面、全过程的安全管理，保证企业实现安全生产（见图 1-9）。

图 1-9　规章制度必须贯彻到作业现场示图

［以案说法］

建立健全安全生产规章制度是维护各项工作秩序的保证。

中毒事故示图见图 1-10。

缺乏监管引发中毒

监护不力遭受中毒

缺少沟通造成中毒

图 1-10　各级责任制未能得到落实，酿成的中毒事故示图

爆炸事故示图见图 1-11。

违反烘包规定引发爆炸事故

违反设备保养规定引发爆炸事故

违反动火管理规定造成爆炸事故

图 1-11　各项安全管理制度未能得到贯彻，造成的爆炸事故示图

机械伤害事故示图见图 1-12。

盲目查看皮带轮遭受伤害事故

查看刀架遭受伤害事故

贸然检查刀具引发伤害事故

图 1-12　各岗位安全操作规程未能严格执行，造成的机械伤害事故示图

第二节　职业健康的概念

一、什么是职业健康

职业健康过去称"劳动卫生"，现在称"职业健康"。职业健康主要是研究工作条件，包括工作过程、工作组织和工作环境对从业人员健康的影响，以及如何创造安全、健康、舒适、高效的作业条件，使工作适合于个人，进而使每个人都适合于自己的工作，最终达到保护劳动者身心健康、促进国民经济和社会发展的目的。职业健康实际上是指对工作中的各种职业病危害因素所致的损害及疾病的预防，属于预防医学范畴（见图 1-13）。

图 1-13　宣讲职业健康基本知识示图

职业健康的主要工作内容有以下几方面：
① 工作场所职业病危害因素的监测。
② 作业人员健康的监护。
③ 职业病危害的评价。
④ 职业病流行病学的调查。
⑤ 职业心理与功效。
⑥ 职业安全健康防治措施与对策的制定。
⑦ 健康教育与健康促进。
⑧ 职业病危害事故应急处置与医学救援。
⑨ 职业健康标准的制定与修订。

二、什么是职业病

根据《中华人民共和国职业病防治法》（以下简称《职业病防治法》）的规定，职业病指企业、事业单位和个体经济组织等用人单位的劳动者在职业活动中，因接触粉尘（见图 1-14）、放射性物质（见图 1-15）和其他有毒、有害因素（见图 1-16）而引起的疾病。主要包括以下两个方面。

1. 适用主体

《职业病防治法》适用于中华人民共和国领域内的职业病防治活动。

2.职业病危害因素

职业病危害因素是指对从事职业活动的劳动者可能导致职业病的各种危害因素。职业病危害因素可以是粉尘、放射性物质，也可是其他有毒有害因素，包括各种有害的化学、物理、生物因素以及在作业过程中产生的其他职业病危害因素（具体内容见第二章第九节）。

图1-14　现场接触粉尘的示图　　　　图1-15　放射性物质的示图　　　　图1-16　有毒有害物质的示图

三、职业健康理念

根据职业健康的管理要求，企业员工必须树立职业健康的理念，应做到以下几方面。

1.从我做起，主动参与岗前（后）的职业健康检查和培训

因为职业健康属于你，属于我，属于所有人，所以员工要主动参与岗前（后）职业卫生健康检查和知识培训，从我做起，从小事做起，做到认真刻苦、不耻下问、勤学熟记、反复练习，就会终生获益（见图1-17）。

2.遵守职业健康规程等于珍惜生命、保护健康

职业健康规程作为工作规程的重要组成部分，是前人用鲜血和生命换来的，是为了避免今后再发生类似事故而制定的。因此，仅靠用人单位制定职业健康操作规程是不够的，重要的是员工在职业活动中不折不扣地执行操作规程，正确使用个人防护用品，能识别职业健康警示标识，爱护职业卫生的防护设施等（见图1-18）。

3.培养良好的操作行为，杜绝不安全的违章行为

（1）要求员工每天工作前对机械设备进行常规检查，发现不正常情况，劳动者应及时通知管理人员，经维修并确认安全之后方可工作。

（2）具有联络信号的岗位，员工应当牢记所规定的信号，在确认、弄清信号意思之后再开始工作。

（3）作业中遇到非常规操作时，如调试机器、检修、进入有限空间或发生事故贸然相救等，应及时向现场负责人报告，检修作业前要认真进行安全交底（见图1-19）。

4.整理、整顿、清扫、清洁、安全（5S），创建清洁、文明工作场所

要做到及时清理无用物品，归整有用物品，物品拿取方便，有毒无毒分开，确保职业卫生安全（见图1-20）。

5.关心、关爱女职工、未成年工享受特殊保护

要利用各种宣传工具广泛宣传法律法规，督促用人单位不得安排未成年工从事接触职业病危害的作业；不得安排孕期、哺乳期的女职工从事对本人和胎儿、婴儿有危害的作业

（见图 1-21）。

图 1-17　从我做起承诺示图

图 1-18　正确使用个人防护用品示图

图 1-19　检修作业前安全交底示图

图 1-20　清洁工作场所示图

图 1-21　联系实际关爱女职工示图

第三节　员工应知的法律规定

一、从业人员安全生产权利

根据《安全生产法》《职业病防治法》规定，从业人员有以下权利（见图 1-22）。

1. 知情权

根据《安全生产法》第五十三条规定，生产经营单位的从业人员有权了解其作业场所和工作岗位存在的危险因素、防范措施及事故应急措施，有权对本单位的安全生产工作提出建议。《职业病防治法》第三十九条第三款规定，了解工作场所产生或者可能产生的职业病危害因素、危害后果和应当采取的职业病防护措施。从业人员对于安全生产的知情权，是保护劳动者生命健康权的重要前提。如果从业人员知道并且掌握有关安全生产的知识和处理办法，就可以消除许多不安全因素和事故隐患，避免或者减少事故的发生（见图1-23）。

图 1-22　讲解从业人员安全生产权利示图

图 1-23　了解场所、岗位上存在的危险因素示图

事故经过：某铸造厂在生产过程中，1 名员工到冲天炉顶部查看有关设施，不慎中毒跌入炉内。企业领导得知后立即组织人员施救，由于未正确佩戴防毒面具，先后造成 6 名施救人员中毒。后经全力抢救，但还是造成 6 人死亡（包括炉内 1 人）、1 人受伤的较大伤亡事故（诊断为：煤气中毒）。

事故原因：1.经调查，冲天炉系统的水沫除尘设施已腐蚀生锈，循环水管堵塞，造成循环水反流至炉膛内部分焦炭上，焦炭不完全燃烧产生煤气，是本起事故的起因物。2.操作人员安全意识较差，对循环水反流至炉膛内产生的危害因素认识不清，在没有采取任何防范措施的情况下，冒险爬上冲天炉顶部处理除尘装置故障，结果遭受煤气中毒。3.发现有人中毒后，未按科学的正确方法穿戴防护器具，而是盲目冒险组织人员上炉顶进行施救，从而造成中毒伤亡人数的扩大（见图1-24）。

图1-24　危险因素认识不足造成中毒事故示图

2.建议权

根据《安全生产法》第七条规定，工会依法对安全生产工作进行监督。生产经营单位的工会依法组织职工参加本单位安全生产工作的民主管理和民主监督，维护职工在安全生产方面的合法权益。生产经营单位制定或者修改有关安全生产的规章制度，应当听取工会的意见。同时，《职业病防治法》第三十九条第七款规定，劳动者有权参与用人单位职业卫生工作的民主管理，对职业病防治工作提出意见和建议的权利。

图1-25　工会组织职工讨论企业安全生产工作示图

安全生产工作涉及从业人员的生命安全和身体健康。因此，从业人员有权参与用人单位的民主管理。从业人员通过参与生产经营的民主管理，可以充分调动其关心安全生产的积极性与主动性，为本单位的安全生产工作献计献策，提出意见与建议（见图1-25）。

某企业日常生产过程中叉车使用频繁，且作业过程中与现场人员、工件、门式起重设备等存在交叉作业，前期多次出现过叉车伤人以及叉车与门式起重机碰撞现象（见图1-26）。针对这一问题，企业工会开展了"我为安全献一计"活动。通过员工的献计献策，找到了问题的关键点，同时也提出了解决事故隐患的办法和建议（对叉车安装蓝光警示射灯，以提醒车辆附近的行人不要靠近叉车，并保持在危险区域以外。避免了车辆与人员或门式起重机等发生碰撞现象）（见图1-27）。

图1-26　叉车与门式起重机碰撞现象示图

图1-27　叉车安装蓝光警示射灯示图

3. 批评、检举、控告权

根据《安全生产法》第五十四条规定，从业人员有权对本单位安全生产工作中存在的问题提出批评、检举、控告。《职业病防治法》第三十九条第五款规定，劳动者享有"对违反职业病防治法律、法规以及危及生命健康的行为提出批评、检举和控告"的权利。

（1）这里讲的批评权，是指从业人员对本单位安全生产工作中存在的问题有提出批评的权利。这项规定有利于从业人员对生产经营单位进行群众监督，促使生产经营单位不断改进本单位的安全生产工作（见图1-28）。

图1-28　企业领导听取员工安全生产方面的意见示图

图1-29　员工商量检举企业违法行为示图

（2）这里讲的检举、控告权，是指从业人员对本单位及有关人员违反安全生产法律、法规的行为，有权向主管部门和司法机关进行检举和控告的权利。检举可以署名，也可以不署名；可用书面形式，也可以用口头形式。但是，从业人员在行使这一权利时，应注意检举和控告的情况必须真实，要实事求是（见图1-29）。

从业人员对本单位安全生产工作存在的问题提出批评、检举和控告的形式及内容见图1-30、图1-31。

此外，法律明令禁止对批评、检举和控告者进行打击报复。

企业设置的建议、检举信箱

公共场所设置的邮政信箱
(投入检举、控告信件)

向主管部门、司法机关及有关
监督机构等发送E-mail信件

图1-30　批评、检举、控告的传递形式示图

讨论施工方案时提出合理化建议

施工作业前提出安全措施的建议

发现安全隐患及时提出整改的建议

图1-31　批评、检举、控告的内容示图

4. 拒绝权

根据《安全生产法》第五十四条规定，从业人员有权拒绝违章指挥和强令冒险作业。生产经营单位不得因从业人员对本单位安全生产工作提出批评、检举、控告或者拒绝违章指挥、强令冒险作业而降低其工资、福利等待遇或者解除与其订立的劳动合同。《职业病防治法》第三十九条第六款规定，劳动者享有拒绝违章指挥和强令进行没有职业病防护措施的作业（在企业生产操作过程中，"违章指挥"很可能引发安全事故或危及人员生命）。生产操作人员有拒绝执行此项指令的权利。这一权利是保护从业人员生命安全和身体健康的一项重要权利（见图1-32、图1-33）。

图1-32　违章指挥作业示图

就这么干，出了事故我负责！

图1-33　强令冒险作业示图

[血的教训]

案例一，某企业现场负责人带领3名员工做吊装作业。在吊装物件时，既没有查看作业场所的危险因素（人站在物件之间），也没有采取防范措施，盲目违章指挥汽车吊司机起吊。结果，造成物件移动挤压伤害事故（见图1-34）。

案例二，某化工厂车间负责人带领4名维修工对车间R714号釜的高位计量槽进行改造。在安装计量槽时需定位并采用电焊，其中1名员工认为，此方法存有危险（该计量槽存放过丙酮），但是车间负责人为了赶进度，对此危险却不以为然，并说"出了问题我负责"。员工们虽明知有危险，却屈从于违章指挥，冒险作业。结果，动火引发了计量槽闪爆，造成1人死亡，2人受伤的恶性伤亡事故（见图1-35）。

图1-34　违章指挥造成伤亡事故示图

图1-35　强令冒险作业造成伤害事故示图

5. 紧急撤离权

根据《安全生产法》第五十五条规定，从业人员发现直接危及人身安全的紧急情况时，有权停止作业或者在采取可能的应急措施后撤离作业场所。生产经营单位不得因从业人员在前款紧急情况下停止作业或者采取紧急撤离措施而降低其工资、福利等待遇或者解除与其订立的劳动合同。

从业人员行使停止作业和紧急撤离权利的前提条件，是发现直接危及人身安全的紧急情况，如不撤离就会对其生命安全和身体健康造成直接威胁。

例如，建筑施工危险状态见图1-36，同时可扫描二维码见事故视频（违章搭设，引发坍塌）。

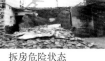

| 拆房危险状态 | 基坑透水危险状态 | 脚手架超重危险状态 | 模板支撑不力危险状态 |

图1-36　建筑施工易发坍塌（倒塌）危险状态紧急撤离示图

图1-36警示了施工人员，当发生此类危及人身安全的紧急情况时，有关人员应立即停止作业，并视发生情况的严重程度作出恰当处理，按逃生线路迅速撤离作业场所。

又如，化工行业危险（害）状态见图1-37。

| 压力表超压 | 温度表超温 | 阀门严重泄漏 | 检测氧含量不达标 |

图1-37　化工行业易发火灾、爆炸、中毒和窒息危险（害）状态示图

图1-37提示了操作人员，当发现各类仪表、阀门有异常情况（超温、超压）及受限作业空间氧含量达不到要求时，现场操作人员有权停止作业，并及时检查、分析处理；一旦处理不了，要立刻撤离现场。

6. 民事赔偿权

根据《安全生产法》第五十一条规定，生产经营单位必须依法参加工伤保险，为从业人员缴纳保险费（图1-38）。另外，第五十六条规定，因生产安全事故受到损害的从业人员，除依法享有工伤保险外，依照有关民事法律尚有获得赔偿的权利的，有权提出赔偿要求。《职业病防治法》第五十八条规定，职业病病人除依法享有工伤保险外，依照有关民事法律，尚有获得赔偿的权利的，有权向用人单位提出赔偿要求（见图1-39）。

经过工伤认定构成工伤，可以依法享受相应的工伤保险待遇。根据社会保险法的规定，工伤保险待遇包括治疗工伤的医疗费用和康复费用、住院伙食补助费、到统筹地区以外就医的交通食宿费、安装配置伤残辅助器具所需费用，生活不能自理的还可以获得生活护理费，伤残的可以获得相应的一次性伤残补助金。终止或者解除劳动合同时可获得一次性医疗补助金，因工死亡的包括丧葬补助金、供养亲属抚恤金和因公死亡的补助金等（见图1-40）。

另外，工伤保险对劳动者就医的医院以及治疗所使用的药品范围等都有比较多的限制。对有关费用，需要劳动者通过向用人单位主张侵权损害赔偿获得救济。

图1-38　提示员工应当参加工伤保险示图

图1-39　维护自身的合法权利示图

图1-40　告知员工应当了解赔偿的具体内容示图

[法律提示]

《工伤保险条例》对从业人员工伤保险的权利有以下规定：

① 发生工伤后，从业人员或其近亲属有权向当地社会保险行政部门报告申请认定工伤和享受工伤待遇，报告申请要经企业签字，如企业不签字，可以直接报送。

② 工伤从业人员有权按时足额享受有关工伤保险待遇。

③ 工伤致残，有权要求进行劳动能力鉴定和护理依赖鉴定及定期复查；对鉴定结论不服的，有权要求进行复查鉴定和再次鉴定。

④ 因工致残尚有工作能力的从业人员，在就业方面应得到特殊保护，在合同期内用人单位对因工致残的从业人员不得解除劳动合同，并应根据不同情况安排适应工作；在建立和发展工伤康复事业的情况下，应当得到职业康复培训和再就业帮助。

图1-41　请求工会组织或者律师的帮助示图

⑤ 工伤从业人员及其近亲属申请认定工伤和处理工伤保险待遇时与用人单位发生争议的，有权向当地劳动争议仲裁委员会申请仲裁，直至人民法院起诉；对社会保险行政部门作出的工伤认定和待遇支付决定不服的，有权申请行政复议或行政诉讼（见图1-41）。（具体工伤保险相关法规内容与解释可扫描二维码）

[以案说法]

案例一，某市1名员工在维修保养电梯时，双腿被带入电梯内夹伤，伤情非常严重（见图1-42）。经市劳动和社会保障局申请伤残等级认定及辅助器具认定，被认定为三级伤残及需要辅助器具（安装假肢）。但一直没有得到企业的解决。原因为，所在的单位没有为其购买工伤保险，事故发生后，单位以在劳动合同中约定了"员工违背公司操作规程免赔"为由，拒绝该员工提出的工伤赔偿请求。后该员工通过律师帮其维权。经过工伤认定、伤残等级鉴定、伤残等级异议复议、劳动仲裁、一审及二审、执行等各阶段，最终用了1年半的时间以该员工的胜诉而告终（得到了工伤所有的经济赔偿）。

　　案例二，某焦化厂1名员工在当班期间，经过厂区内铁道路口，被正在作业的叉车刮倒后压死（见图1-43）。根据工厂厂规规定，机动车辆在厂区铁道路口作业时，应当设置安全标志牌和安全监督员，确保作业安全。但该员工在经过铁道路口时，铲车作业既未设置安全标志牌，更未设置安全监督员，致使该员工被叉车刮倒后压死。事故发生后，该企业未及时向当地劳动行政部门提出工伤报告，在死者家属的强烈要求下，企业负责人才口头答应按工亡处理，之后又反悔，拒绝承担任何责任。后经主管部门的调查取证，进行工伤认定，本次事故是一起安全生产死亡事故，应当按照工伤保险的规定进行经济赔偿。

图1-42　维修电梯遭受伤害示图

图1-43　叉车刮倒被压死亡示图

　　上述列举的案例，告诉我们这是两起因工伤认定、落实因工受伤、死亡保险待遇引发的劳动争议。因此，我们要熟知《工伤保险条例》规定（图1-44）：在生产工作的时间和区域内，由于不安全因素造成职工意外伤害、负伤、致残、死亡的，应当认定为工伤。具体内容可查找《工伤保险条例》第十四条、十五条、十六条、十七条等条款，我们应维护法律赋予我们的权利。

图1-44　认真学习《工伤保险条例》示图

图1-45　正确穿戴劳动防护用品示图

7. 获得符合国家标准或者行业标准的劳动防护用品的权利

　　依据《劳动防护用品监督管理规定》第二十三条的规定，生产经营单位的从业人员有权依法向本单位提出配备所需劳动防护用品的要求，有权对本单位劳动防护用品管理的违法行为提出批评、检举、控告。同时，该规定的第十九条规定，从业人员在作业过程中，必须按照安全生产规章制度和劳动防护用品使用规则，正确佩戴和使用劳动防护用品；未按规定佩戴和使用劳动防护用品的，不得上岗作业（见图1-45）。

[事故案例]

事故经过：某厂1名车床工在CA6140车床上加工一工件，发现刀架刀排有松动，就用双手抱住中间牌楼架调试拖板，由于未停车，将她的左手衣袖口带到油缸定位搭子上，造成左手臂卷入。后经抢救无效死亡（见图1-46）。

图1-46　防护用品穿戴不当引发机械伤害事故示图

事故原因：经查证，该车工在车加工工件过程中，由于操作错误，在调整工件、刀具时，采用了左手在前错误的调整方法，同时未能正确穿戴防护用品，违章戴手套和腈纶护袖（袖口未扎紧），致使左手袖口带到油缸定位搭子上（搭子长6.5cm），因而造成了机械伤害事故。

图1-47　企业员工教育和培训示图

8. 获得安全生产教育和培训的权利

依据《安全生产法》二十八条的规定，生产经营单位应当对从业人员进行安全生产教育和培训，保证从业人员具备必要的安全生产知识，熟悉有关的安全生产规章制度和安全操作规程，掌握本岗位的安全操作技能，了解事故应急处置措施，知悉自身在安全生产方面的权利和义务。未经安全生产教育和培训合格的从业人员，不得上岗作业（见图1-47）。

事实证明，企业发生的事故有80%以上的原因与人的违章行为有着直接的关系。事故示图见图1-48。

9. 获得职业病防治服务权利

根据《职业病防治法》第三十九条第（二）款规定，劳动者享有获得职业健康检查（见图1-49）、职业病诊疗（见图1-50）、康复（见图1-51）等职业病防治服务的权利。

工作骄傲自满

查看松懈大意

行驶快速违规

缺乏安全常识

作业浑浊不清

遇事行为慌张

图1-48　员工违章作业的主要原因示图

图1-49　职业健康检查示图

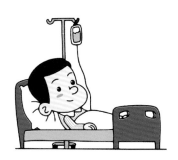
图1-50　职业病诊疗示图

图1-51　职业康复示图

[以案说法]

案例一，某员工在某市一家耐磨材料有限公司务工，2004年8月被多家医院诊断出患有"尘肺"（肺尘埃沉着病），但由于这些医院不是法定职业病诊断机构，所以诊断"无用"。而由于原单位拒开证明，他无法拿到法定诊断结果，最终只能以"开胸验肺"的方式进行验肺，为自己证明。这个事件被称为"开胸验肺事件"。

案例二，员工张某于1995年5月到某集团铸造有限公司从事清理打磨工作（见图1-52），该单位一直未与张某签订劳动合同。2004年工作期间，张某感觉胸口压气、咳嗽，先后在附近诊所治疗不见好转。2005年，该公司因效益不好，裁减人员，通知张某回家。张某回家先后到某市结核

图1-52　清理打磨示图

病防治所、某省胸科医院治疗。2010 年 5 月 11 日张某又因咳嗽、咯痰、胸闷加重，到市第一人民医院住院，被诊断为硅肺（硅沉着病）并感染，住院 17 天。病情好转后回家疗养。2011 年 10 月 13 日张某向当地劳动行政部门提出工伤认定申请，该局做出《工伤认定决定书》，认定张某患的职业病为工伤。2012 年 2 月 2 日经劳动能力鉴定委员会鉴定，张某的伤残等级为二级。2005 年其单位辞退张某时，该公司未对张某进行离岗职业健康检查。无奈之下，张某委托广东某律师事务所律师代理此案件。

以上案例告诉我们，一是，我们要懂法，拿起法律赋予我们的权利，获得我们应该享受的待遇和经济补偿。二是，进入企业工作必须签订劳动合同。因为，劳动合同是劳动者与用工单位之间确立劳动关系，明确双方权利和义务的协议。三是，在日常工作中，遇到劳动争议时，要学会冷静，用双方签订的劳动合同内容据理力争，争取我们的权益；或者委托律师代理案件。切忌盲目蛮干，引来不必要的后果。

二、从业人员安全生产义务

法律在赋予职工权利的同时，也明确了相应的义务。根据《安全生产法》《职业病防治法》的规定，从业人员的义务有：

1. 遵守规章制度和操作规程的义务

《安全生产法》第五十七条规定：从业人员在作业过程中，应当严格落实岗位安全责任，遵守本单位的安全生产规章制度和操作规程，服从管理，正确佩戴和使用劳动防护用品。

[血的教训]

教训一，事故经过：某起重设备有限公司 2 名员工做平板工作时，发现不在同一水平上（东头低了一点）需加垫片提高，便采用行车起吊平板。行车刚提升起吊，1 名员工冒险进入危险区域（在平板下加垫片），此时吊具（架）突然坠落，该员工遭受物击，后经抢救无效死亡（见图 1-53）。

事故原因：经查证，（1）钢丝绳多圈缠绕引起反弹脱钩，因而引发吊具（架）失去平衡坠落，是引发本起事故的起因物（危险源）。（2）员工安全意识差，盲目使用报废钢丝绳，而且指挥行车司机冒险起吊，是造成本起事故的直接原因，也是主要原因。

教训二，事故经过：某配件厂施工现场 1 名作业人员站在脚手架（高度为 4m）上用冲击钻对大梁打孔时，突然从脚手架上坠落地面。后经抢救无效死亡（诊断为：触电伤害）。

事故原因：经查证，作业人员违反《施工现场临时用电安全技术规范》的规定，不仅没有做到一机一闸一保护，而且该冲击钻手柄处的电源线已破损，只是用胶布将电源线重新包扎了一下，完全不符合安全使用要求（见图1-54），破损的电源线是本起事故的危险源。作业中，员工上身没穿衣服，将冲击钻的手柄抵在左胸部进行打眼操作，胶布接头处电源漏电，致使员工受电击后从高处坠落地面而死亡。这是本起事故的伤害方式，也是事故的直接原因。

图1-53　盲目起吊吊具坠落事故示图

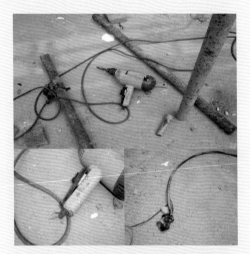

图1-54　违反用电规定引发触电事故示图

2. 发现事故隐患及时报告的义务

图1-55　发现隐患及时报告示图

根据《安全生产法》第五十九条的规定，从业人员发现事故隐患或者其他不安全因素，应当立即向现场安全生产管理人员或者本单位负责人报告；接到报告的人员应当及时予以处理。《职业病防治法》第三十四规定，劳动者发现职业病危害事故隐患应当及时报告。一般来说，员工报告得越及时，接受报告的人员处理越及时，事故隐患和其他职业危害因素可能造成的危害越小（见图1-55）。

［血的教训］

教训一，事故经过：某纺织印染有限公司1名施工人员在扩建后的新厂房3层，用电焊机割消防管道预留孔上的钢筋，不慎引燃2楼存放的纺织材料堆垛，发生了火灾（见图1-56），造成3人死亡的较大事故。

事故原因：经调查，建设方主要领导法治观念淡薄。为了自身经济利益而无视消防安全，明知在建厂房未经验收合格，却不顾施工方多次劝说，在不具备仓储的条件下，将其作为临时仓库使用并堆放大量纺织材料等可燃物，存在着严重的火灾隐患，甚至在区建设工程质安站、施工单位、监理单位发出整改通知书的情况下，仍心存侥幸，不进行整改，冒险违章动火。这是本起事故的违法行为，理应追究刑事责任。

教训二，事故经过：某管道科技有限公司造粒车间立式搅拌机岗位上，2名操作工对冷锅锅底和锅壁清理残留物，1人进入冷锅内清理残物，另1人站在锅沿上清理边缘的残物，突然搅拌机转动，旋转的桨叶把正在锅内清理残物的员工刮倒致重伤，后经抢救无效死亡。

事故原因：经调查，员工在发生事故前已经知道按钮开关有问题（按钮弹簧没有完全弹起，未能将电源彻底断开，因而为事故的发生埋下了隐患），但未能引起重视，盲目进入设备内进行清理作业；员工在清理作业过程中误碰行程开关触点，导致搅拌机启动，因而引发了机械伤害事故（见图1-57）。

图1-56　违章动火造成火灾事故示图

图1-57　明知存在隐患，未能引起重视，
造成机械伤害事故示图

3. 掌握安全卫生知识和技能的义务

《安全生产法》第五十八条规定，从业人员应当接受安全生产教育和培训，掌握本职工作所需的安全生产知识，提高安全生产技能，增强事故预防和应急处理能力。《职业病防治法》第三十四条规定，劳动者应当学习和掌握相关的职业卫生知识。

［血的教训］

教训一，事故经过：某铸造有限公司造型车间1名员工在移动一台风扇时，突然倒地，风扇压在身上。后经抢救无效死亡（诊断为：电击伤害）。

事故原因：经查证，（1）风扇电源线经过改动，接地线未连接；风扇为金属外壳，电机部位与外壳绝缘不合格，致使风扇外壳带电；车间电气线路虽然经过改造，更换了空气开关，但未安装漏电保护装置，人身触电后，电源未能及时跳闸断开，是引发本起事故的危险因素。（2）作业人员安全意识淡薄，在没有切断电源的情况下就直接移动运转的风扇，因而遭受电击，是造成本起事故的直接原因（见图1-58）。

图1-58　缺乏电气常识、安全意识淡薄引发触电事故示图

教训二，事故经过：某建设有限公司下属分公司3名作业人员在某厂对乙苯单元204塔的V-210回流罐进行拆盲板、封人孔作业，其中1名作业人员擅自进入罐内，致使引发窒息死亡事故（见图1-59）。

图1-59　缺乏职业卫生知识违章作业引发窒息事故示图

事故原因：经查证，（1）经对回流罐内的氧含量进行了检测，氧体积分数小于19%（只有4.5%）。因而，罐体内缺氧是引发本起事故的危险因素。（2）作业人员安全意识较差，在没有采取任何防护措施的情况下，盲目进入已充氮保护的罐体内（氮属窒息性气体），结果造成了窒息伤害事故。上述分析可确认，氮气是本起事故的致害物，人的违章行为是引发本起事故的直接原因。

三、员工安全生产职责

（1）自觉遵守安全生产规章制度和劳动纪律，不违章作业，并要随时制止他人违章作业（见图1-60）。

（2）遵守有关设备维修保养制度，为确保设备安全正常运转尽到责任。

（3）爱护和正确使用机器设备、工具及个人防护用品。时刻关心自己周围的安全生产情况，向有关领导或部门提出合理化建议或意见（见图1-61）。

（4）发现事故隐患和不安全因素要及时向现场负责人汇报情况。发生伤亡事故要及时抢救伤员，保护现场，报告领导，同时要协助有关调查人员做好调查工作。

（5）努力学习和掌握安全知识与技能，熟练掌握本工种操作技能和安全操作规程，积极参加各种安全生产宣传、教育、评比、竞赛、管理活动，牢固树立"安全第一"思想和自我保护意识，遵章守纪，有权拒绝违章指挥，对个人安全生产负责（见图1-62）。

图1-60　遵章守纪须牢记示图

图1-61　相互监督有保证示图

图1-62　努力学习提技能示图

[相关链接一]

员工安全生产责任书

（1）认真学习、自觉遵守劳动纪律和安全生产规章制度，严格执行安全操作规程，不违章作业，拒绝违章指挥（见图1-63）。

（2）牢记"安全生产人人有责"的原则，正确树立"安全第一"的思想，积极参加活动接受教育，努力提高安全生产知识和操作技能，使自我保护能力有一定的保障。

（3）爱护和正确使用安全防护设施和劳动防护用品。

（4）坚守岗位、履行岗位职责，随时检查工作岗位环境和使用的工具、材料、电气、机械设备等，做到文明生产。

（5）了解和掌握工作岗位上的危险源和危险因素，发现安全隐患或异常情况及时进行处理；不能处理的，要立即报告班组长或安全员（见图1-64）。

（6）如发生伤亡事故，要正确处理，及时、如实地向上级报告。

我们承诺：坚决履行上述安全生产职责和义务，认真做好本岗位安全生产工作（见图1-65）。

图1-63　本岗规程须熟知示图

图1-64　危险因素能辨识示图

图1-65　按规作业守纪律示图

[相关链接二]

员工违反安全生产规定应负的责任

根据《安全生产法》第一百零七条的规定，生产经营单位的从业人员不落实岗位安全责任，不服从管理，违反安全生产规章制度或者操作规程的，由生产经营单位给予批评教育，依照有关规章制度给予处分；构成犯罪的，依照刑法有关规定追究刑事责任。

在作业中，一些从业人员忽视安全生产，给他人造成了伤害，必然会受到法律的惩罚。

例如，某机械液压公司1名吊装工（班长），操作电动单梁行车将一台设备从车间中部平移5m准备下降时（当时距离地面2m），突然发生倾斜并坠落，压在1名技术人员的身上，使其遭受重伤。后经抢救无效死亡（见图1-66）。

事故原因：经查证，(1)该员工吊装错误，未采取牢固拴挂并四角起吊的正确方法进行吊运作业，而是利用被吊物顶部的吊耳、采用对角两点起吊的方式吊运。同时，用来拴挂起重吊带、穿过该设备吊耳的钢管承受不住被吊物2.3t的重力而发生弯折，导致该设备的倾斜，这是引发本起事故的起因，也是事故的直接原因。(2)作业前，未按规定制定详细的吊装方案和进行详细的物体重量计算，也未做安全技术交底；作业中，采取的吊装方法错误，危险区域内站人却无人监管，结果酿成了事故。是本起事故的管理原因。

图1-66 起吊作业事故现场示图

生产经营单位和从业人员都有责任严格遵守安全生产制度。《安全生产法》中规定，从业人员在作业过程中，应当严格遵守安全操作规程。这起事故可以说完全是该吊装工思想麻痹、缺乏安全意识、违反"十不吊"规定造成的，应该承担相应的法律责任，构成犯罪的还要追究刑事责任。因此，对于遵守安全操作规程，千万不能掉以轻心，违章操作既害了别人，也害了自己。

[法律提示]

《刑法》第一百三十四条 【重大责任事故罪】在生产、作业中违反有关安全管理的规定，因而发生重大伤亡事故或者造成其他严重后果的，处三年以下有期徒刑或者拘役；情节特别恶劣的，处三年以上七年以下有期徒刑。

【强令、组织他人违章冒险作业罪】强令他人违章冒险作业，或者明知存在重大事故隐患而不排除，仍冒险组织作业，因而发生重大伤亡事故或者造成其他严重后果的，处五年以下有期徒刑或者拘役；情节特别恶劣的，处五年以上有期徒刑。

《刑法》第一百三十六条 【危险物品肇事罪】违反爆炸性、易燃性、放射性、毒害性、腐蚀性物品的管理规定，在生产、储存、运输、使用中发生重大事故，造成严重后果的，处三年以下有期徒刑或者拘役；后果特别严重的，处三年以上七年以下有期徒刑。

《刑法》第一百三十九条之一 【不报、谎报安全事故罪】在安全事故发生后，负有报告职责的人员不报或者谎报事故情况，贻误事故抢救，情节严重的，处三年以下有期徒刑或者拘役；情节特别严重的，处三年以上七年以下有期徒刑。

四、女职工的特殊权利

根据《女职工劳动保护特别规定》对女职工的特殊劳动保护有以下要求：

（1）用人单位应当加强女职工劳动保护，采取措施改善女职工劳动安全卫生条件，对女职工进行劳动安全卫生知识培训（见图1-67）。

图1-67　指导女职工正确保护自身安全示图

（2）用人单位应当遵守女职工禁忌从事的劳动范围的规定。用人单位应当将本单位属于女职工禁忌从事的劳动范围的岗位书面告知女职工（见图1-68）。

（3）用人单位不得因女职工怀孕、生育、哺乳降低其工资、予以辞退、与其解除劳动或者聘用合同。

（4）女职工在孕期不能适应原劳动的，用人单位应当根据医疗机构的证明，予以减轻劳动量或者安排其他能够适应的劳动。

对怀孕7个月以上的女职工，用人单位不得延长劳动时间或者安排夜班劳动，并应当在劳动时间内安排一定的休息时间。怀孕女职工在劳动时间内进行产前检查，所需时间计入劳动时间（见图1-69）。

图1-68　危害因素告知示图

图1-69　按女职工怀孕期间的规定执行示图

（5）职工生育享受98天产假，其中产前可以休假15天；难产的，增加产假15天；生育多胞胎的，每多生育1个婴儿，增加产假15天。女职工怀孕未满4个月流产的，享受15天产假；怀孕满4个月流产的，享受42天产假。

注：各地方政府依据国家《女职工劳动保护特别规定》制定了当地女职工产假政策，具体内容可查询当地政府文件。

女职工产假期间的生育津贴，对已经参加生育保险的，按照用人单位上年度职工月平均工资的标准由生育保险基金支付；对未参加生育保险的，按照女职工产假前工资的标准由用人单位支付。

（6）女职工生育或者流产的医疗费用，按照生育保险规定的项目和标准，对已经参加生育保险的，由生育保险基金支付；对未参加生育保险的，由用人单位支付。

（7）对哺乳未满1周岁婴儿的女职工，用人单位不得延长劳动时间或者安排夜班劳动。用人单位应当在每天的劳动时间内为哺乳期女职工安排1小时哺乳时间；女职工生育多胞胎的，每多哺乳1个婴儿每天增加1小时哺乳时间。

（8）女职工比较多的用人单位应当根据女职工的需要，建立女职工卫生室、孕妇休息室、哺乳室等设施（见图1-70），妥善解决女职工在生理卫生、哺乳方面的困难。

图1-70　建立女职工孕妇休息室示图

（9）在劳动场所，用人单位应当预防和制止对女职工的性骚扰。

用人单位违反该规定，侵害女职工合法权益的，女职工可以依法投诉、举报、申诉，依法向劳动人事争议调解仲裁机构申请调解仲裁，对仲裁裁决不服的，依法向人民法院提起诉讼。

（10）用人单位违反该规定，侵害女职工合法权益，造成女职工损害的，依法给予赔偿；用人单位及其直接负责的主管人员和其他直接责任人员构成犯罪的，依法追究刑事责任。

[法律提示]

女职工禁忌从事的劳动范围

1. 女职工禁忌从事的劳动范围（见图1-71）：

（1）矿山井下作业；

（2）体力劳动强度分级标准中规定的第四级体力劳动强度的作业；

（3）每小时负重6次以上、每次负重超过20公斤的作业，或者间断负重、每次负重超过25公斤的作业。

2. 女职工在经期禁忌从事的劳动范围（见图1-72）：

（1）冷水作业分级标准中规定的第二级、第三级、第四级冷水作业；

（2）低温作业分级标准中规定的第二级、第三级、第四级低温作业；

（3）体力劳动强度分级标准中规定的第三级、第四级体力劳动强度的作业；

（4）高处作业分级标准中规定的第三级、第四级高处作业。

3. 女职工在孕期禁忌从事的劳动范围（见图1-73）：

（1）作业场所空气中铅及其化合物、汞及其化合物、苯、镉、铍、砷、氰化物、氮氧化物、一氧化碳、二硫化碳、氯、己内酰胺、氯丁二烯、氯乙烯、环氧乙烷、苯胺、甲醛等有毒物质浓度超过国家职业卫生标准的作业；

图1-71　女职工禁忌从事的劳动范围示图

图1-72　女职工在经期禁忌从事的劳动范围示图

（2）从事抗癌药物、己烯雌酚生产，接触麻醉剂气体等的作业；

（3）非密封源放射性物质的操作，核事故与放射事故的应急处置；

（4）高处作业分级标准中规定的高处作业；

（5）冷水作业分级标准中规定的冷水作业；

（6）低温作业分级标准中规定的低温作业；

（7）高温作业分级标准中规定的第三级、第四级的作业；

（8）噪声作业分级标准中规定的第三级、第四级的作业；

（9）体力劳动强度分级标准中规定的第三级、第四级体力劳动强度的作业；

（10）在密闭空间、高压室作业或者潜水作业，伴有强烈振动的作业，或者需要频繁弯腰、攀高、下蹲的作业。

4. 女职工在哺乳期禁忌从事的劳动范围：

（1）孕期禁忌从事的劳动范围的第1项、第3项、第9项；

（2）作业场所空气中锰、氟、溴、甲醇、有机磷化合物、有机氯化合物等有毒物质浓度超过国家职业卫生标准的作业（见图1-74）。

图1-73　女职工在孕期禁忌从事劳动范围的防护示图

图1-74　女职工在哺乳期禁忌从事的劳动范围示图

[案例示警]

案例一，某城市1名女职工小吴在某大酒店工作，双方签订了劳动合同。小吴凭自己的努力，其服务很快得到了客户的满意和酒店老总的认可。几年下来，她的职位不断提升，从1名普通服务员做到酒店的前厅经理，再到酒店的总经理助理。其间，小吴在婚后不幸遭遇过两次流产，但申请产假都未获批准。该酒店老总认为，酒店工作较忙，人手较少，休息2～3天可以，如果完全按照国家规定的时间休息我们办不到。小吴只能忍气吞声，遭受不公正的待遇。

案例二，某城市1名女职工小王，在某私营酒店做服务员已经两年多了（未签订劳动合同）。最近，酒店经营出现困难，将刚刚怀孕不久的小王辞掉，而且不给任何经济补偿，理由是他们是"个体酒店"，很难执行《女职工劳动保护特别规定》。小王只能唉声叹气，撑在桌子旁流下了伤心的眼泪。

案例三，各类女职工发生的生产安全事故，见下列事故现场示图（见图1-75）。

盲目查看 遭受挤压

违章作业 头发卷入

违反规定 手臂卷入

拖拉钢筋 不慎坠落

盲目逃生 不幸烧死

头发较长 被卷伤亡

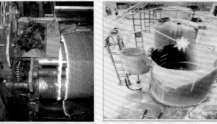
违章动火 遭受伤害

操作不慎 卷入身亡

违章清扫 遭受电击

躲避不及 遭受车祸

查看设备 不慎卷入

骑车不当 遭受车祸

图1-75　女职工作业中发生的各类伤害事故示图

上述列举的女职工作业中发生的伤害事故告诉我们，从表面上看，发生事故的直接原因都是由于违章作业、应变能力较差、反应迟钝。但透过现象看本质，还存在很多间接原因。如：女职工的生理变化（经期、孕期、产期、哺乳期，其特征：会产生焦虑、紧张、烦躁、激动、忧郁、猜疑等）。因而，这些生理的变化和特征都是造成作业中失误的诱发因素，也是发生事故的重要原因。因此，我们要进一步贯彻落实《女职工劳动保护特别规定》，促使企业改善女职工职业安全健康条件，解除女职工的后顾之忧，确保安全生产。

五、未成年工的特殊权利

未成年工依法享有特殊劳动保护的权利。这是针对未成年工处于生长发育期的特点以及接受义务教育的需要所采取的特殊劳动保护措施（见图1-76）。

图1-76 关心、关爱未成年工示图

未成年工处于生长发育期，身体机能尚未健全，也缺乏生产知识和生产技能，过重及过度紧张的劳动，不良的工作环境，不适的劳动工种或劳动岗位，都会对他们产生不利影响，如果劳动过程中不进行特殊保护就会损害他们的身体健康。如未成年少女长期从事负重作业和立位作业，可影响骨盆正常发育，导致生育难产发病率增高；未成年工对生产性毒物敏感性较高，长期从事有毒有害作业易引起职业中毒，影响其生长发育。

[法律提示]

《中华人民共和国劳动法》第五十八条第2款规定，未成年工是指年满十六周岁未满十八周岁的劳动者。

第六十四条规定，不得安排未成年工从事矿山井下、有毒有害、国家规定的第四级体力劳动强度的劳动和其他禁忌从事的劳动。

第六十五条规定，用人单位应当对未成年工定期进行健康检查。关于未成年工其他特殊劳动保护政策和未成年工禁忌作业范围的规定，可查阅《未成年人保护法》《未成年工特殊保护规定》等。

[血的教训]

案例一，小王17岁，于某年6月到某市一家制桶厂打工。12月26日在工作过程中右手拇指被轧断，经医院检查，其拇指两节骨头都被压碎，无法作手术复原（见图1-77）。如果依工伤鉴定标准，应为6级。但老板在小王住院的名字上改为该厂1位入保人的名字，他实际并没有为小王投入工伤保险。

案例二，2009年10月，刚满16岁的女孩到某市鞋业有限公司从事鞋制品翻后围打胶工作（见图1-78），月均工资1200元。双方未签订书面劳动合同，公司也未为其办理和缴纳社保和医疗、工伤保险。2010年3月26日，该女孩感觉四肢麻木无力，经医院治疗后病情好转。没过多久，病情复发。2010年7月至9月，该市职业病防治所、市职业病诊断鉴定委员会分别作出职业病诊断证明和鉴定，认定该女孩为职业性慢性正己烷重度中毒。

图1-77 机械伤害事故现场示图　　　　图1-78 工作中使用的打胶水示图

上述两起侵权案例中的两家企业都是违反了《未成年工特殊保护规定》的规定，应该为员工进行治疗、康复和经济补偿。同时，也向未成年工提出了要求：（1）寻找工作必须符合法律规定的工作岗位，决不能贪图高收入，用身体健康换取经济收入，血的教训务必要牢记。（2）一定要牢记，要学一点法律、法规知识。进入企业首先要签订劳动合同，明确双方权利和义务，一旦遇到工伤事故和侵权的行为，劳动合同就是我们的法律依据。（3）工作中，一旦遇到侵权问题，自己解决不了时，决不能忍气吞声，要找当地政府主管部门和工会组织及律师，寻求得到他们的支持和帮助。

六、特种作业人员的范围、要求和规定

1. 特种作业及人员范围

特种作业是指在劳动过程中容易发生伤亡事故，对操作者本人、他人及周围设施的安全有重大危害的作业。其作业及人员涉及以下范围（见图1-79）。

①电工作业；②金属焊接、切割作业；③起重机械作业；④企业内机动车辆驾驶；⑤登高架设作业；⑥锅炉作业（含水质化验）；⑦压力容器作业；⑧制冷与空调作业；⑨爆破作业；⑩矿山作业；⑪金属非金属矿山作业；⑫石油天然气作业；⑬危险化学品作业；⑭国务院有关主管部门确定的其他特种作业。

叉车工

起重工

电工

电焊工

图1-79 特种作业人员的范围示图

2. 特种作业人员的要求

特种作业人员必须具备以下基本条件。

①年龄满18周岁，且不超过国家规定退休年龄。

② 身体健康，无妨碍从事相应工种作业的疾病和生理缺陷。

③ 初中（含初中）以上文化程度，具备相应工种的安全技术知识，参加国家规定的安全技术理论和实际操作考试并成绩合格。

④ 符合相应工种特点需要的其他条件。

图1-80　特种作业人员培训教育示图

3. 特种作业人员的教育培训、复审的规定（见图1-80）

① 特种作业人员的教育培训的规定。特种作业人员必须按照《安全生产法》规定进行专门的安全作业培训，经过安全技术理论考核和实际操作技能考试合格，取得特种作业操作证后，方可上岗作业（见图1-81）。

② 特种作业人员的教育培训的复审规定。按照有关规定，取得操作证的特种作业人员，每隔 3 年需复审一次。复审内容包括本作业的安全技术理论和实际操作技能、体格检查等。

4. 特种作业人员接受企业教育培训的内容

特种作业人员所从事的工作，在安全程度上与单位内的其他工作有较大差别。他们在工作中接触的危险因素较多，危险性也较大，极易引发生产安全事故，一旦发生事故，不仅作业人员本人，而且还会对他人和周围设施造成很大危害（见图1-82）。因此，对特种作业人员除了专门的培训教育外，企业还要重视日常性的安全教育培训活动（见图1-83）。主要内容有：

① 依据国家颁布的法规、标准和企业管理规定，要及时组织特种作业人员进行培训教育，使其迅速掌握技术标准和操作要求。

② 利用本企业或外单位发生的伤亡事故开展教育培训活动，增强特种作业人员的安全意识，克服工作中的麻痹思想。

③ 积极开展技术练兵竞赛活动，促进特种作业人员应知应会掌控能力的提高。

图1-81　持证上岗不能忘示图

图1-82　注意吊装作业的危险性

图1-83　日常教育需坚持示图

[血的教训]

案例一，事故经过：某物流中心1名司机驾驶叉车运送一捆钢卷，由西往东沿左侧向道路中心行驶时，将1名从道路左侧仓库出来正横穿道路的仓库保管员撞倒，被压在叉车底部遭受重伤。后经抢救无效死亡（见图1-84）。

事故原因：经查证，（1）员工违规操作。未持有叉车司机驾驶证，且对叉车的结构和车况了解不够，尤其是叉车前部货叉架和门架遮挡两旁的视线存有盲区的危险特性认识不足，同时在行驶过程中，未能及时注意看到左前方正横穿道路的仓库保管员，因而造成人与叉车相撞事故。这是本起事故的直接原因。（2）仓库保管理员在横穿厂区道路过程中未观察周围情况，缺乏安全意识且麻痹大意，导致被行驶的叉车撞倒碾压。这是本起事故的伤害方式。（3）企业管理不力，尤其是在制度执行上未能落实到位。事故前，已经发现无证驾驶叉车的违规行为，但未能及时整改、纠正，结果酿成了事故的发生。这是本起事故的管理原因。

案例二，事故经过：某厂1名维修电工，根据领导指派对热处理车间的电柜（400V网带线）更换3号刀闸。操作工用两把扳手松刀闸螺母时，一把固定扳手不小心掉进下面的电缆沟内（深为0.7m），便弯腰伸手去捡扳手，头部不慎碰及电柜左下方4号开关熔丝下带电桩头上，导致触电（当时现场并无他人）。1小时后才被员工发现，立即切断电源将他拉出，并急送医院抢救无效死亡（见图1-85）。

图1-84 叉车伤害事故现场示图

图1-85 车间配电间触电事故现场示图

事故原因：（1）物的不安全状态。①电气线路布设紊乱。该车间配电柜内的电气线路乱拉乱接，从401线路（2号开关有电）电源随意接到已被切断的402电源4号开关熔丝下桩头上，形成带电，是本起事故的起因。②防范措施不力。作业现场狭小，无警示牌和提示标志，也未敷设绝缘橡胶垫，为事故的形成埋下了安全隐患。（2）人的不安全行为。经对现场查看和核实，该作业者严重违反了《电业安全工作规程》的规定。①电工操作证已超过有效期（未复审）；②未戴安全帽和穿绝缘鞋；③作业现场未设监护人；④作业中本人忽视安全，当扳手掉入电缆沟内时，未能认真查看周围电气线路，而是盲目冒险俯身捡扳手，致使头部触及4号熔丝下桩头，身体与大地接触，造成单相触电，是本起事故的直接原因，也是主要原因。

第四节　劳动合同的签订

一、什么是劳动合同

　　根据《劳动合同法》的规定，劳动合同是指劳动者与用人单位之间确立劳动关系，明确双方权利和义务的协议。订立和变更劳动合同，应当遵循平等自愿、协商一致的原则，不得违反法律、行政法规的规定。劳动合同依法订立即具有法律约束力，当事人必须履行劳动合同规定的义务（见图1-86）。

　　根据《中华人民共和国劳动法》（以下简称《劳动法》）第十六条第一款规定，劳动合同是劳动者与用人单位确立劳动关系，明确双方权利和义务的协议（见图1-87）。根据这个协议，劳动者加入企业、个体经济组织、事业组织、国家机关、社会团体等用人单位，成为该单位的一员，承担一定的工种、岗位或职务工作，并遵守所在单位的内部劳动规则和其他规章制度；用人单位应及时安排被录用劳动者的工作，按照劳动者提供劳动的数量和质量支付劳动报酬，并且根据劳动法律、法规规定和劳动合同的约定提供必要的劳动条件，保证劳动者享有劳动保护及社会保险、福利等权利和待遇。《安全生产法》第五十一条规定，生产经营单位必须依法参加工伤保险，为从业人员缴纳保险费。

二、劳动合同的主要内容

　　根据《安全生产法》第五十二条规定和《职业病防治法》相关内容规定，生产经营单位与从业人员订立的劳动合同，应当载明有关保障从业人员劳动安全、防止职业危害的事项，以及依法为从业人员办理工伤保险的事项。生产经营单位不得以任何形式与从业人员订立协议，免除或者减轻其对从业人员因生产安全事故伤亡依法应承担的责任（见图1-88）。

图1-86　劳动合同具有法律约束力示图　　图1-87　明确双方权利和义务的示图　　图1-88　按法律规定的内容签订

劳动合同示图

[法律提示]

　　《劳动合同法》规定对劳动合同的签订有以下规定：

　　劳动合同要必备以下条款。

　　① 劳动合同期限，即劳动合同的有效时间。

② 工作内容，即劳动者在劳动合同有效期内所从事的工作岗位（工种），以及工作应达到的数量、质量指标或者应当完成的任务。

③ 劳动保护和劳动条件，即为了保障劳动者在劳动过程中的安全、健康及其他劳动条件，用人单位根据国家有关法律、法规而采取的各项保护措施（见图1-89）。

④ 劳动报酬，即在劳动者提供了正常劳动的情况下，用人单位应当支付的工资。

⑤ 劳动纪律，即劳动者在劳动过程中必须遵守的工作秩序和规则。

⑥ 劳动合同终止的条件，即除了期限以外其他由当事人约定的特定法律事实，这些事实一出现，双方当事人间的权利义务关系终止。

⑦ 违反劳动合同的责任，即当事人不履行劳动合同或者不完全履行劳动合同，所应承担的相应法律责任。

⑧ 用人单位与劳动者订立劳动合同（含聘用合同）时，应当将工作过程中可能产生的职业病危害及其后果、职业病防护措施和待遇等如实告知劳动者，并在劳动合同中写明，不得隐瞒或者欺骗。

劳动者在已订立劳动合同期间因工作岗位或者工作内容变更，从事与所订立劳动合同中未告知的存在职业病危害的作业时，用人单位应当依照⑧款规定，向劳动者履行如实告知的义务，并协商变更原劳动合同相关条款（见图1-90）。

用人单位违反《安全生产法》有关规定的，劳动者有权拒绝从事存在职业病危害的作业，用人单位不得因此解除与劳动者订立的劳动合同（见图1-91）。

图1-89　明确劳动保护和劳动条件的
具体内容示图

图1-90　协商变更原劳动合同
相关条款示图

图1-91　拒绝签订从事存在
职业病危害作业的合同示图

三、签订劳动合同时应注意的安全事项

1. "生死合同"

在危险性较高的行业，用人单位往往在合同中写上一些逃避责任的条款，如"发生生产安全事故，单位概不负责"。

案例一：农民陈某进城打工，发现一张"招工告示"称"某个体砖厂大量招工，包吃住，月薪6000元另加奖金"，于是前往位于郊区某乡村的砖厂，与老板王某洽谈。王某拿出的劳动合同最后有一行不起眼的小字："受雇人员伤亡厂方概不负责"。陈某没有多想就签了合同。一个月后，陈某在挖土时忽然遇到塌方，身受重伤，丧失了全部劳动能力，王某以双方签订的劳动合同中已经写明"受雇人员伤亡厂方概不负责"为由，不同意对陈某进行工伤认定和经济补偿（见图1-92）。

2."暗箱合同"

这类合同隐瞒工作过程中的职业危害，或者采取欺骗手段剥夺从业人员的合法权利。

案例二：一家公司在发布招聘广告以及与员工刘某某签订劳动合同时，并没有提及对应岗位存在的职业危害。直到上班一周后，该名员工才得知需要经常接触放射性物质（见图1-93）。刘某某了解得知，公司当初之所以隐瞒，就是因为招工难。为此，刘某某当即决定辞职，并要求公司支付上班期间的工资及离职经济补偿金。然而，刘某某的要求被公司拒绝，理由是刘某某单方解除为期3年的劳动合同当属违约，自然失去相应资格。

图1-92　盲目找工作遭受侵权示图

图1-93　接触放射性物质示图

3."霸王合同"

有的用人单位与从业人员签订劳动合同时，只强调企业自身利益，无视从业人员依法享有的权利，不容许从业人员提出意见，甚至规定"本合同条款由用人单位解释"等。

案例三：刘某是深圳某互联网公司的HRBP，双方签订了三年期的劳动合同。刘某在签约时发现劳动合同中规定刘某在合同期不能怀孕生子，如若违反，将视为自动解除劳动合同，单位不会给予经济补偿金。刘某在签订合同时尚未结婚，所以没有多想就签订了合同。一年后刘某相亲结婚，在合同履行的第18个月，刘某发现自己意外怀孕，刘某考虑到自己的年龄和经济情况，决定生下这个孩子。公司得知刘某情况后，未经与刘某协商，单方面解除劳动合同，并将与刘某解除劳动合同的通知张贴在公司公告栏里，并且在通知中说明，刘某违反公司劳动合同规定，在合同期怀孕，故与之解除劳动合同（见图1-94）。

4."卖身合同"

这类合同要求从业人员无条件听从用人单位安排，用人单位可以任意安排加班加点，强迫劳动，使从业人员完全失去人身自由。

案例四：卢某找到了一份适合他的空调维修工作。当他满心欢喜地去这家企业签订劳动合同时，却发现将要签订的合同中写着"工作必须随叫随到，一切听从单位的安排"的条款。见到这样的条款，他疑窦顿生，而一旁的人事部主管则马上解释，干维修这一行哪有不随叫随到的，于是，卢某落笔签字，谁想就此被"套牢"了。

图1-94　向全体员工宣布解除劳动合同的通知示图　　　图1-95　高温酷暑下作业现场的示图

卢某第一次像机器人那样干活。在某年8月的一天，他在深夜11时左右赶去维修一家商业大楼的空调，正干得紧张之时，却被告知，必须再赶到某宾馆去维修空调，结果他一直干到次日早上7时。此时，卢某急着想回家好好睡上一觉，谁料到单位却要他听从安排，再到单位里待命。业务主管在电话里毫不客气地对卢某说，大热天空调随时会损坏，维修工必须随时待命，否则将按规章扣发工资。自那以后，卢先生无数次地从睡梦中被唤醒，赶去修空调（见图1-95）。

5."双面合同"

一些用人单位在与从业人员签订合同时准备两份合同，一份合同用来应付有关部门的检查，一份用来约束从业人员。

案例五：大学毕业生吴某、刘某等12人在一家酒厂上班，发工资时被告知因为没有完成白酒销售任务，50%的工资只好用白酒抵顶。当吴某等人明确表示不同意时，酒厂厂长便拿出了合同，一份合同是对外的，工资发放按照国家规定执行，对于具体事宜只简略说明相关事项由企业与职工商定；而对内的合同则具体规定职工必须完成所分配的白酒销售任务，否则可用白酒顶抵工资。《劳动法》明确规定，企业不得用产品和实物顶抵工资。吴某、刘某等人立即到法院立案，酒厂厂长得知情况，自知理亏，迅速到法院申请调解，才补发了他们的工资。

6."欺骗合同"

就是故意隐瞒真实情况或者告知对方虚假的情况，欺骗对方，诱使对方作出错误的判断而与之订立合同。

案例六：一打工妹到某市一家理发店打工，当时老板没有按时给她支付工资，只是给她一些欠条，共十多张，计7800块钱，而欠条上有的没写欠款人的名字，有的名字写的是英文。打工妹当时就问老板，但老板却说："你还怕我不给你钱吗？"。当这位打工妹回了一趟家，再回到理发店时，老板就不承认了，说没有这回事。当打工妹欲去寻求维权保护时，老板则以"私了"解决，结果打工妹只得到了一半的工资，无奈之下，流下了伤心的眼泪。

以上列举的违反《劳动法》《劳动合同法》和《安全生产法》的侵权案例，向我们警示了以下几点。

（1）在寻找工作与签订劳动合同时，决不能盲目下笔，必须看清合同内容，特别是涉及劳动保护、安全生产的条款一定要多看几遍，有没有违法和违规的内容，避免上当受骗。

（2）工作中遇到被侵权时，应当冷静思考问题，避免不理智的冲动导致自身的合法权益得不到应有的保障。

（3）要多学一点法律知识，一旦遇到侵权，应拿起法律武器维护自身合法权利；如果自己解决不了，可以寻求法律的援助，直至解决问题。

第二章

安全生产技术基础知识

第一节　机械安全

一、机械设备的危害因素和部位

机械设备的危害因素是指机械设备运动（静止）部件、工具、加工件直接与人体接触引起的碰撞、剪切、卷入、绞、碾、割、刺等形式的危害性因素。其范围见图 2-1。

简而言之，机械设备的危害因素除以上之外，还可能存在一些其他危害因素。例如，有的机械设备在使用时会伴随着发生强光、高温，还有的会放出化学能、辐射能，以及尘毒危害物质等，这些对人体都可能造成伤害。

旋转的皮带轮

旋转滚动咬合

车床的卡盘

设备中的转动轴和螺栓

(a) 机械设备零、部件旋转运动时的危害因素和部位(红圈)

四柱式万能液压机

剪板机设备

冲压设备

锻压设备

(b) 机械设备的零、部件作直线运动时的危害因素和部位(红圈)

切削的钻头

切削的镗刀

圆锯机锯刀

切割刀具

(c) 切削刀具与刀刃的危害因素和部位(红圈)

图 2-1

往复运动的设备(龙门刨)　　单向运动(模切机)　　往复运动的设备(压塑机)　　单向运动(带锯机)

(d) 设备往复(单向)运动时的危害因素和部位(红圈)

突出较长的机械部分、工件　　引起滑跌坠落的工作台　　焊割的锋利、粗糙的毛坯边缘　　电气系统带电的设备

(e) 其他危害因素和部位(红圈)

图 2-1　机械设备的危害因素和部位示图

二、机械伤害事故的类型和形成的原因

1. 机械伤害事故的类型

机械伤害事故的类型见图 2-2。

调整刀具　不慎卷入　　盲目查看　冲压致死　　查看刀具　卷撞致死　　开关失灵　被挤身亡

贸然清理　手臂卷入　　检查不力　砂轮飞出　　处置不当　头发卷入　　冒险擦拭　卷入身亡

贸然开机　遭受挤压　　更换油封　遭受挤压　　检查不力　不慎被碾　　误动开关　卷入身亡

措施不力　遭受冲压

处置不慎　卷入致死

按错开关　被绞身亡

查看设备　被卷身亡

图 2-2　各种机械伤害事故的类型示图

图 2-2 所示的机械伤害示图，都是各类企业在生产过程中发生的伤害类型。这些事故的发生向我们提示了以下几点。

（1）从目前情况来看，几乎所有机械设备都有可能发生伤害事故，但各种机械设备危险大小是不同的，如果我们在操作过程中稍有不慎，极易发生机械伤害事故，因而我们要提高警惕。

（2）在日常工作过程中，务必要遵章守纪，按照各岗位操作规程完成全过程的机械加工、辅助作业等，否则，难以确保安全。

2. 形成机械伤害事故的原因

（1）人的不安全行为。人的不安全行为是引发事故的主要因素。具体表现见图 2-3。

① 操作失误，忽视安全、忽视警告。如开动、关停机器时未给信号；开关未锁紧，造成意外转动；工件紧固不牢；机器超速运转；手伸入危险部位等。

② 安全装置失效。如拆除了安全装置；调整错误造成安全装置失效等。

③ 手代替工具操作。如用手代替工具；用手拿工件进行机加工。

④ 机器运转时进行加油、修理、检查、调整和清扫等工作。

⑤ 违章操作。操作旋转设备时，戴手套、腈纶套袖等。

⑥ 冒险攀、跨旋转部位。如螺旋式绞龙等。

⑦ 操作时注意力分散。如与人交谈、想问题、赶时间等。

⑧ 未正确穿戴防护用品。如未穿工作服；未戴安全帽、工作帽和工作鞋，未戴防护镜等。

手伸入危险部位

擅自拆除安全装置

手代替工具操作

机器运转时调整夹具

违章带手套作业

冒险跨越旋转部位

操作时注意力分散

女工未戴工作帽

图 2-3　人的不安全行为具体表现示图

（2）物的不安全状态。物的不安全状态是导致事故发生的物质条件。存在的主要问题是：

① 防护保险、信号装置缺乏或有缺陷。如有的机械传动带、齿轮，接近地面的联轴节、皮带轮、飞轮等易伤害人体部位没有完好的防护装置（见图2-4）；投料口、绞龙等部位缺防护栏及盖板、无警示牌；电源开关布局不合理，一种是有了紧急情况不能立即停车，另一种是好几台机械开关设在一起，极易造成误开机器引发严重后果；联锁装置不安装或失效，引起误操作。

② 设备、设施、工具附件有缺陷。如设计不当，结构不符合安全要求；电气元件质量差；制动装置有缺陷；安全间距不够；防护罩缺失（见图2-5）；工件有锋利毛刺、毛边；设备在非正常状态下运行，设备带"病"运转和超负荷运转；设备维护保养不到位及开关装置失灵等。

（3）不良的环境条件。不良的环境条件是事故发生的重要因素。主要有：

① 照明光线不良。如照明不足和光线过强。

② 地面滑。如地面有油污或其他液体；冰雪覆盖及地面有其他易滑物。

③ 作业场所噪声过大（见图2-6），人易疲劳造成误操作等。

图2-4　缺乏防护装置的示图

图2-5　防护罩缺失示图

图2-6　作业场所噪声过大示图

（4）管理的缺陷。机械伤害事故的发生，从表面上看都是由于人、物、环境的不安全因素造成的，但其根源必然是管理上存在缺陷（见图2-7）。它包括：

① 技术缺陷，如未能严格执行"三同时"，致使生产过程中各阶段（设计、制造、使用、辅助生产）、各环节上未能建立安全生产保障体系。

② 教育不到位，如对新工人进厂和日常性安全教育开展不深、不细，使得工人对作业过程中的危险性及其安全运行方法无知、轻视、不理解、训练不足等。

③ 人员选择或使用不当，生理或身体有缺陷，如有疾病、听力、视力不良等。

④ 管理混乱。如企业领导对安全工作缺乏责任心，操作人员对作业标准不明确，缺乏检查保养制度，人员配备不合理，各项管理制度未能建立健全，各级责任制未能贯彻落实到位等。

现场设备、设施布置不合理

作业中危险性认识不清

身体不适

现场混乱违章行为无人制止

图2-7　管理上存在缺陷具体表现示图

机械伤害事故及主要原因、机械伤害事故案例视频可扫描二维码。

三、机械设备的通用安全技术措施和要求

1. 安全技术措施

（1）机械设备传动机构防护装置见图2-8、图2-9、图2-10。

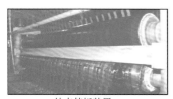
轧点挡板装置

轧辊压印联锁装置

红线为急停装置

图2-8　各轧辊类型的防护装置示图

皮带轮防护罩

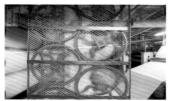
皮带多轮防护罩

立式传动链防护罩

图2-9　皮（链）带传动机构安全装置示图

电机联轴节防护罩
（带网孔，方便散热）

电机联轴节防护罩
（和电机一体式）

电机联轴节防护罩
（固定式）

联轴节试验台防护门
（和电机联锁，开门自动断电）

图2-10　联轴器安全防护装置示图

（2）机械设备各种防护装置见图2-11 。

2. 机床操作安全要求

（1）总体要求

① 一切机床的操作者都应经过技术培训，考试合格并持证才能操作指定设备，并严格执行操作规程（见图2-12、图2-13）。

② 机床的操作者必须熟悉所操作机床的结构、性能和日常维护保养方法。

③ 机床电气接地必须良好，各种安全防护装置不许随意拆除。

④ 机床照明一律使用36V以下的低压灯，并定位牢固，照明效果良好。

⑤ 机床附件要定期由专业人员负责进行技术状态检查、检修或更换。

⑥ 机床进行擦拭或定期保养工作时，必须先关闭总电源，特殊的设备检修（地下设备、进入设备内）还须派专人监护。

固定式防护栏

行程限位装置

光栅式保护装置

双手按钮式保护装置

剪板机防护装置

设备联锁防护装置

皮带运输机防护罩

加工长料时防弯装置

作业区光栅保护装置

圆盘锯防护罩

钻床防护挡板

铣床防护罩

图 2-11 各种安全防护栏、板、罩、行程限位、光栅装置等示图

图 2-12 技术培训教育示图

图 2-13 操作规程提示示图

图 2-14 正确穿戴劳动防护用品示图

⑦ 机床上的通风、除尘、排毒装置，应与主机同时进行维护保养，定期清扫污染物，保持正常使用，防止污染。

（2）具体要求

◇ 工作前：

① 必须正确穿戴劳动防护用品，工作服上衣领口、袖口、下摆应扣扎好。设备运转时，操作者不准戴手套、腈纶护袖，不准穿拖鞋、凉鞋、高跟鞋或其他不符合安全要求的服装（见图 2-14）。

② 上岗前严禁喝酒。

③ 整理好工作场地，清除操作范围内的一切障碍物以及地面的油污、水渍。

④ 查看机床"交接班记录"，检查机床防护保险、信号装置、电气限位、制动、润滑、照明等安全设施应良好、齐备，各手柄位置应正确。

⑤ 按动电钮前，必须检查机床的转动体和往复运动的工作台面上有无未紧固的工件或搁置的工具等其他杂物，机床周围有无妨碍机件运动的堆积物品（见图 2-15）。

图2-15　查看机床运行的状况示图　　图2-16　检查机床使用的工夹具示图　　图2-17　机床在运行中不安全行为示图

⑥ 认真检查机床上的刀具、夹具，工件装卡应牢固正确、安全可靠，保证机床运转中倒车、换向和加工过程中受到冲击时不致松动、脱落而发生事故（见图2-16）。

⑦ 加工工件前，无论是毛坯还是半成品，都要认真清除毛刺、飞边、油污和铸造粘砂等，防止装卡时伤手和旋转时沙尘飞溅造成事故。

⑧ 在机床试运转3～5min未发现异常后，才能作业。

◇ 工作中：

① 操作者必须熟悉加工产品的工艺程序要求，不准带病或超负荷使用机床。

② 机床在运行中严禁下列动作（见图2-17）：

a. 擦拭机床，给机床注油；

b. 摘挂皮带，换挡变速；

c. 检查刀具刃口，紧固压力螺栓或其他转动部位螺栓、螺帽；

d. 更换刀具或装卸工件；

e. 测量工件尺寸，用手触摸工件或刀头以清除金属切屑；

f. 隔着床身或刀杆拿取物件或传递工件；

g. 使用已损坏的或钝化了的刀刃具强行切削；

h. 攀登或跨越机床打扫卫生，对机床进行保养；

i. 离开机床，搬运配件或做其他事情；

j. 玩弄手机或打电话、接听电话等。

③ 有下列情况时必须立即停车，并关闭电源（见图2-18）：

a. 电源突然中断时；

b. 机床限位及其他控制设施失灵时；

c. 机械或电器有不正常的异响、高温（温度高于50℃）、冷却或润滑突然中断时；

d. 机床突然发生局部故障或事故时；

e. 操作者需要离开机床或处理其他工作时。

④ 加工的成品与未加工品要整齐地放在固定位置，而且与机床保持至少0.5m的间距（见图2-19）。

⑤ 严禁在机床对面观察加工情况或与人谈话。

◇ 工作后：

① 首先切断电源，关闭气（汽）阀、水阀，认真清扫机床，整理工作场地，放好加工零件，将机床操作手柄置于零位。

② 对本班不能完成的加工件，应将刀具退到安全位置。加工大工件时，应加支持件，并向下一班详细介绍情况（见图2-20）。

③ 认真填写交接班记录。

图 2-18　关闭急停开关示图

图 2-19　物品要按规定摆放示图

图 2-20　做好交接班工作示图

第二节　用电安全

一、触电事故的基本概念

1. 什么是触电

触电是指电流流经人体，造成生理伤害的事故（见图 2-21）。触电伤害分电击和电伤两种。电击是指电流通过人体内部，影响呼吸、心脏和神经系统，引起人体内部组织的破坏，以致死亡（见图 2-22）。电伤是指对人体表面的局部伤害，包括电弧烧伤、电烙印和皮肤金属化等伤害（见图 2-23）。

图 2-21　触电伤害事故示图

图 2-22　电击伤害事故示图

图 2-23　电伤伤害事故示图

2. 触电事故的特点

图 2-24　现场触电事故示图

触电事故往往是突然发生的，而且在极短的时间内造成严重的后果，死亡率较高。根据不完全统计，触电死亡人数在我国工矿企业职工因工死亡总数中占 6%～8%（图 2-24）。

3. 触电事故的种类

触电事故的种类，按照人体触及带电体的方式和电流通过人体的途径，触电方式分为：

（1）人体与带电体直接接触

① 单相触电。人在地面或其他接地导体上，人体某一部位触及带电体（见图 2-25）。

② 双（两）相触电。人体两处同时触及两相带电体（见图 2-26）。

（2）人体与带电体间接接触

① 跨步电压触电。人体在带电导体接地有故障附近，两脚之间存在电位差（见图 2-27），会造成跨步电压触电。

② 接触电压触电。人体触及漏电设备外壳，手与脚之间存在电位差，会造成接触电压触电。

图 2-25　单相触电示图

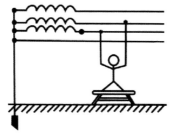
图 2-26　双（两）相触电示图

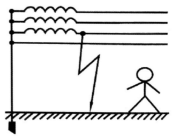
图 2-27　跨步电压触电示图

4.触电事故的特征

当不同数值的电流作用到人体的神经系统时，人体就会表现出不同的特征，因为神经系统对电流的敏感性很高。根据科学实验和事故分析，得出不同数值的电流对人体危害的特征，见表 2-1。

表2-1　交流电与直流电危害的特征

电流/mA	50~60Hz交流电	直流电
0.6～1.5	手指开始感觉麻	没有感觉
2～3	手指感觉强烈麻	没有感觉
5～7	手指感觉肌肉痉挛	感到灼热和剧痛
8～10	手指关节感觉痛，手已难以脱离电源，但仍能摆脱电源	灼热增加
20～50	手指感觉痛，迅速麻痹，不能摆脱电源，呼吸困难	灼热更增，手部肌肉开始痉挛
50～80	呼吸麻痹，心室颤动	强烈的灼热，手部肌肉痉挛，呼吸困难
90～100	呼吸麻痹，持续 2s 或更长时间后心脏麻痹或心脏停止跳动	呼吸麻痹

[相关链接]

人体接触电流的不同形式。

对于工频交流电，按通过人体电流的大小不同，人体呈现不同的状态，可将电击电流分为三种：

（1）感知电流：能引起人轻微麻抖和轻微刺痛感觉的最小电流称为感知电流。对于不同的人，感知电流也不相同。成年男性平均感知电流约为 1.1mA；成年女性约为 0.7mA。

（2）摆脱电流：当电流增大到一定程度时，触电者将因肌肉收缩、痉挛而抓紧带电体，不能自行摆脱电源。人触电以后，能自主摆脱电源的最大电流称为摆脱电流。不同人的摆脱电流也不相同。成年男性平均摆脱电流约为16mA；成年女性约为10.5mA。

（3）致命电流：是指在较短时间内危及生命的最小电流。一般来说，电击致死的主要原因是电流引起心室颤动或窒息造成的。因此，一般认为引起心室颤动的电流即为致命电流。根据实验资料和工频电流对人体作用的分析资料，人体通过50mA以上电流是有致命危险的。

二、触电事故的主要原因

（1）违反了《电气安全工作规程》的规定，如检修电气线路、配电间打扫卫生（见图2-28）、更换刀闸等工作，未能严格执行"四大"（工作票制度，工作许可制度，工作监护制度，工作间断、转移和终结制度）工作制度。

（2）违反了《建筑施工安全检查标准》有关外电防护的规定，如在高压线下移动长、高物件（见图2-29）和使用吊车，未对作业现场采取防范措施，贸然进行危险作业。

（3）违反了《施工现场临时用电安全技术规范》的规定，如设备设施不符合电气安全技术的规定，所使用的设备设施陈旧老化（见图2-30），无接地、接零保护措施，漏电保护器的选择、安装和使用不符合规范要求，违规操作、维护保养没有到位等，引发了触电伤害事故。

图2-28　配电间违规打扫卫生示图　　图2-29　高压线下移动长、高物件示图　　图2-30　插座损坏示图

（4）违反了特种作业管理规定，如作业人员无电工操作证，擅自拉接电线，造成设备外壳带电（见图2-31）；电焊作业者未正确穿戴防护用品、汗水浸透手套、焊钳误碰自身或误碰他人，致使触电事故的发生。

（5）作业人员安全意识和防范能力较差，盲目闯入电气设备遮栏内（见图2-32）及搭棚、架等，用铁丝将电源线与构件捆绑在一起，遇损坏落地电线用手捡拿，使用的电动工具不检查等，从而造成触电事故的发生。

（6）现场管理混乱，电气线路乱拉乱接不符合规范（见图2-33），移动设备、设施不切断电源等违章行为无人监管，因而酿成了触电事故的发生。

触电事故案例及原因的内容可扫描二维码。

图2-31 风扇外壳带电示图

图2-32 盲目闯入电气设备遮栏内示图

图2-33 电气线路乱拉乱接示图

三、安全用电常识

为防止触电事故发生，应掌握以下安全用电常识。

（1）任何电气设备在未确认无电时应一律认为有电，不要随便接触电气设备和线路（见图2-34），不要盲目信赖开关或控制装置，不要依赖绝缘来防范触电。

（2）未经电工特种作业培训考核合格并取得上岗证的人员，不得从事电工作业。在日常作业中，尽量避免带电操作，手湿时更应禁止带电操作。对"禁止合闸""有人操作"等标牌，无关人员不得移动。

（3）若发现电线、插头、插座损坏应立即更换，禁止乱拉临时电线（见图2-35）。如需拉临时电线，应用橡皮绝缘线，且离地不低于2.5m，用后及时拆除。

（4）广播线、电话线应与电力线分杆架设，电话线、广播线在电力线下面穿过时，与电力线的垂直距离不得小于1.25m。

（5）电线上不能晾衣物，晾衣物的铁丝不能靠近电线，更不能与电线交叉搭接或缠绕在一起。

（6）不能在架空线路和室外变电所附近放风筝；不得用鸟枪或弹弓打电线上的鸟；不许爬电杆，不要在电杆、拉线附近挖土，不要玩弄电线、开关、灯头等电气设备。另外，要加强对变电所、配电房等供电场所进行停电清扫或检修工作。

① 要严格执行工作票制度、工作许可制度、工作监护制度和停电、验电、装接地线的规定，并按内容列出工作计划，明确时间、人员及防护措施等。

图2-34 不要随便接触电气线路示图

图2-35 禁止乱拉临时电线示图

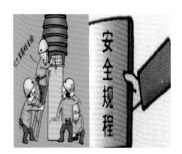
图2-36 严格执行电工安全技术操作规定示图

②要落实各级责任制，做到分工明确，职责落实，防护措施清楚。

③要加强现场的监督检查，发现不安全行为，应立即阻止、责令其停止作业（见图2-36）。

（7）不带电移动电气设备，将带有金属外壳的电气设备移至新的地方后，要先安装好地线，检查设备完好后，才能使用（见图2-37）。

（8）移动电器的插座，一般要用带保护接地插孔的插座。不要用湿手去摸灯头、开关和插头。

（9）当电线断落在地上时，不可走近。对落地的高压线应离开落地点10m以上，以免跨步电压伤人，更不能用手去捡。应立即禁止他人通行，派人看守，并通知供电部门前来处理（见图2-38）。

图 2-37　安装好地线示图　　　　　　　　图 2-38　禁止用手去捡，应立即报告示图

（10）当电气设备起火时，应立即切断电源，并用干沙覆盖灭火（见图2-39），或者用四氯化碳或二氧化碳灭火器来灭火（见图2-40），绝不能用水或一般酸性泡沫灭火器灭火，否则有触电危险。在使用四氯化碳灭火器时，应打开门窗，保持通风，防止中毒，如有条件最好戴上防毒面具。在使用二氧化碳灭火器灭火时，由于二氧化碳是液态的，向外喷射灭火时，强烈扩散，大量吸热，形成温度很低的干冰，并隔绝了氧气，因此也要打开门窗，与火源保持 2～3m 的距离，小心喷射，并防止干冰沾着皮肤产生冻伤。救火时不要随便与电线或电气设备接触，特别要留心地上的导线。

图 2-39　消防干沙覆盖灭火示图　　　　　图 2-40　二氧化碳灭火器示图

四、安全用电注意事项

（1）火线必须进开关。火线进开关后，当开关处于分断状态时，电器不带电，这样不

但利于维修，还可减少触电事故。

（2）照明电压的合理选择。一般工厂的照明灯具多采用悬挂式，人体接触的机会较少，可选用220V的电压供电。操作设备的照明应使用36V及以下安全电压；潮湿作业场所照明应使用24V安全电压；金属容器内照明应使用12V安全电压（见图2-41）。

潮湿作业场所使用24V电压　　　　　金属容器内使用12V电压

图2-41　作业照明安全电压防护示图

（3）导线和熔断器的合理使用。导线通过电流时不允许过热，所以导线的额定电流比实际电流输出稍大。熔断器是当电路发生短路时能迅速熔断以作保护之用的，所以不能选额定电流很大的熔丝来保护小电流电路。

（4）电气设备要有一定的绝缘电阻。通常要求固定电气设备的绝缘电阻不低于500kΩ。可移动的电气设备应更高些。一般在使用电气设备的过程中须保护好绝缘层，以防止绝缘层老化、破损。

（5）电气设备的安装要正确。电气设备应根据说明书进行安装，不可马虎从事，带电部分应有防护罩、遮栏、护盖等，必要时应用联锁装置以防触电。

（6）正确使用各种防护用品。防护用品是保证工作人员安全操作的用品，主要有绝缘手套、绝缘鞋、绝缘棒、绝缘垫等（见图2-42）。

（7）电气设备的保护接地和保护接零。正常情况下，电气设备的外壳是不带电的。为防止绝缘层破损老化漏电，电气设备应采用保护接地（见图2-43）和接零等措施。

图2-42　防护用品示图　　　　　图2-43　设备保护接地示图　　　　　图2-44　导除聚集的静电示图

（8）在雷雨天切忌走进高压电线杆、铁塔、避雷针等处，应至少远离其20m之外，以免发生跨步电压触电。如果遇到有跨步电压触电危险，可采用单足或并足跳的方法逃离危险区。又如在室外遇雷雨，要及时躲避。在空旷的野外无处躲避时，应尽量寻找低洼之处，或者立即蹲下。不要使用手机。

（9）在进行容易产生静电的操作时（如：生产工作中的挤压、切割、搅拌、流动和过滤等），必须有良好的接地装置，及时导除聚集的静电（见图2-44）。

第三节　焊接安全

一、焊接与切割作业的危险有害因素

在焊接与切割作业中常见的生产安全事故类型见图2-45。

| 点焊标尺 燃爆油罐 | 切割螺栓 引发火灾 | 熔渣四溅 仓库着火 | 通风不良 引发爆燃 | 火花四射 引发火灾 |

| 点焊框架 闪爆量槽 | 切割钢架 引发爆炸 | 盲目切割 引爆贮罐 | 移动焊枪 引发触电 | 更换焊条 遭受触电 |

| 焊接钢筋 引发电击 | 焊机带电 造成触电 | 未戴手套 遭受触电 | 违规接线 斗车带电 | 盲目动火 储罐爆炸 |

图2-45　焊接与切割作业中常见的事故类型示图

除了上述发生的焊接与切割作业中发生的事故类型外，还应重视在焊接火焰或电弧高温的作用下，熔渣四溅、火花四射，造成灼烫事故；在移动、翻转工件时、在狭窄空间操作时，经常发生碰、压、挤、砸等机械、高坠、物击性伤害事故；在容器、管道内及有限空间内检修焊补时，容易发生中毒、窒息、火灾爆炸事故；电弧光辐射会造成人体的损伤（眼睛）；焊接作业场所的高温，容易引起中暑等。

焊接与切割作业中发生的事故及原因请扫描二维码。

二、焊接与切割作业安全规定

（1）电焊机应放置在防雨、干燥和通风良好的地方。焊接现场不得有易燃、易爆的物品。

（2）电焊机绝缘必须良好。变压器的一次绕组与二次绕组之间，引线和引线之间，绕组及引线与外壳之间，其绝缘电阻均不得小于 0.5MΩ。

（3）电焊机的电源线，应使用绝缘良好的橡胶线，交流弧焊机变压器的一次侧电源线长度应不大于 5m（见图 2-46），其电源进线处必须设置防护罩。当临时需要较长的电源线时，电源线不可拖在地上，而应在离地面 2.5m 以上布设，并应穿管保护。

（4）电焊机开关箱中漏电保护器必须符合规范要求。交流电焊机应配装防二次侧触电保护器。

（5）电焊机的二次线应采用防水橡皮护套铜芯软电缆，电缆长度应不大于 30m，不得采用金属构件或结构钢筋代替二次线的地线。

（6）电焊机外壳应有良好的保护接地或接零。但要特别注意，电焊机二次回线端与焊件不应同时接地或接零。

（7）使用电焊机焊接时必须穿戴防护用品。严禁露天冒雨从事电焊作业。电焊机手把线的正常电压，使用交流电焊机工作时一般为 60～80V，手把线应质量良好，如有破皮情况，必须及时更换。

（8）电焊机安装完毕应按规定履行验收程序，并应经责任人签字确认后，才能使用。

（9）电焊、气焊工均为特种作业，应身体检查合格，并经专业安全技术学习、训练和考试合格，领取《特殊工种操作证》后，方能独立操作（见图 2-47）。

（10）工作前检查焊接场地，氧气瓶与乙炔气瓶相距不小于 5m，距施焊点不小于 10m。并在 10m 以内禁止堆放其他易燃易爆物品，包括有易燃易爆气体产生的器皿管线，并备有消防器材，保证足够照明和良好通风。

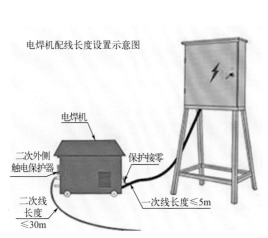

图 2-46 作业现场布置电焊机应遵守的规定示图

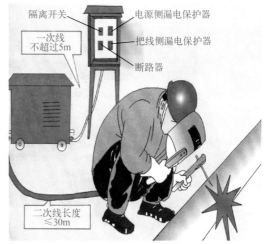

图 2-47 电焊工按规定要求操作的标准示图

三、焊接与切割作业中的防护措施

（1）电焊作业必须按照电焊工操作规程的规定执行。

（2）工作前认真检查焊接场地，氧气瓶与乙炔气瓶相距不小于 5m，距施焊点不小于 10m（见图 2-48）。并在 10m 以内禁止堆放其他易燃易爆物品（包括有易燃易爆气体产生的器皿管线），并备有消防器材，保证足够照明和良好通风。

（3）操作时所有工作人员必须穿戴好工作服，防护眼镜或面罩。不准赤身操作，仰面焊接应扣紧衣领、扎紧袖口、戴好防火帽，电焊作业时不得戴潮湿手套等（见图2-49）。

（4）对受压容器、密闭容器、各种油桶，管道、沾有可燃物质的工件进行焊接时，必须事先进行检查，并经过冲除掉有毒、有害、易燃、易爆物质，解除容器及管道压力，消除容器密闭状态（敞开口，旋开盖），再进行工作。

（5）在焊接与切割密闭空心工件时，必须留有出气孔。在容器内焊接，外面必须设专人监护，并有良好通风措施，照明电压采用12V。禁止在已盛装过油漆或喷涂过塑料的容器内焊接。

（6）电焊机接地或接零及电焊工作回线都不准搭在易燃、易爆的物品上，也不准接在管道、钢管（见图2-50）和机床设备上。工作回线应绝缘良好，机壳接地必须符合安全规定。

图2-48　电焊作业现场布置示图

图2-49　正确佩戴劳护用品示图

图2-50　接地线不能搭在钢管上示图

（7）在存有易燃、易爆物的车间、场所或管道附近动火焊接时，必须办理"危险作业申请单"（见图2-51）。消防、安全管理部门到现场检查，采取严密安全措施后，方可进行作业。

（8）高处作业应系安全带，并做到高挂低用。同时，地面应有专人监护。严禁将工作电源线缠在身上。

（9）焊件必须放置平稳，牢固才能施焊，不准在天车吊起或叉车铲起的工件上施焊。各种机器设备的焊修，必须停车进行，更不能将未断电的电焊机放在各种小车上移至另一作业点（见图2-52），作业地点应有足够的活动空间。

（10）操作者必须注意辅助人员的安全，辅助人员应懂得电（气）焊的安全常识。

（11）严格禁止使用未经批准的乙炔发生器进行气焊作业。

（12）在恶劣气象条件下的焊接需提示的作业要求。

图2-51　危险作业场所必须办理
动火证示图

图2-52　不能用小车移动电焊机示图

图2-53　不能在光线昏暗环境下进行
焊接作业示图

① 在大风、大雨、雷电条件下进行露天焊接作业，容易造成触电或雷击事故，必须停止作业。

② 梅雨季节雨水多，空气潮湿，是触电事故的高发季节，要及时做好各项安全措施。

③ 在夜间或光线昏暗环境下进行焊接作业（见图2-53），容易发生误操作（人与焊枪、电气线路误碰），引发触电事故。因而要落实防范措施，加强现场管理。

（13）工作结束后，电源线没有收好不准吊行或移开焊接设备。

[相关链接]

焊接场所管理方法见图2-54。

作业交底是前提

安全用电要遵守

规范接线符要求

按规作业需铭记

移动焊机先断电

结束断电不能忘

场所整理要到位

安全检查有保障

图2-54　焊接场所安全管理示图

图2-54所示的电焊作业安全管理方法，是一些企业在日常作业中总结的经验，是焊接作业过程中具体的工作程序和做法，供操作者参考学习和掌握。

第四节　起重机械安全

一、起重机械事故的易发类型

（1）中小企业起重机械事故的易发类型见图2-55。

（2）建筑施工起重机械事故的易发类型见图2-56。

二、起重机械伤害事故的主要原因

起重机械伤害事故及主要原因、起重伤害事故案例视频可扫描二维码。

吊索具打击事故

土吊钩断裂打击事故

绳带断裂物击事故

钢丝绳断裂打击事故

传动元件磨损引发事故

导绳器损坏坠落物击事故

装置失灵天车相撞坠落事故

装置失效造成挤压事故

限位失控钢丝绳绞断引发事故

脱钩不慎引发物件侧倒

推移简易式龙门架发生倾倒事故

修理天车造成挤压事故

图 2-55　中小企业起重机械事故的易发类型示图

顶升不力　塔机倒塌

吊钩冲顶　料斗脱落

钢绳断裂　引发物打

钢缆断裂　桥厢坠落

吊笼超载　引发坠落

超重吊装　塔吊倒塌

吊装不力　造成挤压

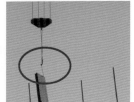
盲目吊装　造成物击

绳卡缺陷　钢绳断裂

盲目查看　遭受挤压

误开小车　头部挤压

吊装不力　钢梁倾倒

图 2-56　建筑施工起重机械事故的易发类型示图

三、起重机械的安全技术措施

（1）钢丝绳的断丝数、腐蚀（磨损）量、变形量、使用长度和固定状态应符合规定（见图 2-57）。

（2）滑轮的护罩完好、转动灵活。

（3）吊钩等取物装置无裂纹、明显变形或磨损超标等缺陷，紧固装置完好（见图 2-58）。

（4）各类制动器（见图 2-59）、防坠器（见图 2-60）、限位器（见图 2-61），钢丝绳跳槽装置等安全装置工作灵敏可靠。

（5）各类行程限位（见图 2-62）、限量开关与联锁保护装置完好可靠。

（6）紧停开关、缓冲器和终端止挡器等停车保护装置使用有效。

（7）各种信号装置与照明设施符合规定。

（8）接地（零）线连接可靠，电气设备完好有效。

（9）各类防护罩、盖、栏、护板等完备可靠，安装符合要求。

（10）露天起重机的防雨罩、夹轨钳或锚定装置使用有效；当工作结束时，应将起重机锚定住；当风力大于 6 级时，应停止工作，并将起重机锚定住。

（11）安全标志与消防器材配备齐全（见图 2-63）。

（12）各类吊索具管理有序，状态完好（见图 2-64）。

图 2-57　钢丝绳符合规定示图

图 2-58　吊钩紧固装置完好示图

图2-59　重量限制器示图

图2-60　防坠安全器示图

图 2-61 起升限位器示图

图 2-62 限位装置示图

图 2-63 消防器材配备齐全示图

图 2-64 吊索具定置架示图

四、起重机械的安全防护装置

1. 通用天车的安全防护装置（见图 2-65）

通用天车的安全防护装置有：超载限制器，上升行程限位器，下降行程限位器，大、小车行程限位器，各种联锁保护装置，大、小车车挡，大、小车缓冲器，大、小车扫轨器，各种防护罩，各种防护栏，夹轨器或锚定装置，防雨罩，防碰撞装置，吊钩防护装置等，都必须安装到位。

2. 塔式起重机的安全防护装置（见图 2-66）

塔式起重机的安全防护装置有：超负荷限位装置、变幅限位装置、超高限位装置、行程限位装置及吊钩保险装置，卷筒保险装置。塔式起重机运行时，各种限位保险装置必须灵敏、可靠。

3. 施工升降机的安全防护装置（见图 2-67）

施工升降机的安全防护装置有：缓冲装置、机械联锁装置、防坠安全器、超载保护器、安全钩等及其他安全措施（急停开关、楼层呼叫器、楼层防护门），都必须安装到位。

4. 汽车起重吊机的安全防护装置（见图 2-68）

汽车起重吊机的安全防护装置有：钢丝绳防跳槽装置、力矩限制器、变幅限制器、超载限制器、吊钩保险装置、限位装置显示仪等，必须灵敏、可靠。

图 2-65　通用天车的安全防护装置示图

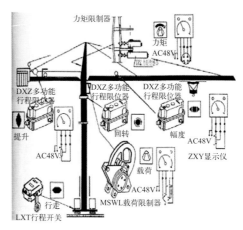

图 2-66　塔式起重机的安全防护装置示图

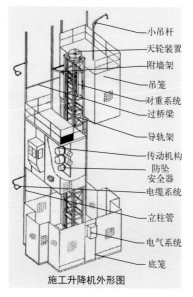

图 2-67　施工升降机的安全防护装置示图

图 2-68　汽车起重吊机的安全防护装置示图

[相关链接]

起重作业的安全规定

（1）起重工应经专业培训，并经考试合格持有特种作业操作资格证书，方能进行起重操作（见图 2-69）。

（2）工作前，现场负责人要认真做好安全交底工作（见图 2-70），并督促员工必须正确穿戴劳动防护用品。

（3）作业前，作业人员应对起重机械的吊索具、起吊的物件和工作场所进行检查，确认符合安全要求方可作业。

（4）开车前，必须鸣铃或报警。操作中接近人时，亦应给予断续铃声或报警。

（5）操作应按指挥信号进行。对紧急停车信号，不论何人发出，都应立即执行（见图2-71）。

（6）确认起重机上或其周围无人时，才可以闭合主电源。当电源电路装置上加锁或有标志牌时，应由有关人员解除后才可闭合主电源。

（7）闭合主电源前，应将所有的控制器手柄置于零位。

（8）工作中突然断电时，应将所有的控制器手柄扳回零位。在重新工作前，应检查起重机装置是否正常。

（9）起吊重物时，必须先进行离地0.5m试吊，确认安全后才进行起吊。在起重物件就位固定前，起重工不得离开工作岗位。不准在索具受力或被吊物悬空的情况下中断工作。

（10）起重机吊臂下不准站人，严禁操作吊臂在人的上方经过；起吊时，严禁站在起吊物上或用手扶住起吊物以及跟随起吊物行走；严禁站在不牢固的物件上方挂钩、松钩以及捆绑物件；严禁用起重机进行歪拉斜吊；严禁超负荷起吊。

（11）作业结束，绳索、吊具等用具要收拾并放置规定地点（见图2-72），要加强检查，及时更换应报废的吊索具。司机进行维护保养时，应切断主电源并挂上标志牌或加锁。如存在未消除的故障，应通知维修人员和接班司机。

图2-69　持证上岗守纪律示图

图2-70　安全交底莫忘记示图

图2-71　一切行动听指挥示图

图2-72　定置码放符要求示图

第五节 厂内运输车辆安全

一、厂内运输车辆发生事故的类型和原因

（1）厂内运输车辆发生事故的类型见图 2-73。

斜插道路 造成车祸

盲目倒车 遭受伤害

操作失误 酿成惨案

贸然动车 引发顶撞

措施不力 造成物打

违规驾车 造成挤压

缺乏指挥 酿成挤压

无证驾车 引发撞击

倒车不力 造成碰撞

盲目行驶 撞倒门墙

酒后驾车 造成车祸

摊铺沥青 造成碾压

调整车位 引发挤压

违章驾驶 引发惨案

盲目倒车 造成车祸

无证驾驶 造成挤压

违规操作 造成挤压

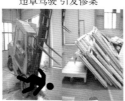
冒险攀车 遭受车压

监管不力 造成惨案

违规驾车 造成侧翻

违规行驶 引撞发车

瞭望不力 造成相撞

登爬车辆 坠落身亡

违规行驶 造成车祸

图 2-73 厂内运输车辆发生的各种类型伤害事故示图

（2）厂内运输车辆事故及原因、厂内运输车辆（叉车）事故视频可扫描二维码。

二、厂内运输车辆驾驶作业安全操作技术

1. 驾驶作业规则

厂内运输车辆驾驶是国家规定的特殊工种，必须通过专业培训，考试合格后，持证上岗。决不能有车辆是"厂内跑跑，要求不高，会开就行的错误思想。"为防止安全事故的发生，减少事故带来的损失，要求厂内机动车驾驶员必须遵守以下规则。

（1）厂内机动车辆驾驶员必须持有效的证件才能驾驶车辆，无证人员禁止驾驶（见图2-74）。

（2）驾驶员必须严格遵守国家有关法规规定，严禁酒后驾驶，严禁人机带病操作；行车途中不得吸烟、打手机等。

（3）开车前严格对车辆的启动、运行、转向、灯光和制动系统进行检查，如发现问题必须立即检查，排除故障后，才能行驶（见图2-75）。

（4）装卸物料时，必须锁止机构开启，锁止机构要灵活可靠。

（5）车辆起步前观察四周，先鸣笛后起步。坡道上或路面不良时，车辆要减速。下坡时不得高速行驶，禁止脱挡高速滑行，尽量避免急刹车。狭窄环境中行驶要注意四周的安全，转弯时不得碰撞它物。驾驶员到达作业现场，要观察四周环境，选好停车的位置，并听从现场指挥人员的指挥进行倒车就位（见图2-76），如果无人指挥，要确保车后无人才可倒车。

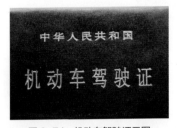　　

图2-74　机动车驾驶证示图　　　　图2-75　开车前车辆检查示图　　　　图2-76　现场人员指挥示图

（6）行车速度应按照规定的时速行驶。厂区内（主干道）不得超过15km/h；转弯、路面不良、路上人员较多时不得超过10km/h；车间内（仓库、停车场）不得超过5km/h（见图2-77）。

（7）车辆载物宽度两侧不得超过车厢0.2m，长度不得超过车厢0.3m，高度不得挡住驾驶员的视线（见图2-78）。装载散装物料时不得有撒落。在危险地段卸料时，要在危险处设置安全挡板，车辆要提前减速，行驶到安全挡板处倒料，不得超越界限。

（8）粘结在翻斗内壁上的物料不易倒出时，要用人工刮出。禁止利用高速行驶制动的惯性卸料。卸料后必须将翻斗复位后再行驶。

（9）驾驶员不得将车辆转借或交给无证人员驾驶；不得在坡度大于25°的路面上行驶。不得从传送带、脚手架和低垂的电线下通过。冬季行驶时，要注意车辆防滑。不能保证安全行驶时，不得行驶。严禁超载、超速行驶。

（10）按照机动车辆相关要求，认真做好车辆的维护保养工作。每天开车前，必须详

细检查车辆各部件,特别是刹车、轮胎、喇叭等,做好保养记录(见图2-79)。

| 厂内机动车限速规定 | |
限速路段、地点及情况	最高行驶速度(km/h)
有人看守道口、交叉路口、装卸作业、行人稠密地段、下坡道、设有警告标志处或转弯、掉头时;货运汽车装运易燃、易爆等危险货物时	15
结冰、结雪、积水的道路、无人看守道口;恶劣天气能见度在30m以内	10
进出厂房、车间大门、停车场、加油站、地中衡、危险地段、生产现场、倒车或拖带损坏车辆时	5

图2-77 厂内车辆限速示图　　图2-78 车辆装载违章示图　　图2-79 现场人员车辆保养示图

2.厂内机动车辆安全操作技术

为提高厂内机动车驾驶员的操作技能和安全意识,下面以常见的厂内机动车辆为例阐述其安全操作技术。

(1)叉车安全操作技术。叉车是仓库、车间、车站、货场等众多场合用于货物的装运、转移、卸载的一种机械设备。它具有操作方便、动作灵活,需要工作场地小、维修保养容易等诸多优点。叉车安全操作规程的内容有:

① 叉车应由持有驾驶证的人员驾驶,严禁无证驾驶。

② 认真做好出车前的车辆检查工作。发现缺电、缺水、缺油和机件故障要及时排除后方能出车(见图2-80)。

③ 外出叉车要严格遵守交通规则,厂区行驶要严格遵守《厂区车辆管理规定》,通过交叉路口或行人稠密地方要做到"一看、二慢、三通过",转弯时要减速、鸣号、靠右行。

④ 叉车驾驶员必须做到不酒后开车、不准将叉车交给非叉车驾驶员驾驶;驾驶室不准坐人;行驶中更不准有人站立在脚踏板上爬车或跳车(见图2-81)。

图2-80 叉车出车前检查示图　　　　图2-81 现场制止违章示图

⑤ 叉货时要认真负责,叉稳、叉好、牢固可靠,上升要慢,放置要稳妥,行驶中要注意慢行。

⑥ 凡重量超过叉车负荷吨位或挡住行驶视线时,不予叉运(见图2-82)。特殊情况必须会同有关人员采取安全措施后方可叉运。

⑦ 搬运时负荷不应超过规定值,货叉须全部插入货物下面,并使货物均匀地放在叉子

上，不许用单个叉挑物。

⑧ 叉运作业时，要与现场指挥人员密切配合、听从指挥人员的指挥，如发现叉起货物不稳妥，要降落原地、放平后再叉起。

⑨ 叉车运送高大或不稳定的物体时，应将工件捆绑在车叉架上，开动前叉架要倾斜到固定位置，以防重物倾倒。

⑩ 加燃油时，司机不要在车上，并使发动机熄火，在检查电瓶或油箱液位时，不要点火。

⑪ 在发动机很热的情况下，不能轻易打开水箱盖。

⑫ 叉车停止工作时，货物应搬离货叉。如司机中途离开驾驶室必须将货叉下降着地，并将挡位手柄放到空挡，发动机熄火或断开电源，取下钥匙，方可离开（见图2-83）。

⑬ 工作完毕，要把货叉降在地上，做好车辆的保养清洁工作，开到指定地点停放。实行文明作业（见图2-84）。

图2-82　叉车超高违章示图

图2-83　叉车停止工作取下钥匙示图

图2-84　叉车保养示图

[相关链接]

（1）了解叉车作业"六不准"（见图2-85）

（2）了解叉车作业"六严禁"（见图2-86）

不准将货物升高长距离行驶

不准叉没有采取安全措施的重物

不准叉超长的物体

不准叉超宽的重物体

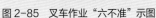
不准单叉货物筐

不准用制动惯性溜放圆形物体

图2-85　叉车作业"六不准"示图

严禁叉车超速

严禁在物体下面检查

严禁站在货叉上作业

严禁叉车上载人

严禁叉车后面站人

严禁快速倒车

图 2-86　叉车作业"六严禁"示图

（2）装载机安全操作技术。装载机是一种能进行铲、装、运的循环作业式工程机械。它兼有推土机和挖掘机两者的工作能力，可以进行铲掘、推运、整平和牵引等多种作业。其安全操作技术规定的内容有：

①装载机发动前要检查发动机的油量，水量是否加足。并将各操作杆放在空挡位置，经检查合格再发动机器低速运转，同时检查各种仪表是否正常（见图 2-87）。

②装载机在开车前，注意检查周围是否有障碍物和危险物，对工作地段有影响施工的障碍物等必须事先清 除后再进行工作，酒后禁止开车。

③操作机械时，司机必须精力集中，不准吸烟和与他人玩笑打闹，身体有病（有医生证明者），不要勉强操作，严禁非司机开车。

④装载机行驶时，应收回铲斗，铲斗离地为 400～500mm（见图 2-88）。在行驶过程中注意是否有路障或高压线等。除规定的驾驶人员外，不准搭乘其他人员。

⑤在作业过程中，如遇土质坚硬情况，装载机不准强行推铲，以免损坏机件，必须选用其他机械翻松后，再用装载机工作（见图 2-89）。

图 2-87　装载机发动前的检查示图

图 2-88　装载机收回铲斗示图

图 2-89　按规定的设备进行作业示图

⑥装载机行驶时，避免突然换向行驶，铲斗带负荷升起行驶时，不准急转弯和急刹车（见图 2-90）。

⑦装载机在公路上行驶时必须遵守交通规则，谨慎驾驶，下坡禁止空挡溜放。

⑧在倾斜坡地若发动机熄火，应把铲斗放在地上并制动，将各操作杆置于中位，再启动发动机。

⑨ 装载机应注意斗杆不应升得太高（见图2-91）。

⑩ 在边坡、壕沟、凹坑等处卸料时，注意不要使铲斗过于伸出，以免倾覆。

图 2-90　装载机作业时按操作示图

图 2-91　装载机按规提升斗杆示图

图 2-92　装载机按规定做例保养示图

⑪ 不得在倾斜度超过规定的场地上工作，作业区内不得有障碍物及无关人员。

⑫ 装载机转向架未锁闭时，严禁站在前后车架之间检修保养。

⑬ 大臂升起后，在进行润滑和调整等工作前，必须装好安全销或采取其他措施支住大臂，以防大臂落下伤人。

⑭ 作业后，应将装载机停放在安全场地，将铲斗平放地面，所有操作杆置于中位，并制动锁定。同时，要按日常例行保养项目对机械进行保养和维护（见图2-92）。

[相关链接]

了解装载机作业"六不准"（见图 2-93）。

不准铲斗在高空位置时行驶作业

不准铲斗下站人

不准车后站人和穿越

不准高速向料堆猛冲

不准铲没有加固定的圆筒体

不准载人登高作业

图 2-93　装载机"六不准"作业示图

（3）挖掘机安全操作技术。挖掘机是土石方工程施工中的主要机械，其特点是效率高、产量大，但机动性较差，同时还存在一定的危险性。因而，在使用此类设备时，必须掌握它的特性和操作规定（见图2-94）。

① 挖掘机应由持有驾驶操作证的人员专人驾驶，严禁无证驾驶。

② 要仔细阅读挖掘机使用说明书等有关技术资料，详细了解作业的任务和现场的状况，同时要明确相应的安全措施。

③ 作业前，要认真检查挖掘机设备完好的情况，并经试运转确认正常后，方可作业。

④ 发动机启动或操作开始前应发出信号，并瞭望四周确认无异常情况后，才能工作。

⑤ 作业时要做到"七个禁止"，即禁止任何人上下机械和传递物件及边工作边维修、保养（见图2-95）；禁止用铲斗击碎坚固物体；禁止将挖掘机布置在上、下两个采掘段面内同时作业；禁止将铲斗杆或铲斗油缸全伸出顶起挖掘机，铲斗没有离开地面时，挖掘机不能做横向行驶或回转运动；禁止在电线等低空架设物下作业；禁止用挖掘机动臂拖拉位于侧面的重物；禁止液压挖掘机工作装置用突然下落冲击的方式进行挖掘。

图2-94 挖掘机的特性示图

图2-95 挖掘机违章作业示图

⑥ 装载作业时，应等车辆停稳后再进行装料。

⑦ 卸料时，在不碰击自卸汽车任何部位的情况下，铲头应尽量降低，并严禁铲头从汽车驾驶室上方越过（见图2-96）。

⑧ 作业时，如遇较大且坚硬的石块，应先将其清除再继续作业；严禁挖掘未经爆破的5级以上的岩石。

⑨ 回转平台上部在做回转运动时，回转手柄不能做相反方向的操作。

⑩ 操作人员必须随时注意机械各部件的运转情况，发现异常应立即停机，及时检修，严禁带"病"运转。

⑪ 挖掘机在上下斜坡时，应选择斜坡度较缓地段，直接向上或向下行驶，铲头重心应尽可能放低，不得在横向倾斜的状态上下坡，以防挖掘机倾翻（见图2-97）。

⑫ 车辆行走时大臂应和履带平行，回转台应镇住，铲斗离地面1m左右；下坡应采用

低速行驶，严禁变速和滑行。

⑬ 挖掘机停放位置和行走路线应与路面、沟渠、基坑等保持安全距离，以免滑翻。

⑭ 作业结束后，应将机身转正，铲头落到地面，并将所有操纵杆放在空挡位置，并拉紧手制动。然后，要按照车辆维护保养的规定，做好例行保养工作（见图2-98）。

图2-96　挖掘机按规作业示图　　　　图2-97　挖掘机按规行驶示图　　　　图2-98　挖掘机按规保养示图

[相关链接]

了解挖掘机作业"六不准"（见图2-99）。

不准在挖掘机下作业　　　　　　不准在挖掘机旁做作业交底　　　　不准在挖掘机半径内做指挥作业

不准在挖掘机尾部捡物件　　　　挖掘司机作业中不准与他人谈话　　不准在挖掘机周围做测量作业

图2-99　挖掘机"六不准"作业示图

三、厂内运输车辆作业中的预防措施

1. 车辆管理提示法

为加强企业内机动车驾驶作业的安全管理，有效预防厂内机动车伤害事故的发生，一般可根据人与机动车接触的时间和作业场所，采取时段性、针对性的管理方式。具体做法见图2-100。

(1)在上下班途中人与车辆接触的机会较多，稍有不慎，极易发生车辆伤害事故。因而提示企业必须建立管理制度，加强现场监管，实行车辆行车道，行人走人行道，确保交通安全。

(2)在厂内行车和穿越道路时，如不注意四周瞭望，盲目驾驶，冒险穿越，极易发生车辆伤害事故。此提示告诫员工，过马路四周瞧，确认安全穿横道，同时也提醒司机，驾驶车辆莫大意，瞻前顾后观左右，宁可减速莫抢道。

(3)叉车进入车间时，司机如果忽视安全，冒险驾驶，容易引发车与人相撞事故。因此，提示企业管理者和作业人员，务必提高警惕，加强现场监管，发现违章行为，应立即指出和纠正。

(4)车辆到达现场进行就位倒车时，如现场缺乏指挥，司机贸然违章倒车，极易造成挤压伤害事故。血的教训提示人们，在倒车时应做到，现场必须有人指挥，必须坚持先瞭望后驾驶的原则，并控制时速，确保安全行车。

(5)装货、卸货的作业场所危险因素较多，如果放松现场安全管理，违章行为得不到及时制止和纠正，事故就难以得到控制。由此提示企业管理人员，要加强现场安全管理，应做到：危险区域有各类警示、提示标志；危险场所有人指挥，违章行为有人监管。

(6)驾驶挖掘机进行挖土作业时，应注意作业场所周围环境是否安全，如稍有不慎，很容易引发车辆伤害事故。为此，提示车辆司机，驾驶要谨慎，时速要减慢，鸣笛要及时，查看要细致，确定无误后，才能行驶作业。现场监管人员要认真履行职责，发现有人进入危险区域要及时警示，发现违规驾驶和冒险操作的行为要立即制止，发现有人做其他交叉作业时要立刻提示，并做好协调、沟通工作。

图2-100　厂内运输车辆管理作业示图

2.车辆驾驶四知法

车辆驾驶四知法主要适用于驾驶员在夜间行车、倒车、装卸货物时，必须坚持做到"四知"（知车、知路、知环境、知控），目的是确保夜间安全行车。

（1）知车，转向、制动等部件是否有效，要心中有数（见图2-101）。

（2）知路，对行车路线应了解和掌握，尤其是对经常跑的路线中哪里有坡，哪里有弯，哪里有桥梁，哪里路好走，哪里路不好走等路况，都应了如指掌（见图2-102）。

（3）知环境。要熟知作业环境，应知道车停在什么地方最安全，行车、倒车应注意哪些要点，车与车之间如何保持间距，都必须明确掌握（见图2-103）。

（4）知控。在危险场所作业，要控制自己的情绪，应坚持遇事不急躁，不慌乱，要保持清醒的头脑，只有树立"宁停三分，不抢一秒"安全第一的思想，才能确保安全行车。反之，盲目冒险，违章驾车，后患是不可预测的（见图2-104）。

图2-101　知车示图

图2-102　知路示图

图2-103　知环境示图

图2-104　知控示图

3. 行车安全五字法

行车安全五字法是由众多车辆驾驶员，在长期工作中积累的实践经验，可归纳为："一安、二严、三勤、四慢、五掌握"。具体内容如下：

（1）"一安"，指要牢固树立以人为本，安全第一的思想。

（2）"二严"，指要严格遵守操作规程；严格遵守交通规则。

（3）"三勤"，指要脑勤、眼勤、手勤。在操作过程中要多思考，知己知彼，严格做到不超速、不违章、不超载。要知车、知人、知路、知货物。要眼观六路，耳听八方，瞻前顾后。要注意上下、左右、前后的情况。对车辆要勤检查、勤保养、勤维修、勤搞卫生。

（4）"四慢"，指情况不明要慢；视线不清要慢；起步、会车、停车要慢；通过交叉路口、狭路、弯路、人行道、人多繁杂地段要慢。

（5）"五掌握"，指掌握车辆技术状况、行人动态、路面变化、气候影响、装卸情况等。

第六节　防火防爆安全

一、火灾、爆炸事故的基本概念

1.火灾事故的基本概念

（1）火灾事故的定义。火灾通常指违背人们的意志，在时间和空间上失去控制的燃烧所造成的灾害。

（2）火灾事故的类型。火灾按物质燃烧特性分为六类：

A类火灾，指普通固体可燃物燃烧而引起的火灾。如木材及木制品、棉花、麻、毛、纸张等（见图2-105），种类极其繁多。

B类火灾，指油脂及一切可燃液体燃烧引起的火灾。如汽油、煤油、柴油（见图2-106）、原油、甲醇、乙醇、沥青、石蜡等。原油罐、汽油罐是B类火灾的重点保护对象。

C类火灾，指可燃气体燃烧引起的火灾。如煤气（见图2-107）、天然气、甲烷、乙烷等。

D类火灾，指可燃金属燃烧引起的火灾。如钾、钠（见图2-108）、镁、钛、锆、锂、铝镁合金等。

E类火灾，指带电火灾。

F类火灾，指烹饪器具内的烹饪物火灾。

图2-105　木材示图

图2-106　柴油示图

图2-107　煤气示图

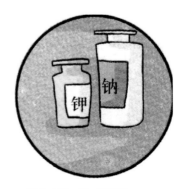

图2-108　钾、钠示图

（3）燃烧的基本条件。物质要发生燃烧，必须同时具备三个基本条件，也称燃烧的三要素，缺少其中任一要素都不能发生燃烧（见图2-109）。

① 可燃物质。指能与空气、氧气和其他氧化剂发生剧烈氧化反应的物质，如木材、酒精、煤炭、塑料、橡胶等。

② 助燃物质。它具有较强的氧化性能，能与可燃物质发生化学反应并引起燃烧的物质，如空气、氧气、氟等。

③ 火源。指具有一定温度和热量的能引起可燃物质着火的能源，如火焰、撞击火花、电火花、电弧、静电、炽热物体、化学反热等（见图2-110）。

图 2-109　燃烧三兄弟示图

图 2-110　明火物质示图

（4）燃烧的类型。燃烧可分为自燃、闪燃、着火等类型。每一种类型的燃烧都有其各自的特点。

① 自燃。可燃物质受热升温而不需明火作用自行燃烧现象称为自燃。自燃又可分为本身自燃、加热自然（如太阳能量）和明火自燃。能引起自燃的最低温度称为自燃点。自燃点的高低与大气压力、大气含氧量的高低以及添加剂的特性有关，可燃物质自燃点越低，则火灾发生的危险性越大。

② 闪燃。液面上少量的可燃蒸气与空气混合后，遇火源而发生的一闪即逝的燃烧现象称为闪燃。发生闪燃的最低温度称为闪点，闪点越低则火灾发生的危险性越大。

③ 着火。可燃物质与火源接触发生燃烧，而当火源移去后仍能继续燃烧的现象称为着火。发生着火的最低温度称为燃点。

（5）火灾发展的过程。火灾的形成一般有由小到大，由阴燃、起火、蔓延到扩大成灾的过程。通过对大量的火灾事故的研究分析得出，一般火灾事故的发展过程可分为四个阶段。

① 酝酿期。可燃物质在着火源的作用下析出或分解出可燃气体，发生冒烟或阴燃。

② 发展期。火苗蹿起，火势迅速扩大。

③ 全盛期。火焰包围整个可燃材料，可燃物全面着火，燃烧面积达最大限度，放出强大的辐射能，温度升高，气体对流加剧，形成全面着火。

④ 衰灭期。可燃物质减少，火势渐渐衰落至终止熄灭，见图2-111。

图 2-111　火灾发展的过程示图

从火灾的整个过程来看，火灾全盛的后半段和衰灭期的前半段温度最高，火势发展最猛，热辐射也最强，使建筑物遭受破坏的可能性最大，是火灾向周围建筑物蔓延最为危险的时刻。

2. 爆炸事故的基本概念

爆炸是指能量（热能、机械能、化学能、核能等）在瞬间迅速释放或急剧转化为机械能或其他形式能的过程。一般同时会产生大量气体，伴随着压力的急骤上升和巨大声响。

（1）爆炸发展过程。爆炸虽然发生于顷刻间，但它还是存在一个发展过程。一般可分三个阶段：

① 爆炸性混合物的形成。可燃物质与助燃物质相互扩散而形成爆炸性混合物，遇火源后使燃爆开始（见图 2-112）。

② 连锁反应过程的发展。爆炸范围扩大、爆炸威力升级（见图 2-113）。

③ 完成爆炸反应。爆炸力造成灾害性的破坏（见图 2-114）。

图 2-112　爆炸产生大量气体示图

图 2-113　三要素形成发生爆炸示图

图 2-114　爆炸力造成灾害性的破坏示图

（2）爆炸的类型和条件

① 爆炸的类型。按照发生的原因及性质，爆炸可分为三类：

a. 物理性爆炸。由物理变化（压力、温度、体积等）引起的。其爆炸物质的性质及化学成分均不改变。如锅炉爆炸、压力容器超压爆炸、蒸汽爆炸等（见图 2-115）。

b. 化学性爆炸。由物质发生极迅速的化学反应，产生高温、高压而引起的爆炸。它又可分为：某些物质的分解爆炸和可燃物质（可燃气体、蒸气和可燃粉尘）与空气组成的混合物的爆炸（如乙烯、乙炔、环氧乙烷气体等）（见图 2-116）。

c. 核爆炸。某些物质的原子核发生裂变或聚变反应，瞬间释放出巨大能量而形成的爆炸。核爆炸比物理爆炸和化学爆炸具有大得多的破坏力。核爆炸的能量相当于数万吨或数千万吨 TNT 炸药爆炸的能量。

图 2-115　锅炉爆炸事故示图

图 2-116　环氧乙烷气体爆炸示图

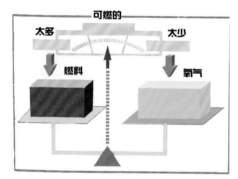

图 2-117　只有在燃料与氧气达到合适配比时，可
燃性物质才会燃烧示图

② 爆炸的条件。可燃物质（可燃气体、蒸气和粉尘）与空气（或氧气）组成的混合物，当遇火源时极易发生爆炸。但并非在任何混合比例下都会发生爆炸，而是有一定的浓度范围，这一范围通常叫该物质的爆炸极限。能够发生爆炸的最低浓度称为爆炸下限；最高浓度称为爆炸上限。当混合物的浓度低于爆炸下限或高于爆炸上限时都不会发生爆炸。不同的易燃易爆化学物质具有不同的爆炸极限（见图 2-117）。

举例说明：粉尘爆炸过程

粉尘与空气混合可以形成爆炸性混合物。粉尘由于密度不同，在空气中悬浮的状态也不同。粉尘爆炸是由于粉尘在助燃性气体中被点燃，其颗粒表面快速气化（燃烧）的结果。粉尘爆炸过程如下（见图 2-118）：

a. 粉尘颗粒表面受热后表面温度上升被热解；

b. 粉尘颗粒表面的分子发生热分解或干馏，产生气体在颗粒周围；

c. 气体混合物被点燃产生火焰并传播；

d. 火焰产生的热量进一步促进粉尘分解，继续放出气体，燃烧持续下去。

粉尘爆炸的相关知识可扫描二维码，见视频。

（3）爆炸的破坏作用和事故类别

① 爆炸的破坏作用

a. 震荡作用。在爆炸破坏作用的区域内有一种使物体震荡，使之破碎的力量。

b. 冲击波。爆炸发生时，冲击波最初出现正压力，而后又出现负压力。负压力就是气压下降后的空气震动，称为吸收作用（见图 2-119）。

c. 碎片冲击。机械设备爆炸之后，变为碎片飞出，会在相当大的范围内造成危害（见图 2-120）。

d. 火灾。一般爆炸气体扩散只在瞬间进行，不会引起火

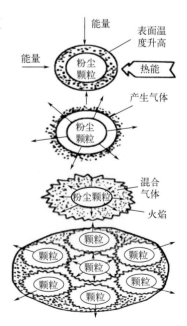

图 2-118　粉尘爆炸过程示图

灾，但在爆炸后由于从设备中流散到空气中的可燃气体或液体的蒸气遇到其他火源而被点着，加大爆炸所带来的破坏力（见图 2-121）。

②　爆炸事故的类别。根据原劳动部、国家统计局 1992 年 10 月 15 日印发的《关于〈企业职工伤亡事故统计报表制度〉的说明》规定，爆炸事故有以下几类：

a. 火药爆炸（包括生产、运输、贮藏过程中发生的爆炸）；

b. 瓦斯煤尘爆炸；

c. 其他爆炸［包括化学物爆炸（见图 2-122）、锅炉爆炸、炉膛爆炸（见图 2-123）、容器爆炸、钢水包爆炸等］。

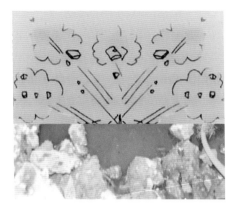

图 2-119　冲击波示图

图 2-120　碎片冲击示图

图 2-121　爆炸后气体扩散引起火灾示图

图 2-122　化学物爆炸示图

图 2-123　炉膛爆炸示图

二、火灾、爆炸事故的主要原因

1. 火灾事故的主要原因

造成火灾事故的原因主要有三方面。

（1）物的不安全状态

① 电气设备负荷发热，引燃导线绝缘层或附在导线上的可燃物。

② 电气设备维护保养不善、电气线路凌乱或打火引起可燃气体燃烧（见图2-124）。

③ 使用的各类电热器具，如电炉、电熨斗、电烙铁、大功率电热器的高温表面烤燃周围可燃物等产生的火灾。

④ 生产中所使用火的工器具，如焊割工具（见图2-125）、火炉、喷灯和铁扳手等发出的火焰、火星或火花作用在可燃物上发生的火灾。

⑤ 工作场所不符合防火安全要求，如厂房形成"三合一"（宿舍、生产、仓库）（见图2-126），房屋陈旧或都是木结构、材质干燥极易燃等，一旦遇到明火就会发生火灾。

⑥ 生产厂房（仓库）和工艺流程没有按照国家有关规范要求设计和布置，在防火分区、分隔、隔离、通风、防泄漏、防爆泄压、消防设施等方面存在先天性火灾隐患等（见图2-127）。

图2-124　电气线路凌乱示图

图2-125　焊割工具示图

图2-126　"三合一"场所示图

图2-127　厂房设计不符合要求示图

（2）人的不安全行为

① 未能严格执行安全生产管理制度，在危险区域或易燃场所进行焊接与切割作业、使用喷灯（见图2-128）、电钻、砂轮等可能产生火焰、火花和炽热表面的临时性作业。

② 在危险场所（各类油库、化工原料库、纸箱、塑料堆放处等）违章操作，冒险蛮干，我行我素等不良行为，引发火灾事故。

③ 职工对操作系统的作业要求、物理化学特性，生产工艺等缺乏了解，因而在作业中随意改变安全操作规程，以致造成火灾事故。

（3）安全管理不到位

①"三同时"执行不到位（见图2-129）。企业新建、改建项目未按国家有关规定办理"三同时"审批手续，也没有办理消防部门的建审意见书，从而使整体厂房、设备设施和作业环境都达不到标准，为事故的形成埋下重大隐患。

② 管理制度缺乏或执行不到位。没有制定有效的安全生产管理制度，致使安全技术交底不到位；责任制落实不明确；违章作业无人制止；安全隐患无人检查；安全教育不进行或敷衍了事等，这些都是酿成火灾事故的诱发因素（见图2-130）。

图2-128　焊接、喷灯作业示图

图2-129　违规建筑造成火灾示图

图 2-130　管理混乱酿成火灾示图

2. 爆炸事故的主要原因

（1）了解爆炸事故的形成过程。发生爆炸事故主要是可燃物质与助燃物质相互扩散而形成爆炸性混合物，遇火源后就会燃爆。这就充分说明，发生爆炸与火源有着直接的关系。

（2）常见起爆火源

① 电、气焊火花，包括直接动火和火花间接溅入。

② 电火花，如使用不防爆电机和不防爆电器、电线滋火、继电器动作、电瓶车行驶等。

③ 工艺中产生或存在的热源（火源），如反应热、光照能、设备运行中产生的高温热源、蒸汽热源、产生高温的场所或设施等。

④ 各种明火，如伙房用火、摩擦产生火花、烟筒火花、取暖用火、无阻火器机动车辆行驶等。

⑤ 静电作用，如摩擦带电、流动带电、冲撞带电、破裂带电等。

⑥ 可燃物蓄热自燃因素等。

⑦ 管理混乱，违章作业，如不办理动火证，冒险动火或办了动火证，未按规定动火（未检查、检测；监火人不到位；动火人无证或违章蛮干等不良行为）。

⑧ 放松管理，我行我素，如不按规定办理审批手续；知识缺乏，冒险蛮干；工艺不成熟，盲目作业；责任制未落实，现场管理混乱；培训教育不到位，识别、判断能力较差等。

以上分析的起爆火源形成过程，都是引发爆炸事故的主要原因。各类爆炸事故示图见图 2-131。

三、火灾和爆炸的预防措施

1. 火灾的预防措施

火灾事故往往会造成重大的人身伤亡和经济损失，其危害很大。但是，如果我们掌握了火灾事故的基本特点和火灾事故的规律及防火的主要措施、办法、要领及其消灭的方法，就可以减小或避免其所带来的灾害。

盲目切割　引爆贮罐

电线老化　引起爆炸

动用明火　引发燃爆

物料产生摩擦　引发燃爆

流速过快产生静电　引发燃爆

可燃物蓄热自燃　引发爆炸

违章动火　引发燃爆

冒险蛮干　造成爆炸

判断能力差　酿成爆炸

图 2-131　各类爆炸事故示图

　　防火安全预防措施要根据火灾事故的特点，依据法律、法规和标准重点做好四项工作。

　　（1）控制和消除着火源（见图 2-132）。着火源是物质燃烧与爆炸的必要条件之一。控制和消除着火源是防火防爆最基本的方法。控制和消除着火源可采用以下措施。

　　① 严格管理明火。在火灾爆炸危险场所要建立禁火区，严禁吸烟；要健全动火管理制度；尽量避免用明火加热易燃液体。

　　② 防止摩擦和撞击产生火花（见图 2-133）。机器设备运转部分要保持润滑，根据不同物料的物理、化学性质采用不同的加工和运输方法；敲打工具应采用铍铜锡合金或包铜的钢制成。

　　③ 防止电气火花产生。根据火灾爆炸危险场所的等级和爆炸物质的性质，对车间内的电气动力设备、仪器仪表、电气线路和照明装置，分别采用防爆、封闭、隔离、防腐等措施；同时要求，对电器设备的操作要远方操作，自动调节；对电器设备的供电要求，一般采用双电源供电，并采用备用电源自动投入装置等。对电气设备和线路要定期检修，防止短路或局部接触不良而使设备或线路过热，产生电弧和火花。

　　④ 导除静电，防止静电火花产生。导除静电最重要的措施是接地（见图 2-134）。此外，控制输送可燃物料的流速，也是减少静电火花的重要措施。操作人员在接触静电带电体时应戴防静电的手套、穿工作服及工作鞋，以消除人体所带静电。

图 2-132　控制和消除着火源示图

图 2-133　撞击产生火花示图

⑤ 防止雷电火花。对于不同的雷电应采取相应的防雷设施。

a. 对直接雷击的防护措施是装置避雷针等避雷装置。

b. 对感应雷击的防护措施是将被保护物的一切金属部分接地。

c. 对防止架空线路引入雷电流的措施，最简单的方法是将线路绝缘瓷瓶的铁脚接地。

d. 对电器设备遭受由线路侵入的雷电波危害，应装置阀型避雷器（见图 2-135）。

图 2-134　防止静电接地装置示图

图 2-135　避雷装置示图

（2）熟知生产工艺防火要求。要从生产工艺上把握住每个环节，从设计工作开始，就采取各种措施，消除可能造成火灾事故的根源。

① 控制危险物料，按物料的物化特性采取措施。

在生产过程中，必须了解各种物质的物理、化学性质，根据不同的性质，采取相应的防火防爆和防止火灾扩大蔓延的措施。

图 2-136　保温措施示图

对于具有自燃能力的油脂、遇空气能自燃的物质、遇水燃烧爆炸的物质等，应采取隔绝空气、防水防潮、通风、散热、降温等措施，以防止物质自燃和发生爆炸。

易燃、可燃气体和液体蒸气要根据它们与空气的相对密度，采用相应的排污方法。应根据物质的沸点、饱和蒸汽压力，考虑容器的耐压强度、贮存温度、保温降温措施等（见图 2-136）。

液体具有流动性，因此要考虑到容器破裂后液体流散和火灾蔓延的问题，不溶于水的燃烧液体由于能浮于水面燃烧，要防止火焰随水流由高处向低处蔓延，为此应设置必要的防护堤。

② 加强设备的密闭性。防止设备内可燃物质泄漏与空气形成爆炸性混合物；防止空气进入负压下生产设备形成爆炸性混合物。

为了防止易燃气体、蒸气和可燃性粉尘与空气形成爆炸性混合物，应该使设备密闭，对于在负压下的生产设备，应防止空气吸入。为了保证设备的密闭性，对危险物系统应尽量少用法兰连接，但要保证安装维修的方便。输送危险气体、液体的管道应采用无缝管（见图 2-137）。

负压操作可以防止系统中的有毒或爆炸气体向器外逸散。但在负压操作下，要防止设备密闭性差，特别是在打开阀门时，外界空气容易通过孔隙进入系统（见图 2-138）。

图 2-137　无缝管示图

图 2-138　负压操作示图

③ 设置良好的通风排气设施。借助于通风排气的方法来降低车间内可燃气体、蒸气或粉尘的浓度，使它们不致达到危险程度，以保证车间的安全（见图 2-139、图 2-140）。

图 2-139　厂房上方通风排气设施示图

图 2-140　厂房墙体上通风排气设施示图

采用通风置换措施时，应当注意生产厂房内的空气，如含有易燃易爆气体，则不应循环使用。在有可燃气体的室内，排风设备和送风设备应有独立分开的通风机室，如通风机室设在厂房内，应有隔绝措施。排除或输送温度超过 80℃ 的空气与其他气体以及有燃烧爆炸危险的气体、粉尘的通风设备，应用非燃烧材料制成。排除有燃烧爆炸危险粉尘的排风系统，应采用不产生火花的除尘器。当粉尘与水接触能生成爆炸气体时，不应采用湿式除尘系统。

④ 应用惰性介质保护（见图 2-141）。应用惰性介质（如二氧化碳、氮、水蒸气等）使可燃物与空气隔离，降低可燃物浓度以及清除管道、容器中残存的可燃物质。惰性气体作为保护性气体常用于以下几个方面。

a. 易燃固体物质的粉碎、筛选处理及其粉末输送时，采用惰性气体进行覆盖保护。

b. 处理可燃易爆的物料系统，在出料前用惰性气体进行置换，以排除系统中原有的空气，防止形成爆炸性混合物。

c. 将惰性气体通过管道与有火灾爆炸危险的设备、贮槽等连接起来，作为万一发生危险时备用。

d. 易燃液体利用惰性气体进行充压输送。

e. 在有爆炸危险的生产场所，对有引起火花危险的电器、仪表等采用充氮正压保护（见图 2-142）。

f. 在易燃易爆系统需要动火检修时，用惰性气体进行吹扫和置换。

g. 发生跑料事故时，用惰性气体稀释，在发生火灾时，用惰性气体进行灭火。

图 2-141　讲解惰性介质保护的作用示图

图 2-142　使用氮气保护的示图

⑤ 控制工艺参数。对温度、压力、流量、物料配比等工艺参数要尽可能实现自动控制和设置失控时的信号报警装置。严格控制工艺条件，防止超温、超压和物料跑损是确保安全生产的重要措施。

a. 温度控制（见图 2-143）。不同的化学反应都有其自己最适宜的反应温度，正确控制反应温度不但对保证产品质量、降低消耗有重要的意义，而且也是防火防爆所必需的。

b. 投料控制（见图 2-144）。

图 2-143　温度表控制示图

图 2-144　操作室显示屏监控示图

（a）投料速度。对于放热反应，加料速度不能超过设备的传热能力，否则将会引起温度猛升发生副反应而引起物料的分解。加料速度如果突然减慢，温度降低，反应物不能完全作用而积聚，升温后反应加剧进行，温度及压力都可能突然升高而造成事故。

（b）投料配比。要严格控制反应物料的配比，反应物料的浓度、含量、流量都要准确地分析和计量。

（c）投料顺序。化工生产中，必须按照一定的顺序进行投料，否则有可能发生爆炸。为了防止误操作、颠倒投料顺序，可将进料阀门进行互相联锁。

（d）控制原料纯度。有许多化学反应，往往由于反应物料中的杂质而造成副反应或过反应，以致造成火灾爆炸。因此对生产原料、中间产品及成品应有严格的质量检验制度，保证原料纯度。

c.防止跑、冒、滴、漏。 为了确保安全生产，杜绝跑、冒、滴、漏，必须加强操作人员和维修人员的责任感和技术培训，稳定工艺操作，提高设备完好率，降低泄漏率（见图2-145）。为了防止误操作，对比较重要的各种管线涂以不同颜色以便区别，对重要的阀门采取挂牌、加锁等措施。不同管道上的阀门应相隔一定的间距。

d.紧急停车处理。当发生停电、停水、停气的紧急情况时，装置就要进行紧急停车处理，此时若处理不当，就可能造成事故。

（a）停电。为防止因突然停电而发生事故，比较重要的反应设备一般都应具备双电源、联锁自动阀装置。如果电路发生故障，联锁未合，则装置全部无电，此时要及时汇报和联系，查明停电原因（见图2-146）。

 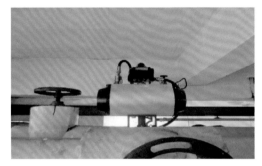

图2-145　现场技术培训示图　　　　　图2-146　联锁自动阀装置示图

（b）停水。停水时要注意水压和各部位的温度变化，可以采取减量的措施维持生产。如果水压降为零，应立即停止进料，注意所有采用水来降温的设备不要超温超压。

（c）停汽。停汽后加热装置温度下降，汽动设备停运，一些在常温下呈固态而在操作温度下呈液态的物料，应根据温度变化进行妥善处理，防止因冻结堵塞管道。此外，应及时关闭蒸汽与物料系统相联通的阀门，以防物料倒流至蒸汽管线系统。

图2-147　紧急停车处理示图

e.紧急停车（见图2-147）。当发生停电、停水、停汽紧急情况时，生产装置要进行紧急停车处理，必要时要采取投放终止反应剂，打开安全阀将物料排放到专用事故槽（罐）中等措施。

f.控制可燃物料的排放（见图2-148、图2-149）。在化学工业污水中，往往混有易燃、可燃物质。为了防止下水系统发生燃烧爆炸事故，对易燃、可燃物质排放必须严格控制。

如果含有苯、汽油等有机溶剂的废液放入下水道，因为这类有机溶剂在水中的溶解度很小，而且密度比水小，与空气接触后，其蒸气就会从水中气化出来，在所经过的水面上就会形成一层易燃蒸气，在阳光照射和气压较低时，这种混合蒸气便可能发生着火或爆炸。若随波逐流，火势会很快蔓延。

容易发生化学反应的不同废水排入同一管道，可能会导致着火或爆炸事故的发生。如电化厂乙炔发生器的污水中常含有乙炔气，而消除废氯的废水中常有次氯酸钙存在，两者在污水管道中相遇后，往往会发生爆炸事故。对输送易燃液体的管道沟也应严格管理（见图 2-150、图 2-151），及时清理，防止易燃物的大量积存，遇火源引起着火或爆炸事故。

图 2-148　巡视监管示图

图 2-149　严格控制示图

图 2-150　废水排入前抽检化验示图

图 2-151　易燃物积存处理示图

在石油化工生产中，为使装置正常运转，需要进行疏水、采样、抽液、排气等操作，在操作时如果排出的气体（蒸气）比空气重，则会积聚在排水沟、渠、坑、槽等低洼处，造成意想不到的事故。所以，应当把液、气排放到装置外的安全地点，不让可燃性气体泄漏到空气中形成爆炸性气体（见图 2-152）。

在生产过程中有些有机物，如硝基苯、硝基甲苯、甲萘胺、苯酐、硬脂酸等残液的排放，不仅污染环境，而且容易扩散形成爆炸性混合物，甚至引起自爆。因此，易燃有机物排放时应采取氮气保护或水蒸气保护（见图2-153）。

图2-152　可燃性气体及时排放处理示图

图2-153　检查易燃有机物排放时是否符合要求示图

⑥ 安全保护装置。设备安全保护装置一般有：信号装置、保护装置、安全联锁等装置。

a. 信号装置。信号报警装置可以在出现危险状况时发出警报，警告操作者及时采取措施消除隐患。发出的信号一般有声、光等。它们通常都和测量仪表相联系，当温度、压力、液位等超过控制指标时，报警系统就会发出信号（见图2-154）。

b. 保护装置。保护装置在发生危险时，能自动进行动作，消除不正常状况。例如，当参数进入危险区域时，自动打开安全阀（见图2-155），或在设备不能正常运行时自动停车，并将备用的设备接入等。

c. 安全联锁。安全联锁就是利用机械或电气控制依次接通各个仪器设备，并使之彼此发生联系，以达到安全生产的目的。危险化学品生产中，联锁装置动作常见的情况有：

（a）同时或依次投放两种液气或气体时；

（b）在反应终止需要惰性气体保护时；

（c）打开设备前预先解除压力或需降温时；

（d）当两种或多个部件、设备、机器由于操作错误容易引事故时；

（e）当工艺控制参数达到某极限值，开启处理装置时；

（f）某危险区域或部位，有人员入内时。

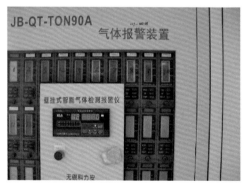

图2-154　气体报警装置示图

图2-155　安全阀示图

（3）限止火灾蔓延的措施。限止火灾蔓延的主要措施是控制可燃物的量，尽可能减少生产场所和工艺装置内易燃易爆原料的存放量。除此之外，还应按照《建筑设计防火规范

（2018版）》（GB 50016—2014）的规定采取以下措施：

① 合理布局。合理布局是限制火灾蔓延和减少爆炸造成损失的重要措施。例如装置与装置、装置与贮罐、仓库和生产区与生活区之间应留出一定的防火间距；明火设备应远离可能泄漏可燃气体、蒸气的工艺设备和贮罐；生产易燃气体的装置布置在露天、敞开式或半敞开式的建筑物内等措施。总之，要根据生产的火灾爆炸危险性类别和工艺流程，进行分区布置，做到安全合理，这样才有利于防火和灭火。

② 设置阻火装置。阻火装置的作用是防止外部火焰窜入有火灾爆炸危险的设备、容器、管道或阻止火焰在设备和管道中蔓延。主要有阻火器，阻火闸门、安全液封等。各种气体发生器或气柜多用液封进行阻火。常用的安全液封有敞开式和封闭式二种。在容易引起燃烧、爆炸的高热设备、燃烧室、高温氧化炉、高温反应器与输送可燃气体、易燃液体蒸气的管线之间，以及易燃液体、可燃气体的容器、管道、设备的排气管上，多用阻火器进行阻火。阻火器有金属网、波纹金属片、砾石等形式。对只允许流体（气体或液体）向一定方向流动，防止高压窜入低压及防止回火时，应采用单向阀。为了防止火焰沿通风管道或生产管道蔓延，可采用阻火闸门。

图2-156　防火墙示图

③ 采用防火分隔措施。在建筑物内设置耐火极限较高的防火分隔物，能起到阻止火势蔓延的作用。防火分隔物主要有防火墙、防火门（防火卷帘）和防火堤。

a. 防火墙（见图2-156）。防火墙不同于普通墙体，是为了减小或避免建筑物、结构、设备遭受热辐射的危险，防止火灾蔓延，设置在户外的竖向分隔体或直接设置在建筑物基础上或钢筋混凝土框架上，具有规定耐火极限的墙。

b. 防火门（见图2-157、图2-158）、防火卷帘（见图2-159、图2-160）。为了防止火灾在建筑物中蔓延扩大，需要采取必要的防火分隔措施，防火门和防火卷帘等防火分隔物能在一定的时间内满足耐火稳定性、完整性和隔热性要求，把建筑物的空间分隔成若干个防火分区，使每个防火分区一旦发生火灾，能够在一定的时间内不至于向外蔓延扩大，以此来有效地控制火势，为扑灭火灾创造良好的条件。

图2-157　防火门示图

图2-158　防火门打开示图

图 2-159 防火卷帘设置的现场示图

图 2-160 防火卷帘门示图

c. 防火堤（见图 2-161）。防火堤的作用是防止数个油罐组成的油罐组内，当其中一个油罐发生火灾爆炸事故时，减少油品的流散，避免流散油品的火焰直接威胁罐组内的其他油罐，最大限度地控制火灾的范围。

（4）掌握处置灭火的方法

① 灭火是为了破坏已经产生的燃烧条件（可燃物、助燃物、火源），只要能去掉一个燃烧条件，火即可熄灭。根据物质燃烧的基本原理和同火灾作战的实践经验，灭火的四种对策是。

图 2-161 防火堤示图

a. 隔离法。就是将火源与其周围的可燃物质隔离或移开，燃烧会因隔离可燃物而停止。如将火源附近的可燃、易燃、易爆炸助燃物品搬走；关闭可燃气体、液体管道的阀门，以减少和阻止可燃物质进入燃烧区；设法阻拦流散的液体；拆除与火源毗连的易燃建筑物等。

b. 窒息法。就是阻止空气流入燃烧区或用不燃烧的物质稀释空气，使燃烧物得不到足够的氧气而熄灭。如用石棉毯、湿麻袋、湿棉被、湿毛巾被、黄沙、泡沫等不燃或难燃物质覆盖在燃烧物上；用水蒸气或二氧化碳等惰性气体灌注容器设备；封闭起火的建筑和设备门窗、孔洞等（见图 2-162）。

c. 冷却法。就是将灭火剂直接喷射到燃烧物上，以降低燃烧物的温度于燃点之下，使燃烧停止；或者将灭火剂喷洒在火源附近的物体上，使其不受火焰辐射热的威胁，避免形成新的火点（见图 2-163）。

在火场上还可以使用水冷却尚未燃烧的可燃物质，防止其达到燃点而着火；也可用水冷却建筑构件、生产装置、设备容器等，以防它们受热后变形或爆炸。

d. 化学中断法。就是使灭火剂参与到燃烧反应过程中去，使燃烧过程中产生的游离基消失（俗称"燃烧链"），而形成稳定分子或低活性的游离基，使燃烧反应终止。

② 正确选用灭火剂。发生火灾时，灭火人员要采用正确有效的灭火方法，根据火灾的类别和不同灭火剂的使用范围，准确选用灭火剂，安全有效地组织灭火，这样才能最大限度地降低火灾损失。灭火剂的选择一般遵从以下原则。

a. 扑救 A 类（木材及木制品、棉花、麻、毛、纸张等）火灾应选用水、泡沫灭火剂（见图 2-164）。

图 2-162　窒息法灭火示图　　　　　　　　　图 2-163　冷却法防火示图

b. 扑救 B 类（汽油、煤油、柴油、原油、甲醇、乙醇、沥青、石蜡等）火灾应选用干粉、泡沫、二氧化碳灭火剂。扑救极性溶剂 B 类火灾不得选用化学泡沫灭火剂，因为醇、醛、酮、醚等极性溶剂与化学泡沫接触时，泡沫的水分会迅速被吸收，使泡沫很快消失，这样就不能起到灭火的作用。

c. 扑救 C 类（煤气、天然气、甲烷、乙烷等）火灾，应选用干粉、二氧化碳灭火剂（见图 2-165）。

d. 扑救带电火灾应选用二氧化碳、干粉灭火剂。

e. 扑救 A、B、C 类火灾和带电火灾应优先选用干粉灭火剂。

f. 扑救 D 类（钾、钠、镁、钛、锆、锂、铝镁合金等）火灾一般采用粉状石墨灭火剂和灭金属火灾的专用干粉灭火剂。

图 2-164　泡沫灭火示图　　　　　　　　图 2-165　干粉、二氧化碳灭火剂示图

③ 我们在灭火时，不但要会正确选用灭火器材，而且还要会熟练掌握灭火器材使用的方法。

a. 压把法。这是最常用的开启灭火器的方法。干粉灭火器和部分二氧化碳灭火器都使用这种方法开启。具体操作方法是：（a）取出灭火器；（b）拔掉保险销；（c）一手握住压把、一手握住喷管；（d）将灭火器提到距火源适当距离后（约 3m），对准火苗根部喷射（人站立在上风处）（见图 2-166）。

b. 颠倒法。这是开启泡沫灭火器和酸碱灭火器的方法。使用泡沫灭火器时，在距起火点 10m 处，（a）一只手提住提环；（b）另一只手抓住筒底上的底圈；（c）将灭火器颠倒过来，泡沫即可喷出。使用酸碱灭火器时，在距起火点 10m 处，用手指压紧喷嘴，将灭火器颠倒过来上下摇动几下，然后松开手指，一只手提住提环，另一只手抓住底圈，灭火剂即可喷出（见图 2-167），在有效距离内可灭火。

常用灭火器与灭火的方法可扫描二维码，见视频。

①取出灭火器示图

②拔掉保险销示图

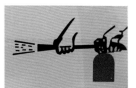
③一手握住压把一手握住喷管示图

④对准火苗根部喷射（人站立在上风）示图

图 2-166 压把法示图

①提环示图

②抓底圈示图

③颠倒示图

④灭火示图

图 2-167 颠倒法示图

④ 室内消火栓的使用方法（见图 2-168）

室内消火栓是在建筑物内部使用的一种固定灭火供水设备，它包括消火栓及消火箱。一般都设置在建筑物公共部位的墙壁上，有明显的标志，内有水龙带和水枪。当发生火灾时，找到离火场距离最近的消火栓，打开消火栓箱门，取出水带，将水带的一端接在消火栓出水口上，另一端接好水枪，拉到起火点附近后，方可打开消火栓阀门灭火。注意：在确认火灾现场供电已断开的情况下，才能用水进行扑灭。

图 2-168 室内消火栓示图

室内消防栓使用方法见图 2-169。

2. 爆炸事故的预防措施

爆炸事故一般发生在生产、检修作业过程中，违反设备操作规程、生产工艺和安全管理规定，或设备存在故障、安全装置缺失都会引起爆炸事故。因此，预防爆炸事故，不但要加强基础安全管理，而且更要重视安全技术措施、安全控制措施、安全操作措施的研究和探讨。

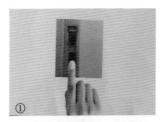
① 按下消防栓门按键，打开箱门示图

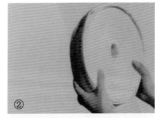
② 取出消防水带，展开消防水带示图

③ 水带一头接在消防栓接口上示图

④ 水带另一头接上消防水枪示图

⑤ 按逆时针方向开启消防栓阀门示图

⑥ 对准火源根部，进行灭火示图

图 2-169 室内消火栓的使用方法示图

（1）安全技术措施。预防爆炸事故的技术措施主要有：工艺过程中控制用量；加强设备的密闭性；设置良好的通风设施；应用惰性介质保护；控制工艺参数；增设防爆泄压装置；使用联锁保护装置等。

① 工艺过程中控制用量。在工艺过程中不用或少用易燃易爆物质。这只有在工艺允许的条件下进行，如通过工艺或生产设备的改革，使用不燃溶剂或火灾爆炸危险性较低的难燃溶剂（CCl_4 或水取代易燃的苯、二甲苯、汽油等）。根据工艺条件选择沸点较高的溶剂，如沸点在 110℃ 以上的液体，在常温（18～20℃）下使用，通常不易形成爆炸浓度（见图 2-170）。

② 加强设备的密闭性。为防止易燃气体、蒸气和可燃性粉尘与空气形成爆炸性混合物，应设法使生产设备和容器尽可能密闭，对于具有压力的设备，更应注意它的密闭性，以防止气体或粉尘逸出与空气形成爆炸性混合物；对真空设备，应防止空气流入设备内部达到爆炸极限（见图 2-171）。

图 2-170 改革工艺探讨示图

图 2-171 加强设备的密闭性示图

③ 设置良好的通风设施。通风是控制作业场所中有害气体、蒸气或粉尘最有效的措施。借助于有效的通风排气，使作业场所空气中可燃气体、蒸气或粉尘的浓度低于安全浓度，保证员工的身体健康，防止火灾、爆炸事故的发生（见图 2-172、图 2-173）。

图 2-172　通风排气设施示图

图 2-173　吸除尘设施示图

对通风排气的要求，应从以下方面考虑：a. 对于仅是易燃易爆的物质，其在厂房内的浓度要低于爆炸下限的 1/4；b. 对于既易燃易爆又具有毒性的物质，应考虑到有人操作的场所，其容许溶度只能从毒性的最高容许浓度来决定，因为一般情况下毒物的最高容许浓度比爆炸下限还要低得多。

对局部通风应注意气体或蒸气的密度。密度比空气大的要防止可能在低洼处积聚；密度小的要防止在高处死角积聚。

设备的一切排气管都应伸出屋外，高出附近屋顶。排气管不应造成负压，也不应堵塞，如排出蒸汽遇冷凝结，则放空管还应考虑有蒸汽保护措施。

④ 应用惰性介质保护。应用惰性介质（如二氧化碳、氮、水蒸气等）使可燃物与空气隔离，降低可燃气体浓度以及清除管道、容器中残存的可燃物质，确保安全生产（见图 2-174）。

图 2-174　惰性介质气瓶示图

⑤ 控制工艺参数。对温度、压力、流量、物料配比等工艺参数要尽可能实现自动控制和设置报警装置（按规范要求设置）。严格控制工艺条件，防止超温、超压和物料跑损是确保安全生产的重要措施（见图 2-175）。

⑥ 增设防爆泄压装置（见图 2-176）。常用的防爆泄压装置有安全阀、防爆膜、防爆门、放空阀、排污阀等，主要是防止物理性超压爆炸。安全阀应定期校验，选用安全阀时要注意控制压力和泄压速度。

防爆膜和防爆门的作用，主要是避免发生化学爆炸时产生的高压。防爆膜和防爆门选用时应经过计算并选择合理的部件。

放空阀和排污阀是在紧急情况下作为卸压手段而使用的，但需要人操作。因此，一定要保证灵活好用。

⑦ 使用联锁保护装置（见图 2-177）。使用联锁保护装置，可以提高系统的安全性，一旦出现不正常情况，有了联锁保护自动切断或动作，不仅可以防止事故的发生，而且也能遏止事故的扩大。当然，在使用安全联锁保护装置时，首先，应加强维护保养，定期检查，保证灵敏可靠；同时，应加强对安全工作的责任心，不能因有了联锁装置就麻痹大意，特别应重点保护危险性大的部件。

图 2-175 自动报警装置示图

图 2-176 泄压装置示图

（2）安全控制措施。预防爆炸事故，一方面要对可燃物质、助燃物质进行研究与防范，另一方面还要对点火源（能量）进行安全控制。因为，对点火能源进行控制是消除燃烧三要素同时存在的一个重要措施。引起爆炸事故的能源主要有明火、高温表面、摩擦和撞击、绝热压缩、化学反应热、电气火花、静电火花、雷击和光热射线等。对于这些点火能源，都应给予充分的注意，并采取必要的控制措施。

① 明火及高温表面。工厂中的明火是指生产过程中的加热用火和维修用火，即生产用火；另外还有非生产用火，如取暖用火、焚烧、吸烟等与生产无关的明火。

a. 加热。在工业生产中为了达到工艺要求经常要采用加热操作，如燃油、燃煤、液化天然气的直接明火加热、电加热、蒸汽、过热水或其他中间载热体加热。在这些加热方法中，对于易燃液体的加热应禁止采用明火。一般温度加热时可采用蒸汽或过热水；较高温度时可采用其他载热体加热，但热载体的加热温度必须低于其安全使用温度，在使用时要保持良好的循环并留有热载体膨胀的余地，要定期检查热载体的成分，及时处理和更换变了质的热载体（见图 2-178）。

图 2-177 联锁保护装置示图

图 2-178 现场蒸汽加热示图

b. 动火维修。有易燃易爆物料的场所，应尽量避免动火作业。如果因为生产急需无法停工，应将要检修的设备管道卸下移至远离易燃易爆物料的安全地点进行。

对输送、贮存易燃易爆物料的设备、管道进行检修时，应将有关系统进行彻底处理，用惰性气体吹扫置换，并经分析合格后方可动火。要坚决杜绝冒险、违章行为（见图 2-179～图 2-181）。

当检修的系统与其他设备管道连通时，应将相连的管道拆下断开，或加堵金属盲板隔离（见图 2-182）。在加盲板处要挂牌并登记，防止易燃易爆物料窜入检修系统或因遗忘造成事故。

电焊把线破残应及时更换修补，不能利用与生产设备有联系的金属构件作为电焊地线，以防止在电路接触不良时，产生电火花。使用喷灯在有易燃易爆危险的场所作业，要按动火制度规定进行。

关于维修作业，在禁火区动火及动火审批、动火分析等，必须按有关规范规定严格执行，采取预防措施，并加强监督检查，以确保安全作业（见图2-183）。

图2-179 阻止动火示图

图2-180 违章动火示图

图2-181 措施不力冒险动火示图

图2-182 盲板到位示图

图2-183 申请办理动火作业证示图

② 摩擦与撞击。机器中轴承等转动部分的摩擦、铁器的相互撞击或铁器工具打击混凝土地面等，都可能产生火花（见图2-184）；管道或容器破裂，物料喷出，也可能因摩擦而

起火。因此，在有火灾爆炸危险的场所，应采取防止火花产生的措施。

例如，机器上的轴承等转动部件，应保证有良好的润滑，要及时加油并经常清除附着的可燃污垢；机件的摩擦部分，如搅拌机和通风机上的轴承，最好采用有色金属制造的轴瓦；锤子、扳手等工具应用铰青铜或镀铜的钢制作；输送气体或液体的管道，应定期进行耐压试验，防止破裂或接口松脱喷射起火；搬运金属容器和使用的铁铲，严禁在地上抛掷或拖拉，在容器可能撞碰部位覆盖不会发生火花的材料；易燃易爆场所，地面应铺不发火材料的地坪，进入生产区域禁止穿带铁钉的鞋；吊运盛有可燃气和液体的金属容器用的吊车，应经常重点检查，以防吊绳断裂、吊钩松脱，造成坠落冲击发火（见图2-185）；当高压气体通过管道时，管道中的铁锈会随气流流动与管壁摩擦变成高温颗粒，成为可燃气的点火源，对这样的情况要给予特别的注意。

图2-184　铁器的敲打产生火花示图　　　　　　图2-185　检查绳索吊具示图

③ 绝热压缩。在处理爆炸性物质时，如果其中含有微小气泡，就有可能受到绝热压缩，导致意想不到的爆炸事故。

④ 防止电气火花。一般的电气设备很难完全避免电火花的产生，因此在有爆炸危险的场所必须根据物质的危险特性正确选用不同的防爆电气设备（见图2-186）和电动工具。

⑤ 其他火源的控制。

a. 防止自燃；

b. 严禁吸烟（见图2-187）；

c. 有些化学反应，在反应过程中放出大量热量，如热量不能及时散去而积聚，就会使温度升高而成为点火源，要注意监控（见图2-188）；

图2-186　防爆开关示图　　　图2-187　严禁吸烟示图　　　图2-188　热能泄放示图

d. 烟囱飞火，汽车、拖拉机、柴油机等的排气管喷火等都可能引起可燃、易燃气体或蒸气的爆炸事故，故此类运输工具不得进入危险场所（见图2-189）；

　　e. 无线传呼机、对讲机等通信工具可能成为点火源（见图2-190）。

图2-189　柴油机叉车产生火花示图

图2-190　无线传呼机示图

　　（3）安全操作措施。预防各类爆炸事故，必须联系企业生产实际。例如，化工企业应针对设备检修作业、设备动火作业、应急处置安全操作方法等过程中存在的危险因素，按照国家法律、法规和各类作业标准，制定相应的安全操作措施，规范人的安全行为，使作业各要素和操作程序、操作方法完全处于受控状态。

　　化工设备检修时的安全操作措施。化工生产的特点决定了化工设备检修作业具有作业复杂、技术性强、风险大的特点，只有在检修前对化工装置进行整体系统分析，找出危险源（点），制定相应的安全操作措施，才能确保检修作业的顺利进行（见图2-191）。

　　① 检修前停车的安全操作措施（见图2-192）。

　　a. 严格按照预定的停车方案停车。按照检修计划，并与上下工序及有关工段（如锅炉房、配电间等）保持密切联系，严格按照停车方案规定的程序停止设备的运行。

　　b. 泄压操作应缓慢进行，在压力泄尽之前，不得拆动设备。

　　c. 务必排空、处理装置内的物料。在排放残留物料前，必须查看排放口情况，不能使易燃、易爆、有毒、有腐蚀性的物料排入下水道或排到地面上，应向指定的安全地点或贮罐中排放设备或管道中的残留物料，以免发生事故或造成污染。同时，设备、管道内的残留物料应尽可能排空、抽净，排出的可燃、有毒气体如无法收集利用，应烧掉或进行其他处理。

图2-191　现场系统分析、查视示图

图 2-192　检修前停车安全措施示图

　　d. 控制降温、降量的速率。降温、降量的速率应符合工艺的要求，以防高温设备发生变形、损坏等事故。如高温设备的降温，不能立即用冷水等直接降温，应在切断热源之后，以适量通风或自然降温为宜。降温，降量的速率不宜过快，尤其在高温条件下，温度、物料量急剧变化会造成设备和管道变形、破裂，引起易燃易爆、有毒介质泄漏而导致发生火灾爆炸或中毒事故（见图 2-193）。

　　e. 开启阀门的速度不宜过快（见图 2-194）。开启阀门时，打开阀门头两扣后要停片刻，使物料少量通过，观察物料畅通情况，然后再逐渐开大阀门，直至达到要求为止。开启蒸汽阀门时要注意管线的预热、排凝和防水击等。

图 2-193　温度控制表示图

图 2-194　按操作规程要求打开阀门示图

　　f. 高温真空设备停车步骤。高温真空设备的停车，必须先消除真空状态，待设备内介质的温度降到自燃点以下时，才可与大气相通，以防空气进入引发燃烧、燃爆事故。

　　g. 停炉作业严格依照操作规程规定。停炉操作应严格依照操作规程规定的降温曲线进行，注意各部位火嘴熄火对炉膛降温均匀性的影响。火嘴未全部熄灭或炉膛温度较高时，不得进行排空和低点排凝，以免可燃气体进入炉膛引发事故。装置停车时，操作人员要在较短的时间内操作很多阀门和仪表，为了避免出现差错，必须密切注意各部位温度、压力、流量、液位等参数的变化。

　　② 完全切断该设备内的介质来源。进入化工设备内部作业，必须对该设备停产，在对

单体设备停产时要保障所有介质不能发生内漏。由于设备长时间使用，许多与该设备连接的管道阀门开关不到位，会出现内漏现象，尤其是气体阀门。检修人员进入设备作业后，如对管道检查不仔细，一旦发生漏气、漏液现象，特别是煤气、氨气、酸气、高压气、粗苯等易燃、易爆、高温、高压物质发生内漏，将造成着火、爆炸、烧伤、中毒等严重事故，后果不堪设想。所以检修人员一定要认真确认与设备连接的所有管道，对一些易燃、易爆、易中毒、高温、高压介质的管道要在阀后（近塔端）加盲板（见图2-195、图2-196）。

图2-195　对管道进行检查示图

图2-196　使用盲板进行隔绝示图

③ 置换设备内有毒、有害气体（见图2-197）。对有毒、有害、易燃、易爆气体的设备进行置换。用于置换的气体有氮气、蒸汽等，要优先考虑用氮气置换。因为蒸汽温度较高，置换完毕后，还要凉塔，使设备内温度降至常温。对于一些盛有高温液体的设备，首先应考虑放空，再采用打冷料或加冷水的方式将设备降至常温。对有压力的设备要采用泄压的方法，使设备内气体压力降至常压。

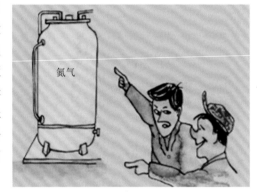

图2-197　可用氮气置换示图

④ 正确拆卸人孔。在对检修设备进行介质隔断、置换、降温、降压等工序后，要进行严格的确认、检测，在确保安全的情况再拆卸人孔。对于盛有液体的设备，拆人孔时，要拆对角螺栓，拆到最后四条对角螺栓时，要缓慢拆卸，并尽量避开人孔侧面，防止液体喷出伤人。对于盛有易燃、易爆物质的设备，绝对禁止用气焊切割螺栓。对于锈蚀严重的螺栓要用手锯切割。对于粗苯储罐等装置上开新人孔或新手孔的情况，绝对禁止用气焊或电动工具切割，要采用一定浓度的硫酸，周围用蜡封的手段开设新的人孔、手孔（见图2-198）。

⑤ 正确穿戴防护用品。劳动防护并不是简单地穿上工作服即可，在进入化工设备内部作业时，防护用品必须能起防护作用，有一定的防护要求。在易燃、易爆的设备内，应穿防静电工作服和工作鞋，要穿着规范，扣子要扣紧，防止起静电火花或有腐蚀性物质接触皮肤。工作服的兜内不能携带尖角或金属工具，一些小的工具，如角度尺等应装入专用的工具袋（见图2-199）。

图 2-198 按检修要求拆卸人孔示图

图 2-199 正确穿戴防护用品示图

第七节 劳动防护用品

劳动防护用品（个人防护用品），是指劳动者在生产过程中为免遭或减轻事故伤害和职业危害的个人随身穿（佩）戴的用品，简称护品。

职工在生产经营工作过程中，或由于作业环境条件异常、安全装置缺乏或设备有缺陷及其他突然发生的情况，往往会发生各类生产安全事故。因此，为防止伤亡事故和职业危害的发生，必须正确使用劳动防护用品。万一在操作中有发生事故和职业危害的可能，劳动防护用品就可以起到保护人体的作用。如，在密闭的有毒有害介质容器内从事清洗、抢修工作或施救人员时，必须佩戴防毒面具这类防护用品；又如，在高处作业时，必须佩戴安全帽、安全带等。

一、劳动防护用品的分类

劳动防护用品一般可分为九类。

1. 头部防护用品

是指为防御头部不受外来物体打击和其他因素危害而配备的个人防护装备。根据防护功能要求，企业一般使用的头部防护用品有，防尘帽、工作帽、安全帽、防静电帽、防高温帽、防电磁辐射帽和防昆虫帽等（见图 2-200）。

防毒面具

工作帽

安全帽

图 2-200 头部防护用品示图

2. 呼吸器官防护用品（见图 2-201）

是指为防御有害气体、蒸气、粉尘、烟、雾经呼吸道吸入，或直接向使用者供氧或清净空气，保证尘、毒污染或缺氧环境中作业人员正常呼吸的防护用具。按防护功能主要分为防尘口罩和防毒口罩（面罩），按形式又可分为过滤式和隔离式两类。

3. 眼面部防护用品（见图 2-202）

预防烟雾、尘粒、金属火花和飞屑、电磁辐射、激光、化学飞溅等伤害眼睛或面部的个人防护用品称为眼面部防护用品。眼面部防护用品种类很多，根据防护功能，大致可分为防尘、防水、防冲击、防高温、防电磁辐射、防射线、防化学飞溅、防风沙和防强光。

4. 听觉器官防护用品（见图 2-203）

防止过强的噪声侵入外耳道，使人耳避免噪声的过度刺激，减小听力损失，预防由噪声对人耳引起的不良影响的个体防护用品，称为听觉器官防护用品。听觉器官防护用品主要有耳塞、耳罩及防噪声头盔帽等。

5. 手部防护用品（见图 2-204）

保护手和手臂功能，供作业者劳动时戴用的手套称手部防护用品，通常人们称作为劳动防护手套。劳动防护手套常用的有，防护手套、防水手套、防寒手套、防毒手套、防静电手套、防高温手套、防 X 射线手套、防酸碱手套、防油手套、防切割手套、绝缘手套等。

图 2-201　呼吸器防护用品示图

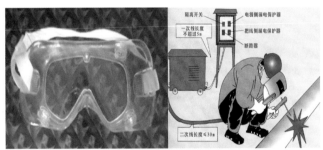

图 2-202　防护眼镜和电焊面罩示图

图 2-203　防护耳塞示图

图 2-204　防静电手套、绝缘手套示图

6. 足部防护用品（见图 2-205）

足部防护用品是指防止生产过程中有害物质和能量损伤劳动者足部的护具，通常人们称劳动防护鞋。按照防护功能分为防尘鞋、防水鞋、防寒鞋、防足趾鞋、防静电鞋、防酸

碱鞋、防油鞋、防烫脚鞋、防滑鞋、防刺穿鞋、绝缘鞋、防震鞋等。

7.躯干防护用品（见图2-206）

躯干防护用品就是我们通常讲的防护服。如灭火人员应穿阻燃服，从事酸碱作业人员应穿防酸（碱）工作服，易燃易爆场所应穿防静电工作服。根据防护功能，防护服分为一般防护服、防水服、防寒服、防砸背心、防毒服、阻燃服、防静电服、防高温服、防电磁辐射服、耐酸碱服、防油服、水上救生衣、防昆虫服、防风沙服等。

图2-205　绝缘鞋、绝缘靴示图　　　　　　图2-206　一般工作服、防毒服示图

8.防坠落用品（见图2-207）

防坠落用品是防止人体从高处坠落，通过绳带将高处作业者身体系于固定物体上，或在作业场所的边沿下方张网，以防不慎坠落。这类用品主要有安全带和安全网两种。

9.护肤用品（见图2-208）

主要用于防止皮肤（主要是面、手等外露部分）受到物理、化学、生物等因素的危害。按防护功能可分为防水型护肤剂、防油型护肤剂、遮光护肤剂等。

图2-207　安全带挂扣示图　　　　　　图2-208　护手霜示图

二、选配劳动防护用品的要求

1.防护用品质量基本要求

防护用品质量的优劣直接关系到职工的安全与健康，必须经过有关部门核发安全生产许可证和经营许可证。基本要求是：

（1）严格保证产品质量。

（2）护品所选用的材料必须符合要求，不能对人体构成新的危害。

（3）使用方便舒适，不影响职工正常操作。

2. 劳动防护用品的管理要求（见图2-209）

企业应当根据工作场所中的职业危害因素及其危害程度，按照法律、法规、标准的规定，为职工免费提供符合国家规定的护品。企业在发放和管理劳动防护用品时应做到：

（1）使用单位应建立健全劳动防护用品的购买、验收、保管、发放、使用、更换、报废等管理制度和使用档案，并进行必要的检查。

（2）使用单位应到定点经营单位或生产企业（有许可证、经营许可证的生产企业）购买劳动防护用品。凡购买的劳动防护用品须经本单位主管部门验收。

（3）根据企业作业环境、劳动强度以及生产岗位接触有害因素的存在形式、性质、浓度或强度及防护用品的防护性能进行选用。

（4）使用劳动防护用品的单位，应教育本单位作业人员必须按照劳动防护用品使用规则和防护要求正确使用个人防护用品（见图2-210）。同时，提醒从业人员在初次使用护品前，要认真阅读该产品安全使用说明书，确认其使用范围、有效期限等内容，熟悉其使用、维护和保养方法，一经发现受损或超过有效期限等情况，绝不能冒险使用。

劳动防护用品事故案例内容可扫描二维码。

图2-209　建立护品管理制度示图

图2-210　正确使用个人防护用品示图

三、劳动防护用品的使用

1. 必须了解防护用品的性能及使用方法

使用个人防护用品的职工，必须了解所使用的防护用品的性能及正确使用方法，如安全帽的使用（见图2-211）：第一，要认真检查安全帽的外壳是否破损（如有破损，其分解和削弱外来冲击力的功能就已减弱或丧失，不可再用），有无合格帽衬（帽衬的作用是吸收和缓解冲击力，若无帽衬，则丧失保护头部的功能），帽带是否完好，是否在有效期内。第二，调整好帽衬顶端与帽壳内顶的间距（4～5cm），调整好帽箍。第三，安全帽必须戴正。如果戴歪了，一旦受到打击，就起不到减轻对头部冲击的作用。第四，必须系紧下颌带，戴好安全帽。如果不系紧下颌带，一旦发生高处坠落，安全帽就容易先掉下来，导致严重后果。同时，还要针对结构和使用方法，对较为复杂的防护用品，如呼吸器要进行反复训练，达到能迅速正确使用。

图 2-211　检查安全帽和正确戴好安全帽示图

2. 必须严格检查防护用品质量

使用个人防护用品前，必须严格检查，损坏或磨损严重的必须及时更换。如登高作业时所使用的安全带是否起毛或打结，环扣是否损坏等。又如用于急救的各类呼吸器要定期检查（见图 2-212），以免急救时无法正常使用。

3. 正确摆放、维护保养和检查防护用品（见图 2-213）

要掌握防护用品摆放、维护保养、检查的方式方法，尤其是常用的护品，如安全帽、安全带、安全网、绝缘橡胶手套、绝缘靴等一些特殊防护用品，要仔细阅读防护用品的使用维护说明书，按要求正确摆放、维护和检查防护用品，其目的是要保证防护用品的防护效果。

图 2-212　防毒面具穿戴示图　　　　　图 2-213　绝缘护品、工具正确摆放和检查示图

第八节　安全生产标识

一、作业场所警示标识

《工作场所职业病危害警示标识》（GBZ 158）对企业作业场所警示标识有明确的规定。

该标准规定了在工作场所设置的可以使劳动者对职业病危害产生警觉，并采取相应防护措施的图形标识、警示线、警示语句和安全色，避免事故发生。

1. 图形标识

图形标识分为禁止标识、警告标识、指令标识和提示标识

（1）禁止标识。禁止人们的不安全行为的图形，如"禁止吸烟"标识（见图 2-214）。

（2）警告标识。提醒人们对周围环境需要注意，以避免可能发生危险的图形，如"当心中毒"标识（见图 2-215）。

（3）指令标识。强制人们做出某种动作或采用防范措施的图形，如"戴防毒面具"标识（见图 2-216）。

（4）提示标识。向人们提供相关安全信息的图形，如"可动火区"标识（见图 2-217）。

2. 警示线

警示线是界定和分隔危险区域的标识线，分为红色、黄色和绿色三种（见图 2-218）。

（1）红色警示线设在紧邻事故危害源周边。将危害源与其他区域分隔开来，仅允许佩戴相应防护用具的专业人员进入此区域。

（2）黄色警示线设在危害区域的周边，其内外分别是危害区和洁净区，此区域内的人员要佩戴适当的防护用具，出入此区域的人员必须进行洗消处理。

（3）绿色警示线设在救援区域的周边，将救援人员与公众隔离开来。患者的抢救治疗、指挥机构设在此区内。

图 2-214　禁止标识示图

图 2-215　警告标识示图

图 2-216　指令标识示图

图 2-217　提示标识示图

图 2-218　警示线示图

3. 警示语句

警示语句是表示禁止、警告、指令、提示或描述工作场所职业病危害的词语。警示语句可单独使用，也可与图形标识组合使用。警示语句，是生产岗位安全建设的一项重要内容，通过警示语句可以提醒从业人员按照安全规程进行操作，并注意程序和规范事项（见图 2-219）。

小心坠落　　　　　　　小心车辆　　　　　　　小心掉物　　　　　　　注意安全

图 2-219　警告图形标识示图

4. 安全色

根据《安全色》（GB 2893—2008）的规定，安全色是指，传递安全信息含义的颜色，包括红、黄、蓝、绿四种颜色。

（1）红色主要用于传递禁止、停止、危险或提示设备、设施的信息。如：道路交通禁令标识；消防设备标识；机械的停止按钮、刹车及停车装置的操纵手柄等（见图 2-220）。

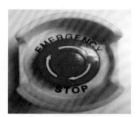

道路交通禁令标识　　　　　　　救火消防车　　　　　　　机械停止按钮

图 2-220　红色传递标识示图

（2）黄色主要用于传递注意、警告的信息。如：小心触电，危险机器和坑池周围的设置的警戒线等（见图 2-221）。

小心触电警告　　　　小心坑洞警告　　　　转动危险部位警告　　　　磨具危险部位警告

图 2-221　黄色传递标识示图

（3）蓝色主要用于传递必须遵守规定的指令性信息。如：道路交通指示车辆和行人行驶方向的各种标线、必须戴安全帽等标识（见图 2-222）。

道路交通指示　　　车辆右转车道的指示　　　车辆和行人通行的指示　　　必须戴安全帽

图 2-222　蓝色传递标识示图

（4）绿色主要用于传递安全的提示性信息。如：车间厂房内的安全通道、行人和车辆的通行标识、紧急出口和避险通道提示标志等（见图2-223）。

| 车间内安全通道 | 行人通行绿灯 | 紧急出口 | 紧急避险 |

图2-223　绿色传递标识示图

上述安全生产标识的介绍，提醒了广大从业人员在作业中，务必要遵章守纪，尤其是危险场所（各点位）设置的安全生产标识和标牌（语），一定要认知，并做好防范措施，千万不能盲目蛮干（见图2-224）。（事故案例内容可扫描二维码）

图2-224　各类标识使用的提醒示图

二、作业场所常用安全标识

企业作业场所常用安全标识有四种，分别是禁止标识、警告标识、指令标识和提示标识。

1. 禁止标识的使用

如机器禁止运转、设备禁止启动、禁止触摸危险的部位、禁止戴手套操作旋转的机床（见图2-225）。

2. 警告标识的使用

如注意安全、小心机械伤人、小心伤手、小心扎脚，提醒人们注意周围环境，避免不该发生的事故（见图2-226）。

3. 指令标识的使用

如必须穿好工作服，戴好工作帽，戴好防护眼镜，穿好防护鞋（见图2-227）。

禁止运转

设备维修作业

禁止启动

禁止启动设备维修

禁止触摸

禁止触摸旋转锋利处

禁止戴手套

禁止戴手套操作切削设备

图 2-225　禁止标识示图

注意安全

不可盲目进入护栏内

小心机械伤人

缺乏护罩小心伤人

小心伤手

切削区小心伤手

小心扎脚

切削下的铁屑易扎脚

图 2-226　警告标识示图

必须穿好防护服示图

三紧(领口紧、袖口紧、
下摆紧)

必须戴好工作帽示图

发辫盘入帽内
防止机械伤害

必须戴好防护眼镜示图

金属切削作业必
须戴好防护眼镜

必须穿好防护鞋示图

大工件加工作业
必须穿好防护鞋

图 2-227　指令标识示图

4. 提示标识的使用

如左、右行紧急出口、动火区域、应急避难场所等（见图 2-228）。

右行紧急出口

应急撤离通道实图

左行紧急出口

可动火区实图

应急避难场所提示

应急避难场所现场实图

图 2-228　提示标识示图

第九节　职业健康

一、职业危害因素的种类

生产劳动过程中，存在的危害作业人员身体健康的因素，称为职业危害因素（见图 2-229）。

1. 按来源分类

职业危害因素按其来源，可分为以下几类。

（1）来源于生产工艺过程。如与生产过程有关的原材料、工业毒物、粉尘（见图 2-230）、噪声（见图 2-231）、振动、高温、辐射及传染性因素有关。

（2）来源于劳动过程。主要是由于生产工艺的劳动组织情况、生产设备布局（见图 2-232）、生产制度与作业人员体位和方式以及智能化的程度有关。

（3）来源于作业环境。主要是作业场所的环境，如室外不良气象条件、室内由于狭小、车间位置不合理、照明不良与通风不畅等因素都会对作业人员产生影响（见图 2-233）。

2. 按性质分类

职业危害因素按其性质，可分为以下几方面。

（1）物理因素。是生产环境的主要构成要素，不良的物理因素或异常的气象条件如高温（见图 2-234）、低温、噪声、振动、高低气压、非电离辐射（可见光、紫外线、红外线、射频辐射、激光等）与电离辐射（如 X 射线、γ 射线）等，这些都会对人产生危害（见图 2-235）。

图2-229　培训教育示图

图2-230　打磨作业示图

图2-231　空压机房示图

图2-232　设备布局示图

图2-233　照明不良示图

图2-234　露天作业示图

图2-235　X射线设备示图

图2-236　有害物泄漏示图

（2）化学因素。生产过程中使用和接触到的原料、中间产品、成品及这些物质在生产过程中产生的废气、废水和废渣等都会对人体产生危害，也称为工业毒物。毒物以粉尘、烟尘、雾气、蒸气或气体的形态遍布于生产作业场所的不同地点和空间，接触毒物可对人产生刺激或使人产生过敏反应，还可能引起中毒（见图2-236）。

（3）生物因素。随时随地都存在的某些致病性微生物和寄生虫，如炭疽杆菌、霉菌、布氏杆菌、森林脑炎病毒和真菌等都会对人产生影响。

（4）与职业有关的其他因素。如劳动组织和作息制度的不合理，工作的紧张程度等；个人生活习惯的不良，如过度饮酒、缺乏锻炼等；劳动负荷过重，长时间的单调作业、夜班作业，动作和体位的不合理等都会对人产生影响。

二、职业病的分类

根据《职业病防治法》的有关规定，在《职业病分类和目录》中，共有 10 类 132 种职业病列入法定职业病。

1.职业性尘肺病（肺尘埃沉着病）及其他呼吸系统疾病

职业性尘肺病包括硅肺、煤工尘肺、石墨尘肺、炭黑尘肺、石棉尘肺、滑石尘肺、水泥尘肺、云母尘肺、陶工尘肺、铝尘肺、电焊工尘肺、铸工尘肺、根据《尘肺病诊断标准》和《尘肺病理诊断标准》可以诊断的其他尘肺病。其他呼吸系统疾病包括过敏性肺炎、棉尘病、哮喘、金属及其化合物粉尘肺沉着病（锡、铁、锑、钡及其化合物等）、刺激性化学物质所致的慢性阻塞性肺疾病、硬金属肺病。

2.职业性皮肤病

职业性皮肤病包括接触性皮炎、光接触性皮炎、电光性皮炎、黑变病、痤疮、溃疡、化学性皮肤灼伤、白斑、根据《职业性皮肤病的诊断总则》可以诊断的其他职业性皮肤病。

3.职业性眼病

职业性眼病包括化学性眼部灼伤、电光性眼炎（见图 2-237）、白内障（含放射性白内障、三硝基甲苯白内障）。

4.职业性耳鼻喉口腔疾病

职业性耳鼻喉口腔疾病包括噪声聋、铬鼻病、牙酸蚀病、爆震聋。

5.职业性化学中毒

职业性化学中毒包括铅及其化合物中毒（不包括四乙基铅）、汞及其化合物中毒、锰及其化合物中毒、镉及其化合物中毒、铍病、铊及其化合物中毒、钡及其化合物中毒、钒及其化合物中毒、磷及其化合物中毒、砷及其化合物中毒、铀及其化合物中毒、砷化氢中毒、氯气中毒（见图 2-238）、二氧化硫中毒、光气中毒、氨中毒（见图 2-239）、偏二甲基肼中毒、氮氧化合物中毒、一氧化碳中毒、二硫化碳中毒、硫化氢中毒、磷化氢、磷化锌、磷化铝中毒、氟及其无机化合物中毒、氰及腈类化合物中毒、四乙基铅中毒、有机锡中毒、羰基镍中毒、苯中毒（见图 2-240）、甲苯中毒、二甲苯中毒、正己烷中毒、汽油中毒、一甲胺中毒、有机氟聚合物单体及其热裂解物中毒、二氯乙烷中毒、四氯化碳中毒、氯乙烯中毒、三氯乙烯中毒、氯丙烯中毒、氯丁二烯中毒、苯的氨基及硝基化合物（不包括三硝基甲苯）中毒、三硝基甲苯中毒、甲醇中毒、酚中毒、五氯酚（钠）中毒、甲醛中毒、硫酸二甲酯中毒、丙烯酰胺中毒、二甲基甲酰胺中毒、有机磷中毒、氨基甲酸酯类中毒、溴甲烷中毒、拟除虫菊酯类中毒、铟及其化合物中毒、溴丙烷中毒、碘甲烷中毒、氯乙酸中毒、环氧乙烷中毒、上述条目未提及的与职业有害因素接触之间存在直接因果联系的其他化学中毒。

图 2-237　电焊弧光性眼炎示图

图 2-238　液氯罐示图

图 2-239　液氨罐示图

图 2-240　苯库现场示图

6. 物理因素所致职业病

物理因素所致职业病包括中暑（中暑救护见图 2-241）、减压病、高原病、航空病、手臂振动病、激光所致眼（角膜、晶状体、视网膜）损伤、冻伤。

7. 职业性放射性疾病（见图 2-242）

职业性放射性疾病包括外照射急性放射病、外照射亚急性放射病、外照射慢性放射病、内照射放射病、放射性皮肤疾病、放射性肿瘤（含矿工高氡暴露所致肺癌）、放射性骨损伤、放射性甲状腺疾病、放射性性腺疾病、放射复合伤、根据《职业性放射性疾病诊断标准（总则）》可以诊断的其他放射性损伤。

图 2-241　中暑救护示图

图 2-242　放射性示图

8.职业性传染病

职业性传染病包括炭疽、森林脑炎、布鲁氏菌病、艾滋病（限于医疗卫生人员及人民警察）、莱姆病。

9.职业性肿瘤

职业性肿瘤包括石棉（见图2-243）所致肺癌、间皮瘤，联苯胺所致膀胱癌，苯所致白血病，氯甲醚、双氯甲醚所致肺癌，砷及其化合物所致肺癌、皮肤癌，氯乙烯所致肝血管肉瘤，焦炉逸散物所致肺癌，六价铬化合物所致肺癌，毛沸石所致肺癌、胸膜间皮瘤，煤焦油、煤焦油沥青（见图2-244）、石油沥青所致皮肤癌，β-萘胺所致膀胱癌。

图2-243　石棉示图　　　　　　　　图2-244　煤焦油沥青示图

10.其他职业病

其他职业病有金属烟热、滑囊炎（限于井下工人）、股静脉血栓综合征、股动脉闭塞症或淋巴管闭塞症（限于刮研作业人员）。

为遵循科学、公正、公开、公平、及时、便民的职业病诊断与鉴定的原则，国家发布了《职业病诊断与鉴定管理办法》（国家卫生健康委令［2021］第6号）及一系列职业病诊断标准，要求职业病诊断、鉴定工作依据法定的标准与程序进行。

三、职业病的技术预防措施

采取技术预防措施的目的是，消除或降低工作场所的危害，防止工人在正常作业时受到有害物质的侵害（侵害途径：呼吸道和皮肤、消化道进入人体）。采取的技术措施主要有替代、变更工艺、隔离、密闭、通风、个体防护和卫生等。

1.替代

预防、控制化学品危害最理想的方法是不使用有毒有害和易燃易爆的化学品，但这一点有时做不到。通常的做法是选用无毒或低毒的化学品替代有毒有害的化学品，选用可燃化学品替代易燃化学品。例如，甲苯替代喷漆和除漆用的苯，用脂肪族烃替代胶水或黏合剂中的苯等（见图2-245）。

2.变更工艺

虽然替代是控制化学品危害的首选方案，但是目前可供选择的替代品很有限，特别是因技术和经济方面的原因，不可避免地要生产、使用有害化学品。这时可通过变更工艺消除或降低化学品危害。如以往从乙炔制乙醛，采用汞做催化剂，现在用乙烯为原料，通过氧化或氯化制乙醛，不需用汞做催化剂。通过变更工艺，彻底消除了汞的危害（见图2-246）。

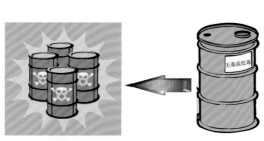

图 2-245　改用无毒或低毒物品示图

图 2-246　变更工艺现场示图

3. 隔离、密闭

（1）隔离就是通过封闭、设置屏障等措施，避免作业人员直接暴露于有害环境中。最常用的隔离方法是将生产或使用的设备完全封闭起来，使工人在操作中不接触化学品。另一种常用隔离方法是分离操作，简单地说，就是把生产设备与操作室隔离开（见图2-247）。最简单的形式就是把生产设备的管线阀门、电控开关放在与生产地点完全隔开的操作室内。

（2）密闭就是针对各类物料，采取不同的输送、投料的方式和措施，切断有害物侵入人体的途径（见图2-248）。

图 2-247　隔离操作室示图

图 2-248　密闭输送、投料方式示图

① 液体物料可使用高位槽、管道输送。固体物料先化为溶液，利用输液泵输送，采用计量槽定量配料。

② 对固体物料可采用机械投料，投料口下设气镇装置，使设备中的有害蒸气、气体不向外逸散。

③ 对某些有害物质，可采用软管吸入反应釜的真空投料法。这样既可防止毒物的飞扬，又可减轻劳动强度。

④ 对反应釜、压缩机、风机、泵等的转动轴可采用多种多样密封，如填料函、密封圈、机械密封及无填料密封等。

4. 通风

通风是控制作业场所中有害气体、蒸气或粉尘最有效的措施。借助于有效的通风，使作业场所空气中有害气体、蒸气或粉尘的浓度低于安全浓度，保证工人的身体健康，防止中毒等其他事故的发生（见图 2-249）。

通风分：局部排风和全面通风两种。

（1）对于点式扩散源，可使用局部排风（见图 2-250）。局部排风是把污染源罩起来，抽出污染空气，所需风量小，经济有效，并便于净化回收。在使用局部排风时，应使污染源处于通风罩

图 2-249　喷油室（上送下吸通排风）示图

控制范围内。为了确保通风系统的高效率，通风系统设计的合理性十分重要。对于已安装的通风系统，要经常加以维护和保养，使其有效地发挥作用。

（2）对于面式扩散源，要使用全面通风（见图 2-251）。全面通风亦称稀释通风，其原理是向作业场所提供新鲜空气，抽出污染空气，进而稀释有害气体、蒸气或粉尘，从而降低其浓度。但所需风量大，不能净化回收。采用全面通风时，在厂房设计阶段就要考虑空气流向等因素。因为全面通风的目的不是消除污染物，而是将污染物分散稀释，所以全面通风仅适合于低毒性作业场所，不适合于腐蚀性、污染物量大的作业场所。

图 2-250　局部排风（点位吸尘）示图

图 2-251　全面通风（车间作业场所）示图

如实验室中的通风橱，焊接室或喷漆室可移动的通风管和导管都是局部排风设备。在冶金厂，熔化的物料从一端流向另一端时散发出有毒的烟和气，两种通风系统都要使用。

5. 个体防护

当作业场所中有害化学品的浓度超标时，工人就必须使用合适的个体防护用品。个体防护用品既不能降低作业场所中有害化学品的浓度，也不能消除作业场所的有害化学品，而只是一道阻止有害物进入人体的屏障。防护用品本身的失效就意味着保护屏障的消失，因此个体防护不能被视为控制危害的主要手段，而只能作为一种辅助性措施（见图 2-252）。

防护用品主要有头部防护器具、呼吸防护器具（见图 2-253）、眼防护器具（见图 2-254）、身体防护用品、手足防护用品等（见图 2-255）。

图 2-252　个体防护用品存放柜示图

图 2-253　呼吸防护器具示图

图 2-254　防护眼镜示图

图 2-255　防护手套示图

6. 卫生

卫生包括保持作业场所清洁和作业人员的个人卫生两个方面。

（1）经常清洗作业场所，对废物、逸出物加以适当处置，保持作业场所清洁，也能有效地预防和控制化学品危害（见图 2-256）。

（2）作业人员应养成良好的卫生习惯，防止有害物附着在皮肤上，防止有害物通过皮肤渗入体内（见图 2-257）。

图 2-256　现场清扫示图

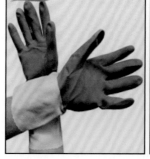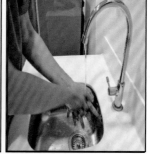

图 2-257　戴防护手套、勤洗手示图

7. 举例说明

① 生产性粉尘防护，可采用密闭尘源，通风除尘，湿式作业，个体防护，改进工艺过程、革新生产设备等方法。具体防护的形式可见图 2-258。

通风除尘密闭装置示图

岗位粉尘吸尘装置示图

移动式除尘装置示图

湿式作业(喷雾式)示图

粉空报警传感器
(预防二次扬尘)示图

投料口佩戴的防尘口罩示图

图 2-258　防生产性粉尘的各种装置示图

图 2-258 所示的六种防范措施，是企业在预防生产性粉尘中采取的有效办法，可供企业在治理粉尘、改善作业环境、保护员工职业健康作参考。同时，也提示了企业在治理生产性粉尘过程中，要结合作业现场的实际，选用好、布置好除尘装置，确保使用效果。

②生产性毒物防护，可采取清除毒物、降低毒物浓度、个人防护、技术革新、通风排毒、合理布局等方法。主要防护的形式可见图 2-259 和说明。

投料口佩戴的防毒面具示图

通风、排毒吸尘装置示图

应急处置使用的防护服示图

下料密闭自动灌装示图

移动式焊烟净化器示图

防飞扬全密封外罩示图

图 2-259　防生产性毒物的各种装置示图

在治理生产性毒物过程中，不但要做好设备隔离、密闭和个体防护工作，而且更要重视源头上的根治工作，如替代、改进工艺。通常的做法是选用无毒或低毒的化学品替代有毒有害的化学品；或改进工艺消除或降低化学品危害。从而，从本质安全上消除或减小生产性毒物的危害。

③ 物理因素危害防护，可采取正确穿戴防护用品，采取隔离、隔热、通风降温、减振等防护措施。主要形式可见图 2-260 和说明。

防噪声耳罩示图

通风降温吸热罩示图

防辐射工作服示图

减振防护手套示图

防电焊弧光面罩示图

全封闭式防热面罩示图

图 2-260　防物理因素危害的各种装置示图

图 2-260 所示的是防物理因素危害采用的防护用品。关键是教育员工务必要遵章守纪，正确穿戴劳动防护用品，养成良好的工作习惯，防止有害物附着在皮肤上，防止有害物通过皮肤渗入体内，防止噪声损害人体耳膜和神经系统等。因此，要重视培训教育工作，努力提高员工的防护意识，使员工了解物理因素对人体的危害性，认识本岗位生产过程中产生的有害因素，熟知本岗位操作要求和管理规定，掌握防护用品使用的正确方法和应急处置的办法。

四、常见生产性毒物的防护

1. 汞中毒的防护

汞（Hg），俗称水银，在工农业生产、国防、科研工作中应用广泛。汞在常温下呈液体状态，易蒸发。温度愈高，蒸发量愈大。因此，在生产环境中主要以蒸气形式经呼吸道吸入（见图 2-261）。

汞蒸气浓度过高，通风不良可发生以呼吸道损害为主的急性中毒。长期慢性接触汞，则发生以神经、精神症状为主的慢性中毒。

汞中毒的预防重点是降低和控制车间空气中汞浓度。主要措施有以下几项。

（1）改进工艺技术，用无毒物质代替汞。

（2）重视通风、排气，排毒。汞作业应在密闭及有通风排气的装置内进行。

（3）降低车间温度，减少蒸发。温度维持在 15℃ 以下，夏季应采用空调降温。

（4）由于汞有吸附性，为了便于清洗，车间地面、墙壁、工作台要平滑无缝，有一定倾斜度。亦可用化学剂净化空气。用碘（1g/m³）加酒精点燃熏蒸：或用 10% 漂白粉上清液冲洗；或用 20% 三氯化铁溶液喷雾。

（5）加强个人防护。工作服材料以光滑涤纶、丝织物为佳。

（6）强化培训教育，提高员工的职业健康意识和防范技能。如采用通俗易懂的顺口溜，认识汞对人身的危害性和预防的方法（见图2-262）。

汞（Hg）

顺口溜
● 银灰色的液体汞，极易蒸发空气中。
● 损害肺肝消化道，损害肾脏和神经。
● 防护用品要记清，正确佩戴防护罐。
● 吸入患者保护好，二巯基丙醇治疗。
● 也可服用盐泻剂，硫酸镁可促排去。
● 勿将工装带回家，二次污染危害大。

图2-261 汞的危害性示图　　　图2-262 预防汞中毒的顺口溜

2. 硫化氢中毒的防护

硫化氢（H_2S）通常是化学工业、制革工业、石油工业、金属冶炼、含硫有机物腐败场所（化粪池、下水道、窨井、污水池）（见图2-263）、矿井等排出的废气。硫化氢主要经呼吸道吸入，对人体具有全身毒性作用，硫化氢与钠离子结合成碱性硫化钠（Na_2S），产生强烈的刺激和腐蚀作用。在机体内可抑制细胞呼吸酶活性，造成组织缺氧。重度中毒可发生呼吸、心搏骤停，称为"电击型"死亡。长期低浓度接触硫化氢，可出现神经衰弱综合征和自主神经功能紊乱。

图2-263 化粪池、下水道、窨井、污水池现场示图

硫化氢中毒的防护有以下措施。

（1）改革工艺，减少硫化氢产生。

（2）加强通风，控制空气中质量浓度不超过 $10mg/m^3$。进入有硫化氢的车间、矿坑、巷道、窨井、污水池等处，应先进行分析测定是否含有硫化氢，如果有，应当抽风或送风，直至充分稀释至最高允许浓度以下后，才可进入工作，切忌无准备进入（见图2-264）。

图2-264 下池作业现场防护示图

（3）对排放的硫化氢采取净化措施，如将硫化氢通入醋酸锌沉淀池使其沉淀分离，即 $H_2S+Zn（AC）_2=ZnS\downarrow+2HAC$。

（4）个人防护。穿戴防毒面具、防护眼镜等。

（5）实行就业前体检和接触硫化氢人员的定期体检。

3. 氯中毒的防护

氯（Cl_2）是一种具有强烈刺激性气味的黄绿色气体。电解食盐时可产生氯气。制造各种含氯化合物，如盐酸、漂白粉、光气、氯苯需使用氯气；造纸、印染、制药工业中也要使用氯气。氯气的主要毒性作用是氯溶于水，形成次氯酸和盐酸。后者对人体组织黏膜有烧灼刺激作用。急性中毒分轻、中、重度三种类型。轻度中毒：短时间内吸入低浓度的氯，表现为眼红、流泪、咳嗽、咽痛等上呼吸道刺激症状。中度中毒：吸入高浓度氯气，可立即引起弥漫性支气管炎，约 10 天治愈。重度中毒：大量吸入高浓度氯气可发展为肺水肿、昏迷、休克。也可引起喉痉挛，造成窒息死亡。皮肤接触液氯可引起灼烧或急性皮炎。长期接触低浓度氯气可导致慢性中毒。表现为慢性支气管炎，少数发生哮喘，最后发展为肺气肿（见图 2-265）。

氯中毒的防护（见图 2-266）：急性中毒多由于违章操作、意外事故引起。防护重点是遵守操作规程，杜绝意外事故发生。对产氯的一切设备要绝对密闭，要有充分的措施防止氯气外逸；生产操作要尽量自动化；采用合理通风设施，应同时配备二套，以便一套坏了，另一套仍能排除氯气；废气要净化回收；要根据不同情况选用合适的防护服装和用品，如防毒口罩、面具、涂抹防酸油膏等。

图 2-265　氯气危害性示图

现在距离上班还有5分钟，请做好安全检查

图 2-266　作业前安全交底布置会示图

4. 氨中毒的防护

氨（NH_3）是无色、有特殊臭味、强烈的催泪性和刺激性气体。氨容易液化，并可大量溶于水形成氨水。低浓度氨对呼吸道黏膜有刺激作用；高浓度氨可造成人体组织溶解性坏死。急性吸入性氨中毒发生于事故，由于一次吸入大量氨气造成。轻者表现为眼和口有辛辣感、流泪流涕、声音嘶哑、头晕头痛。重者出现口、咽、鼻黏膜灼伤、糜烂、溃疡及气管、肺充血水肿，患者咳嗽、气急、咯血。少数可发生休克、昏迷，氨水进入眼内，可使结膜充血水肿、角膜混浊，甚至失明。如接触皮肤，可引起烧伤（见图 2-267）。

氨中毒的防护：氨水溅入眼内，应立即用大量清水冲洗。如灼伤皮肤，用清水冲洗15min 后再用 2% 硼酸清洗，或用 5% 硼酸湿敷（见图 2-268）。急性吸入氨时，应立即使患者移离现场，给予吸氧。根据情况，及早做气管切开术，保持呼吸道通畅。加强氨、氨水管理，容器要密闭，防止外漏；严格执行安全操作规程，防止事故发生；加强个人防护，穿戴必要的防护用品；经常开展安全教育和定期进行体检。

图 2-267 氨气泄漏现场救护示图

图 2-268 眼、皮肤冲洗的设施示图

5. 一氧化碳中毒的防护

一氧化碳（CO）是工业生产中分布最广的有害气体之一，当含碳燃料燃烧不完全时均可产生。接触一氧化碳的生产作业有：矿井下爆破、炼钢、炼焦；机械工业中铸造、锻造；化学工业中光气、甲醇、丙酮等制造；各种工业用窑炉，煤气炉操作等。一氧化碳与人体血红蛋白有强大的亲和力，比氧大 300 倍。一氧化碳进入人体后迅速与血红蛋白结合成碳氧血红蛋白，血液携氧能力下降，造成组织缺氧而中毒。一氧化碳浓度越高，接触时间越长，中毒越严重（见图 2-269）。

图 2-269 一氧化碳危害性示图

从事上述作业，若是防护设施不善，很容易引起急性中毒。轻者出现头晕、恶心、乏力；重者出现意识模糊，甚至昏迷，瞳孔缩小、四肢强直、抽搐。长期接触低浓度一氧化碳可出现慢性中毒，表现为头痛、乏力、记忆力减退、失眠等。对急性中毒患者应立即移至新鲜空气处，吸氧。昏迷时间长的可送入高压氧舱治疗。对慢性中毒患者应暂时脱离本作业，给予对症治疗。预防措施应包括：严格按安全卫生操作规程作业，空气中一氧化碳浓度必须控制在最高容许浓度（$30mg/m^3$）以内；维修煤气管道、炉灶等，防止漏气；加强通风；加强防毒教育，普及急救知识；设置必要防护器材；搞好职工就业前和定期体检。

6. 苯中毒的防护

苯（C_6H_6）是煤焦油干馏或石油裂解时产生的一种无色透明、具有特殊芳香味、易燃易挥发的液体。它是常用的化工原料，是重要的溶剂和稀释剂，用途极广。在生产过程中，主要以蒸气形态经呼吸道进入人体。因苯有亲脂性，可吸附在神经细胞表面，产生中枢神经系统的麻醉作用。对造血系统也有损害，机理尚不清楚。短时间接触高浓度苯，可引出急性中毒，以神经系统症状为主。中毒的严重程度与苯浓度和接触时间成正比。轻者，头痛、头晕、嗜睡、神志恍惚、步态不稳。重者，出现抽搐、昏迷，特别严重的可因呼吸中枢麻痹而死亡。低浓度长期接触可逐渐发生慢性中毒，以血象变化为主。大多表现为白细胞减少，也有个别的发展为再生障碍性贫血和白血病等（见图 2-270）。

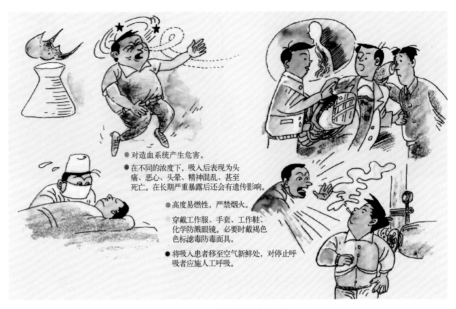

● 对造血系统产生危害。
● 在不同的浓度下，吸入后表现为头痛、恶心、头晕、精神混乱、甚至死亡。在长期严重暴露后还会有遗传影响。
● 高度易燃性，严禁烟火。
穿戴工作服、手套、工作鞋、化学防溅眼镜。必要时戴褐色色标滤毒防毒面具。
● 将吸入患者移至空气新鲜处，对停止呼吸者应施人工呼吸。

图2-270　苯的危害性示图

苯中毒的防护有以下措施。

（1）用无毒、低毒物质代替苯。

（2）改革工艺生产流程，达到减少或不接触苯的目的。

（3）根据操作方式和生产特点，设计各种通风装置，加强通风排毒。

> 顺口溜
> ● 苯无色是液体，它的气味香甜。
> ● 有毒有害易燃，对人危害最强。
> ● 损害神经系统，造血机能受伤。
> ● 引起白血病症，还有遗传影响。
> ● 褐管防毒面具，防溅眼镜戴上。
> ● 一旦发生火灾，紧急灭火别慌。
> ● 二氧化碳干粉，泡沫灭火棒。
> ● 误服用水漱口，要请医生治伤。

图2-271　预防苯中毒的顺口溜

（4）控制苯在车间空气中的浓度，必须在最高允许浓度（40mg/m³）以下。

（5）在高浓度环境中应戴防毒口罩或送风式面罩。

（6）加强培训教育［如采用通俗易懂的顺口溜（见图2-271）］和定期体检及就业前体检，有中枢神经系统疾病和肝肾器质性疾病者，都不能从事接触苯的工作。

7. 氰化物中毒的防护

氰化物（山萘）为剧毒物，常见的有氰化氢、氰化钠、氰化钾、氰化铵。黄血盐、乙腈、丙腈等。在一定条件下，都能形成氰化氢气体散发于空气中，放出的氰根（—CN）是氰化物中毒的主要成分。在照相、电镀、炼金、制造有机玻璃及有机合成等生产过程中，都要使用氰化物，并散发出氰化氢气体。氰化物还用来熏蒸仓库，杀虫灭鼠。清洗金属制品、宝石和雕刻等也会散发氰化氢气体。氰化物可通过消化道、呼吸道和皮肤进入人体。氰化物的毒性在于氰离子能迅速阻断细胞生物氧化作用，造成"细胞内窒息"，组织缺氧。中枢神经系统对缺氧最敏感，中毒时主要表现为神经系统症状：气急、惊厥、昏迷，直至呼吸停止。长期小量吸入常引起神经衰弱症状（见图2-272）。

氰化物中毒的防护：氰化物是一种化学性窒息性气体，预防中毒至关重要。主要是生产过程密闭化，在生产运输当中严防跑、冒、滴、漏现象。要加强对工人的安全教育，严格遵守操作规程和保管制度。凡有严重神经衰弱、肝病、贫血者，不能从事接触氰化物的工作。工人下班后，应更换衣服，防止皮肤吸收中毒（见图2-273）。

图2-272　氰化物的危害性示图

顺口溜

● 剧毒气体氰化氢，苦杏仁味窒息性。

● 吸入过量头眩晕，可能危害视神经。

● 心律不齐呼吸难，昏迷死亡有可能。

● 味觉嗅觉起变化，面色潮红体重轻。

● 佩戴氧气呼吸器，眼睛戴好防溅镜。

● 易燃易爆不稳定，储藏运输要通风。

● 安全规章要遵守，严格管理效益增。

图2-273　预防氰化物中毒的顺口溜

第三章

安全生产危险作业防范知识

危险作业是指作业过程中可能造成人身伤害事故或财产损失的、具有较大风险和需采取安全技术及管理措施才能进行的作业活动。确定危险作业的范围一般是根据国家相关的法律法规和规程、单位生产经营特点、重大危险源状况、事故分析结果等因素综合分析确定。如《危险化学品企业特殊作业安全规范》（GB 30871）中规定了8种特殊作业，即动火作业、临时用电作业、高处作业、动土作业、断路作业、盲板抽堵作业、吊装作业、受限空间作业。

为进一步做好各类企业危险作业的安全管理，依据危险作业的含义和重点行业、企业在生产作业过程中易发的安全事故，本章选择了12种危险作业〔高处作业、吊装作业、临时用电作业、动火作业、有限（受限）空间作业、检修作业、高支模作业、深基坑作业、房屋拆除工程作业、动土作业、断路作业、盲板抽堵作业（后6种可扫描二维码了解详情）〕的安全知识进行介绍，并按照国家相关的法规和标准讲解管理规定。

第一节　高处作业安全

一、高处作业的基本概念

根据国家相关的法规，在坠落高度基准面 2m 以上（含 2m，同时还包括在地面踏空失足坠落洞、坑、池内）有可能坠落的高处进行的作业，称为高处作业。依据这一规定，在各类企业中涉及高处作业的范围是相当广泛的，同时发生的高处坠落事故也尤为突出。企业发生高处坠落事故的作业场所、原因主要有以下几方面。

1.作业场所

（1）临边作业（见图 3-1）。临边作业是指工作面边沿无围护设施或围护设施高度低于 1050mm 时的高处作业。如，基坑周边，无防护的阳台、料台与挑平台、楼层、楼面周边、楼梯口、设备周边等。

（2）洞口作业（见图 3-2）。洞口作业是指孔、洞口旁边的高处作业，包括作业现场及通道旁深度在 2m 及以上的楼孔、沟槽与管道孔洞等边沿作业。如，电梯口及设备安装预留洞口、楼面口、上料口等。

基坑周边

料台周边

楼面周边

设备周边

图 3-1　临边作业示图

电梯口

设备安装预留洞口

楼面预留口

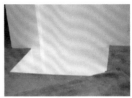
上料口

图 3-2　洞口作业示图

（3）攀登作业（见图 3-3）。攀登作业是指借助建筑结构或脚手架上的登高设施、采用梯子或其他登高设施在攀登条件下进行的高处作业。如，登爬堆垛、货架或设施，攀登梯子、脚手架、钢结构框架等。

登爬堆垛

登高设施

攀登梯子

攀登钢结构框架

图 3-3　攀登作业示图

（4）悬空作业（见图 3-4）。悬空作业是指在周边临空状态下进行的高处作业。其特点是操作者在无立足点或无牢靠立足点条件下进行高处作业。如，扎钢筋、冲击钻打眼、设备检修、安装设施等作业。

扎钢筋

冲击钻打眼

设备检修

安装设施

图 3-4　悬空作业示图

（5）交叉作业（见图 3-5）。交叉作业是指在施工现场的上下不同层次，于空间贯通状态下同时进行的高处作业。如，扎钢筋、焊接工件、油漆作业、检修设备等作业。

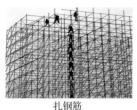   

　　扎钢筋　　　　　　　焊接工件　　　　　　　油漆作业　　　　　　检修设备

图 3-5　交叉作业示图

2.事故原因

上述列举的各种类型高处作业，都发生过高处坠落事故。只有查清原因，才能避免事故再次发生。（高处作业事故案例请扫描二维码）

二、高处作业的安全管理与实例

1.高处作业的安全管理

依据国家有关高处作业的管理规定，在安全管理上应重视以下几方面工作。

（1）高处作业人员必须经安全培训，熟悉现场环境和施工安全要求。必须严格遵守有关高处作业的安全规定。同时还要求，患有高血压、心脏病、贫血病、癫痫以及其他不适于高处作业的人员不准登高作业。

（2）高处作业人员必须按要求正确穿戴个人防护用品，安全带的拴挂应为高挂低用。不得用绳子代替，酒后人员不许登高作业。

图 3-6　正确使用安全带示图

（3）五级及以上强风或其他恶劣气候条件下，禁止高处作业。抢险需要时，必须及时分析现场，采取可靠的安全措施。部门领导或项目负责人要现场指挥，确保安全。

（4）凡高处作业与其他作业交叉进行时，必须同时遵守所有的有关安全作业的规定。交叉作业必须戴安全帽、安全带（见图3-6），并设置安全网。严禁上下垂直交叉作业，必要时设专用防护棚或其他隔离措施。

（5）高处作业所用的工具、零件、材料等必须装入工具袋（见图3-7），上下时手中不得拿物件；必须从指定的路线上下，不准在高处抛掷材料工具或其他物品；不得将易滚、易滑的工具、材料堆放在脚手架上或临边处，工作完毕应及时将工具、零部件等物件清理干净，防止落物伤人。

（6）登高作业严禁接近电线，特别是高压线路，应按规定保持间距，避免人体触及带电体或高压线。

（7）高处作业使用的脚手架，材料要坚固，能承受足够的负荷强度。几何尺寸、性能，要符合安全要求。

（8）使用各种梯子时，首先检查梯子要坚固，放置要平稳，直梯坡度一般以60°～70°为宜，并有防滑措施，同时要求有人扶梯。人字梯应有坚固的铰链和限制跨度的拉链，坡度应不大于 60°（见图 3-8）。金属梯不应在电气设备附近使用。

（9）冬季及雨雪天登高作业时，要有防滑措施。在自然光线不足或者在夜间进行高处作业时，必须有充足的照明。坑、井、沟、池等都必须有防护栏杆或盖板盖严，盖板必须坚固，几何尺寸要符合安全要求。

（10）凡上石棉瓦、彩钢板、玻璃钢屋顶及在高处维修设备、安装零部件作业时，必须铺设坚固防滑的脚手板（见图 3-9）。非生产高处作业如：打扫卫生、贴刷标语、擦玻璃等需要登高时，也要按高处作业要求做好防范措施，戴好安全帽、系好安全带，并做到高挂低用。

（11）凡在高大设备上作业，要根据设备的高度、形状和危险作业的部位，正确选择登高作业设施（见图 3-10）。如大型较高设备进行零部件装配，可选择固定式的操作平台；又如设备需进行检修或更换零部件，也可采用升降机或升降平台车做登高设施，其目的是确保安全生产。

图 3-7　工具装入工具袋示图

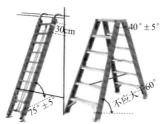
图 3-8　梯子标准使用示图

图 3-9　坚固脚手板示图

图 3-10　登高设施示图

2. 高处作业安全管理实例

（1）掌握屋面维修的方法和要求（见图 3-11）

安全交底需明确

防护用品符规定

登高设施要到位

图 3-11　高处作业安全管理示图

企业必须按照法规标准的要求，制定健全各类登高作业的管理制度和防范措施，并要求贯彻落实到作业现场。主要防范措施：①要铺设防滑板，并做到牢固、安全可靠，或搭设符合要求的作业平台。②要正确穿戴劳动防护用品，安全帽要扣紧，安全带应生根牢靠，并做到高挂低用。③严禁在未做防范措施的彩钢复合板、透光板、石棉瓦上站立、行走和作业。作业中要加强现场检查，要时刻注意作业人员的行为，发现违章立即制止，并令其纠正，确保安全。

（2）设备检修登高作业安全管理方法和要求（见图3-12）

设备检修 安全交底　　　　　　　登高作业 佩戴护品　　　　　　　防滑措施 落到实处

遵章守纪 规范作业　　　　　　　登高设施 符合规定　　　　　　　履行职责 监管有力

图3-12　设备检修登高作业安全管理示图

①凡登高作业都必须按照登高作业的管理规定，认真做好申请办理登高作业的手续，并制定方案和安全交底。②要正确穿戴劳动防护用品，做到：戴好安全帽，系好安全带，穿好防滑鞋。③作业平台上要有防滑措施。④在临边危险处作业，务必挂扣好安全带，并做到高挂低用。⑤要有可靠的登高设施，如垂直钢梯2m以上，应有牢固可靠的护笼。⑥现场要有人监护，发现违章行为立即制止和纠正，确保安全。

（3）正确使用梯子标准示图和要求（见图3-13）

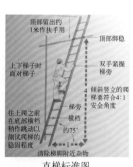

人字梯标准图　　　　　人字梯使用标准图　　　　　直梯标准图　　　　　直梯使用标准图

图3-13　正确使用梯子标准示图

正确使用梯子应做到，使用前要认真检查、正确安放；在通道处使用梯子应有人监护或设置围栏，上下梯子时要面对梯子，双手握紧梯子，保证身体与梯子有3个接触点；使用中确保梯子平衡，一只手始终握住梯子，身体不要向前、后、侧面伸得过远，同时要求上下梯子时，不得手持器物；使用人字梯时，不要爬到高于第二横档的位置，使用直梯，不要爬到高处的第三个横档；使用过程中不要移动、转换或者延伸梯子；工具应系在腰间，或者是用手绳上下传递。

高处作业安全管理实例可扫描二维码，见视频。

第二节　吊装作业安全

一、吊装作业的基本概念

1.吊装作业的含义

吊装作业是指生产过程中，利用各种吊装机具将设备、工件、器具、材料等吊起，使其发生位置变化的作业。

2.吊装作业的分级和分类

（1）吊装作业按吊装重物的重量分为三级：吊装重物的重量大于100t时，为一级吊装作业；吊装重物的重量大于等于40t至小于等于100t时，为二级吊装作业；吊装重物的重量小于40t时，为三级吊装作业。

（2）吊装作业按吊装作业级别分为三类：一级吊装作业为大型吊装作业；二级吊装作业为中型吊装作业；三级吊装作业为一般吊装作业。

3.吊装作业主要的危险因素

在日常吊装作业过程中主要的危险因素见图3-14。

吊物捆绑不牢靠　　　　吊物下方有人站立　　　　斜拉、牵引不当　　　　单边引钩起吊

吊钩缺乏保险弹簧　　　绳索污染(吊力下降)　　钢丝绳起毛、断股、断丝　　在死角上指挥吊装

图3-14　吊装作业危险因素示图

图3-14所示吊装作业的危险因素，都是曾经引发过的伤害事故，我们要引以为戒，应加强吊装作业的安全管理，规范操作标准，纠正违规行为，确保吊装安全。

4.事故案例

吊装作业事故具体内容可扫描二维码。

二、吊装作业的安全管理与实例

1. 吊装作业的安全管理

（1）要按照法律法规的规定，建立健全吊装作业安全管理岗位责任制；起重机械安全技术档案管理制度；起重机司机、指挥作业人员、起重司索人员安全操作规程；起重机械安装、维修人员安全操作规程；起重机械维修保养制度等。同时，要按照国家有关规定，对起重机司机、指挥作业人员、司索工进行安全技术培训考核，合格后持证上岗。

（2）要按照相关管理规定，办理《吊装安全作业证》。

① 吊装重量大于 10t 的物体须办理《吊装安全作业证》。

② 吊装重量大于等于 40t 的物体和土建工程主体结构，不但要办证，而且还应编制吊装施工方案。吊物虽不足 40t 重，但形状复杂、刚度小、精密贵重，施工条件特殊的情况下，也应编制吊装施工方案；吊装作业方案应经审批。

③ 吊装施工方案经施工主管部门和安全技术部门审查，报主管领导或总工程师批准后方可实施。

④ 要按照作业管理的程序实施逐级交底制。企业主管领导或总工程师向施工负责人、施工负责人向作业班组长、班组长向全体作业人员分别进行安全技术交底。安全技术交底工作一般由作业现场负责人实施。内容必须明确、针对性强，尤其要对吊装作业中会出现（或潜在）的危险因素及存在问题，明确采用的防范措施都要交代清楚，并贯彻落实到现场和个人（见图 3-15、图 3-16）。

图 3-15　吊装规定需铭记示图

图 3-16　安全交底要清楚示图

（3）吊装作业前，要认真做好各项准备工作。

① 吊装作业人员必须正确穿戴劳动防护用品，安全帽下颌带要系紧，工作服要做到"三紧"（领口、袖口、下摆紧），工作鞋要防滑、防扎，登高使用的安全带佩戴正确等。

② 应对起重吊装设备、钢丝绳、揽风绳、链条、吊钩等各种机具进行检查，必须保证安全可靠，不准带病使用（见图 3-17）。

（4）吊装作业中要做到以下几点。

① 必须按规定负荷进行吊装，吊具、索具应经计算选择使用，严禁超负荷运行。所吊重物接近或达到额定起重吊装能力时，应检查制动器，采用低高度（将吊物吊起离地 0.2～0.5m）、短行程试吊无异常情况后，再平稳吊起。

② 吊装作业时，必须分工明确、坚守岗位，并按规定的联络信号，统一指挥（见图3-18）。

图3-17 吊装之前需检查示图　　　　　图3-18 吊装之中听指挥示图

③ 在吊装作业过程中，要严格执行起重作业"十不吊"的原则（a.指挥信号不明；b.超负荷或物体重量不明；c.斜拉重物；d.光线不足、看不清重物；e.吊物下方有人站立；f.重物埋在地下；g.重物紧固不牢，绳打结、绳不齐；h.棱刃物体没有衬垫措施；i.容器内装的物品过满；j.安全装置失灵）。

（5）吊装作业结束后，应将起重设备停靠在规定的区域内，并将吊索、吊具收回放置于规定的地方，并对其进行检查、维护（见图3-19）。

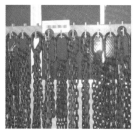

图3-19 定置管理符标准示图

2.吊装作业安全管理实例

【例一】 吊装作业风险评价活动程序和方法（汽车吊）。

企业在吊装作业安全管理上可采用安全隐患预测法。安全隐患预测法就是在活动之前，选定一项工种或一台设备，采用预先危险性分析（PHA）法，参阅有关发生过的相似事故，对所要作业的内容进行系统性风险评价。其目的是及时了解、掌握潜在的危险因素和预防措施，确保安全作业。具体方式、方法如下：

（1）首先由作业人员发言，说出潜在的危险因素，推测可能引起的各类伤害事故（落物打击、绳索打击、物体碰撞、触电伤害、高处坠落等其他偶发因素），然后逐个进行分析讨论，找出危险因素的症结（见图3-20）。

(1)提出问题？
(找出危险源)
(2)主要的危险点是什么？
(找出危险的关键点)
(3)如果你碰上了该怎么办？
(有何对策)
(4)落实措施？
(如何实施)

　　讨论的内容和程序　　　　　安全隐患的分析　　　　　寻找危险因素

图3-20 讨论吊装作业的示图

（2）确定危险重点，要求全体作业人员到工作现场针对各自岗位边说边指出重点危险部位（吊钩、绳索、绑扎方式、起吊方法、指挥信号、物件就位及人站立的方位等）。同时，大家共同确定应解决的重点危险因素（见图3-21），并让每个人开动脑筋提出自己的方案和建议，便于现场负责人或作业班组长在确定作业方案时做参考。

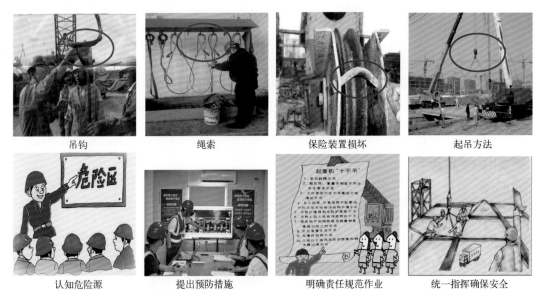

吊钩　　　　　　　　绳索　　　　　　　保险装置损坏　　　　　　起吊方法

认知危险源　　　　　提出预防措施　　　　明确责任规范作业　　　　统一指挥确保安全

图3-21　确定重点危险因素

（3）针对起重吊装作业过程中可能存在的主要危险因素、触发事件、现象、形成事故的原因、事故情况、事故结果、危险等级、防治措施，进行作业风险评价（见表3-1）。

表3-1　起重吊装作业风险评价表

危险因素	触发事件	现象	形成事故的原因	事故情况	事故结果	危险等级	防治措施
吊钩磨损或吊钩采用不当	超载超重 盲目使用	吊钩断裂，绳索脱钩	现场管理混乱，未制定制度，缺乏检查，违章作业，冒险蛮干	落物打击	人员伤亡经济损失	3	制定制度，落实责任；强化监管，检查到位；加强教育，提高技能
钢丝绳断丝或锈蚀	安全系数降低，承拉能力下降	钢丝绳断裂	重生产、轻安全，投入少、应付多，检查少、隐患多	落物打击，钢丝绳打击	人员伤亡经济损失	3	学习法规，增强意识；掌握标准，加强管理；定期检查，保养到位
斜吊、斜拉、绑扎错误	人为因素，违章作业	起吊物偏离中心，物料散落	安全教育、训练不力，缺乏安全知识；现场监管不到位，违章行为无人制止	落物打击	人员伤亡经济损失	3	贯彻标准，坚持"十不吊"；明确职责，履行监管职能狠抓现场，制止违章作业
索具使用不当或吊环磨损	超载使用，吊环脱焊或螺纹磨损	吊环断裂，料盘坠落	管理制度不落实，设备设施不检查，安全隐患不整改，违章作业不纠正，从而造成现场混乱	落物打击	人员伤亡，经济损失	3	安全交底不能忘，吊装作业措施明，职责要求落到人，安全检查标准化，工具设施定型化

续表

危险因素	触发事件	现象	形成事故的原因	事故情况	事故结果	危险等级	防治措施
提升过快，碰撞设施	回转过快，产生晃动，碰撞脚手架	物料脱钩，高空坠落	采用的吊具不当，捆扎不牢固，司机思想不集中，四周环境未瞭望，遇事惊慌，操作失误，造成事故	落物打击	人员伤亡经济损失	3	强化培训教育，提高判断能力，熟知本岗作业；加强吊装管理，规范作业标准，制止违章作业
防护缺乏，就位不当	防护不力，站位不当，冒险作业	临边就位冒险蛮干	作业程序未制定，安全交底不到位，预防措施未落实，个人护品不穿戴，违章行为无人管，造成现场管理失控	高处坠落	人员伤亡经济损失	3	分析作业状况，制定施工程序，做好作业交底，明确防护措施，落实各级责任，加强现场监管，及时制止违章
安全装置缺损	滑轮防钢丝绳跳槽装置松动，间隙较大，防钢丝绳跳槽功能失效	钢丝绳跳槽与吊臂发生摩擦，钢丝绳断裂	维护保养不到位，尤其是更换钢丝绳时，未能按照规定和要求检查钢丝绳的规格、固定、缠绕等情况，也未检查防护装置	落物打击	人员伤亡经济损失	3	加强设备设施的管理，制定作业标准和验收制度，严格执行维护保养制度，发现隐患及时整改，不留后患

【例二】　吊装作业管理法（以起重吊装设备设施为例）。

吊装作业管理法，就是对起重吊装作业的全过程分成三个阶段（准备、实施、结束），实行程序管理，使全过程的安全生产始终处于受控状态，是防患于未然最有效的管理方法。下面以吊装设备设施为例，进行说明。

（1）准备阶段。由企业车间（部门）、班组负责人和相关作业人员，对所使用的起重机设备设施、工器具、作业环境及吊运的物件（形状、数量、重量）、方式、可能会造成事故的类别，都应按照吊装作业规定进行科学分析、计算，确定危险因素，并制定可靠的作业吊装方案，确保吊装作业的安全（见图3-22）。

吊装作业需分析　　　　　吊运物件要计算　　　　　选用吊具符标准　　　　　吊装作业程序化

图3-22　起重吊装作业准备示图

（2）实施阶段

① 在吊装作业前，应做到"三确认"，即作业的内容、吊装的方式、注意的事项及其重点部位的防范措施都要进行安全交底确认（见图3-23）；对所有吊索具及起重机械性能、安全装置使用前进行检查验证确认；作业人员是否正确穿戴防护用品，由作业负责人对其进行检查确认（见图3-24）。

图 3-23　安全交底是前提示图

图 3-24　工作确认有保障示图

②　在吊装过程中，要把好"六道关"，即司索关（按物件的形状、长度、重量进行司索绑扎加衬垫，并做到牢固可靠符合要求）；挂钩关（必须系好钢丝绳准确挂钩，要求吊

图 3-25　按规作业保平安示图

钩重心要对准吊物重心，处于平衡、垂直状态）；起吊关（起吊作业时，必须设立吊装警戒区域，并有监护人员。吊装作业时必须先试吊，确认后才能起吊）；操作关（司机必须集中思想，听从指挥，谨慎操作）；就位关（起吊物就位时，司机必须观察环境，听从指挥，缓慢下降，同时要求作业人员按作业规定操作，严禁在临边处拽拉钢丝绳和物件）；脱钩关（吊物必须平稳、可靠落位后，才能摘钩）（见图 3-25）。

吊装结束按规定

索具码放符标准

定置管理要牢记

交接工作不能忘

设备设施需维护

相互提示共勉励

图 3-26　起重吊装结束阶段示图

（3）结束阶段。吊装作业结束后，a.应将所有吊挂的吊具、吊物落下，吊钩升至接近上极限位置的高度。b.将起重机的起重小车停放在主梁远离大车滑触线的一端，不得将小车置于跨中位置；大车应开到指定位置固定停放。c.应将所有控制器手柄扳回零位，拉下保护开关，做好清洁卫生工作后，才能离开。d.下班前应对起重机进行检查，将工作中发生的问题及检查情况记录下来，按规定交接程序和交接项目做好交接班工作，如遇到重大问题要及时向有关部门报告（见图3-26）。

吊装作业管理法还可以扫描二维码，见视频。

第三节　临时用电作业安全

一、临时用电的基本概念

在正式运行的电源上所接的非永久性用电称为临时用电。临时用电的具体设备设施见图3-27。

图3-27　临时用电设备设施示图

图3-27所示的是临时用电作业的设备设施。在使用过程中如果违反《施工现场临时用电安全技术规范》的规定，极易引发触电、火灾、爆炸等事故。因此，我们要加强对临时用电的安全管理，确保临时用电作业的安全。（临时用电作业事故具体内容可扫描二维码）

二、临时用电作业安全管理与实例

1.临时用电作业安全管理工作

为加强临时用电作业的安全管理，防止安全事故的发生，应做好以下几方面工作：

（1）临时用电前应办理临时用电作业申请（见表3-2），经审批同意后方可作业。临时用电必须严格确定用电时限，超过时限要重新办理临时用电作业许可证。

表3-2　临时拉接电线申请表

文件编号：

表格编号		申请作业单位	
工程名称		施工单位	
施工地点		用电设备及功率	
电源接入点		工作电压	
埋地或架空		电工证号	
临时用电时间		从　　年　月　日　时　至　　年　月　日　时	
序号	主要安全措施		确认
1	安装临时线路人员持有电工作业操作证。		
2	在防爆场所使用的临时电源、电器元件和线路达到相应的防爆等级要求。		
3	临时用电的单相和混用线路采用四线制。		
4	临时用电线路架空高度在装置内不低于2.5m，道路不低于5m。		
5	临时用电线路架空进线不得采用裸线，不得在树上或脚手架上架设，穿越公路敷设暗管。		
6	暗管埋设及地下电缆线路设有"走向标志"和安全标志，电缆埋深大于0.7m		
7	现场临时用电配电盘、箱应有防雨措施。		
8	现场用电设施安装有漏电保护器，移动工具、手持工具应一机一闸一保护。		
9	用电设备、线路容量、负荷符合要求。		
10	其他补充安全措施。		
施工单位签字	部门主管签字		安全部签字
年　月　日	年　月　日		年　月　日

（2）作业人员必须具有电工操作证方可作业，严禁擅自接用电源。同时，还要求作业前，要按照规定正确穿戴劳动防护用品。

（3）临时用电设备和线路必须按供电电压等级正确选用，所用的电气元件必须符合国家规范标准要求。临时用电线路及设备的绝缘应良好。

（4）临时用电线路架空时，不能采用裸线，架空高度在装置内不得低于2.5m，穿越道路不得低于5m；横穿道路时要有可靠的保护措施，严禁在树上或脚手架上架设临时用电线路（见图3-28）。

（5）临时用电设施必须安装符合规范要求的漏电保护器，移动工具、手持式电动工具应一机一闸一保护（见图3-29）。

图3-28　临线架空符规定示图

图3-29　电工接线有保障示图

（6）临时用电设施要有专人维护管理，每天必须进行巡回检查，确保临时供电设施完好。

（7）用电结束后，临时作业用的电气设备和线路应立即拆除。

（8）经常接触和使用的配电箱、配电盘、闸刀开关、按钮开关、插座、插销以及导线等，必须保持完好，不得有破损或将带电部分裸露。

（9）不得用铜丝、铁丝等代替熔丝，并保持闸刀开关、磁力开关等盖面完整，以防短路时发生电弧或熔丝熔断飞溅伤人。

（10）经常检查电气设备的保护接地、接零装置，保证连接牢固（见图3-30）。

（11）移动电风扇、照明灯、电焊机等电气设备时，必须先切断电源，并保护好导线，以免磨损或接断（见图3-31）。

图3-30　电气设备常检查示图

图3-31　移动设备先断电示图

2. 临时用电基本要求

（1）火灾爆炸危险场所应使用相应防爆等级的电源及电气元件，并采取相应的防爆安全措施。

（2）临时用电线路及设备应有良好的绝缘，所有的临时用电线路应采用耐压等级不低于500V的绝缘导线。

（3）临时用电线路经过高温、振动、腐蚀、积水及产生机械损伤等区域，不应有接头，并应采取相应的保护措施。

（4）临时用电架空线应采用绝缘铜芯线，并应架设在专用电杆或支架上。其最大弧垂与地面距离，在作业现场不低于2.5m，跨越机动车道不低于5m（见图3-32）。

图3-32　防护设施符要求示图

（5）对需埋地敷设的电缆线路应设有走向标志和安全标识。电缆埋地深度应不小于0.7m，穿越道路时应加设防护套管。

（6）现场临时用电配电盘、箱应有电压标识和危险标识，应有防雨措施，盘、箱、门应能牢靠关闭并能上锁（见图3-33）。

（7）行灯电压不应超过36V；在特别潮湿的场所或塔、釜、槽、罐等金属设备内作业，临时照明行灯电压不应超过12V。

（8）临时用电设施应安装符合规范要求的漏电保护器，移动工具、手持式电动工具应逐个配置漏电保护器和电源开关（见图3-34）。

图3-33　闸箱使用符要求示图　　　　　　　　　图3-34　按规用电有保障示图

另外，临时用电单位不应擅自向其他单位转供电或增加用电负荷，以及变更用电地点和用途。临时用电时间一般不超过15天，特殊情况不应超过30天。用电结束后，用电单位应及时通知供电单位拆除临时用电线路。

3.临时用电作业安全管理实例

【例一】　了解设备（电焊机）与电气线路连接的安全管理（见图3-35）。

安全用电要遵守　　　　　　查看线路定好位　　　　　　临线使用需检查

电源接线符标准　　　　　　检查验收不能忘　　　　　　安全使用有保障

图3-35　设备与电气线路连接的安全管理示图

说明：企业作业现场临时用电必须符合现行国家标准《施工现场临时用电安全技术规范》的规定，并做到配电箱有专人负责管理，不乱拉、乱接电源线，确保用电安全。

【例二】　熟知临时电气线路配电箱安全管理（见图3-36）。

说明：图3-36是临时电气线路配电箱安全管理示图。针对企业出租方和承租方在用电管理上存在的推诿问题，双方应采取签订安全协议的方式，明确双方责任和义务，从而达到共同管好、用好和修好各类电气线路的共识，确保临时用电安全。

电箱使用责任明

日常检查成规矩

维护保养需遵守

规范使用符标准

隐患即报当排除

电气管理要明确

图3-36　临时电气线路配电箱安全管理示图

临时用电作业具体内容可扫描二维码，见视频。

第四节　动火作业安全

一、动火作业的基本概念

1. 动火作业的定义

根据《危险化学品企业特殊作业安全规范》（GB 30871）的规定，动火作业指在直接或间接产生明火的工艺设施以外的禁火区内从事可能产生火焰、火花或炽热表面的非常规作业［包括使用电焊、气焊（割）、喷灯、电钻、砂轮、喷砂机等进行的作业］。具体动火作业的形式见图3-37、图3-38。

使用焊接作业

使用气焊（割）作业

使用喷灯作业

使用电炉作业

图3-37　动用明火作业的示图

使用砂轮机打磨作业

使用铁榔头敲击作业

使用电动工具作业

使用高温照明灯作业

图3-38　产生火种作业的示图

动火本身就是一个明火作业过程，在企业从事图3-37所示的作业，无论是焊接、切割还是使用喷灯、电钻、砂轮等，都可能产生火焰、火花和炽热，都会经常接触到可燃、易燃、易爆物质，同时多数是与压力容器、压力管道和储罐打交道，如果作业稍有不慎，极易引发火灾、爆炸事故。因此，加强对动火作业的标准化管理显得尤为重要。

动火作业事故案例可扫描二维码。

2. 动火作业的分级

动火作业分为特级动火作业、一级动火作业和二级动火作业。

（1）特级动火作业，在火灾爆炸危险场所处于运行状态下的生产装置设备、管道、储罐、容器等部位上进行的动火作业（包括带压不置换动火作业）；存有易燃易爆介质的重大危险源罐区防火堤内的动火作业。

（2）一级动火作业，是指在火灾爆炸危险场所进行的除特级动火作业以外的动火作业，管廊上的动火作业按一级动火作业管理。

（3）二级动火作业，是指除特级动火作业和一级动火作业以外的动火作业。

3. 动火作业分级的危险场所管理（见图3-39）

处于运行状态的易燃、易爆场所　　处于静止状态的易燃、易爆场所　　处于常规作业场所(无易燃、易爆
为特级动火　　　　　　　　　　并采取了相应措施为一级动火　　　　物品)为二级动火

图3-39　动火作业分级的危险场所示图

（1）凡生产装置或系统全部停车，装置经清洗、置换、取样分析合格并采取安全隔离措施后，可根据其火灾、爆炸危险性大小，经厂安全管理（防火）部门批准，动火作业可按二级动火作业管理。

（2）遇节日、假日或其他特殊情况时，动火作业应升级管理。

二、动火作业的管理要求与方法

1. 动火作业的管理要求

（1）《动火安全作业证》申请。办证人须按《动火安全作业证》的项目逐项填写，不得空项；根据动火等级的审批权限进行办理（见图3-40）。

（2）《动火安全作业证》审批。特级动火作业的《动火安全作业证》由主管厂长或总工程师审批。一级动火作业的《动火安全作业证》由主管安全（防火）部门审批。二级动火作业的《动火安全作业证》由动火点所在车间主管负责人审批。《动火安全作业证》的有效期限

图3-40　《动火安全作业证》示图

为：特级动火作业和一级动火作业的《动火安全作业证》有效期不超过 8 小时。二级动火作业的《动火安全作业证》有效期不超过 72 小时，每日动火前应进行动火分析。

对《动火安全作业证》有以下规定。

① 动火作业超过有效期限，应重新办理《动火安全作业证》。

②《动火安全作业证》实行一个动火点、一张《动火安全作业证》的动火作业管理。

③《动火安全作业证》不得随意涂改和转让，不得异地使用或扩大使用范围。

④《动火安全作业证》一式三联。二级动火由审批人、动火人和动火点所在车间操作岗位各持一份存查；一级和特级动火《动火安全作业证》由动火点所在车间负责任人、动火人和主管安全（防火）部门各持一份存查；《动火安全作业证》保存期限至少为 1 年。

（3）动火作业要求

① 按规定办理《动火安全作业证》的申请。

② 动火作业前，必须明确现场负责人和动火人（持有特种作业证）、监火人及其动火分析人、安全员，并按照各自职责做好安全管理工作。

③ 现场动火负责人要认真检查和落实动火的各项安全措施（见图 3-41），并做好动火作业前的安全交底工作及防护用品检查（见图 3-42）。

④ 动火设备经清洗、置换后，必须在动火前半小时内做好动火分析。

⑤ 分析时间与动火时间隔半小时以上或中间休息后再动火，需重作动火分析。

⑥ 对动火点周围 15m 范围内可能泄漏易燃、可燃物料的设备设施，应采取隔离措施。

图 3-41　动火作业前的现场检查示图

图 3-42　作业前的防护用品检查示图

（4）动火作业实施（见图 3-43）

① 动火作业过程中，应严格按照安全措施或安全工作方案的要求进行作业。

② 动火作业人员在动火点的上风作业，避开异物的射出受到伤害。特殊情况，应采取围隔作业并控制火花飞溅。

③ 使用氧气、乙炔时，要有阻止回火装置，点火时应检查阀门等是否有漏气现象，安全装置是否完好。

④ 用气焊（割）动火作业时，氧气瓶与乙炔气瓶的间距不小 5m，且乙炔气瓶严禁卧放，二者与动火作业地点距离不得小于 10m，并不准在烈日下暴晒。

⑤ 在动火作业过程中，应根据安全工作方案规定的气体检测时间和频次进行检测，填写检测记录，注明检测的时间和检测结果（见图 3-44）。

⑥ 动火作业过程中，动火监护人应坚守作业现场。动火监护人发生变化需经批准。

⑦ 高处动火应采取防止火花溅落措施。

⑧ 遇有五级以上（含五级）风，禁止露天动火作业，因生产确需动火，动火作业应升级管理。

图3-43　认知动火作业措施方案示图　　图3-44　按规定的时间进行检测示图　　图3-45　动火作业完成后现场检查示图

（5）动火作业结束。在动火作业完成后，应会同有关人员清理现场，清除残火，确认无遗留火种后方可离开现场（见图3-45）。

总之，在动火作业管理上一定要做到，不办动火证不动火，情况不明不动火，不清洗、置换不动火，检测不合格不动火，不消除周围易燃物不动火，不按时作动火分析不动火，消防措施不到位不动火，现场无监火人不动火等。

(1)申请关：申请动火由动火作业负责人办理动火证，并填写动火单(动火地点、部位、方式、时间、动火人、监火人、安全措施等)，对动火作业负全面责任。

(2)审批关：严格按照动火作业的等级进行审批。同时要求审批人必须深入现场了解动火部位及周围情况，确认安全措施后，才能签发《动火作业证》。

(3)检测关：动火前要对设备和环境进行检测。在设备内动火作业，应采取上、中、下取样；在较长的物料管线上动火，应在彻底隔绝区域内分段取样；在设备外部动火作业，应进行环境分析，且分析范围不小于动火点10m。

(4)措施关：动火作业应有专人监火，动火作业前应清除动火现场及周围的易燃物品，或采取其他有效的安全防火措施，配备足够适用的消防器材。

(5)落实关：由动火作业负责人全面负责。应在动火作业前详细了解作业内容和动火部位及周围情况，参与动火安全措施的制定、落实。向作业人员交代作业任务和应急处置的方案及注意事项，并对动火作业现场做全面检查，确认安全后，才能动火。

(6)作业关：动火人要严格执行动火作业的管理规定。动火作业前，应检查电焊、气焊、手持电动工具等动火器具本质安全程度，保证安全可靠。使用气焊、气割动火作业时，乙炔瓶应直立放置；氧气瓶与乙炔气瓶间距应不小于5m，二者与动火作业地点应不小于10m，并不得在烈日下暴晒。动火作业中，必须按章作业，按规动火，如发现异常情况和安全隐患要停止动火，待查明原因、采取措施后，才能继续动火。

(7)结束关：动火作业结束后，动火负责人要督促动火人仔细检查动火场所是否有残留的火种，被动火的设备是否冷却到位，所使用的设备和电源线是否按规定拆除、收好，确认无误后，方可离场。

图3-46　动火作业管理"七大关"示图

2.动火作业管理方法

据统计，有80%以上的爆炸事故是由于违反动火作业管理规定造成的。因而，加强动火作业的安全管理与预防工作尤为重要。那么，如何才能做好动火作业的安全管理和预防工作呢？应结合动火的作业级别、危险区域、重点部位、相邻设备设施及周边的环境，按照《化学品生产单位动火作业安全规范》的规定，重点把好"七大关"（申请关、审批关、检测关、措施关、落实关、作业关、结束关）（见图3-46）。

动火作业安全相关知识可扫描二维码，见视频。

第五节　有限（受限）空间作业安全

一、有限（受限）空间作业的基本概念

1.有限（受限）空间的定义

（1）根据《工贸企业有限空间作业安全管理与监督暂行规定》的规定，有限空间是指封闭或者部分封闭，与外界相对隔离，出入口较为狭窄，作业人员不能长时间在内工作，自然通风不良，易造成有毒有害、易燃易爆物质积聚或者氧含量不足的空间。在冶金、有色、建材、机械、轻工、纺织、烟草、商贸企业中常见的有限空间场所主要有：各类储罐、容器、罐车、船舱、地下管道（如电缆沟）、吸尘管道、烟道、隧道、粮食筒仓、坑槽、竖井、纸浆池、污水池、下水道、地窖、化粪池、污水井、污水渠等。

（2）根据《危险化学品企业特殊作业安全规范》（GB 30871）的规定，受限空间指进出受限，通风不良，可能存在易燃易爆、有毒有害物质或缺氧，对进入人员的身体健康和生命安全构成威胁的封闭、半封闭设施及场所。包括反应器、塔、釜、槽、罐、炉膛、锅筒、管道以及地下室、窨井、坑（池）、管沟或其他封闭、半封闭场所。

2.有限（受限）空间作业场所存在的危险和危害

有限（受限）空间作业场所存在的危险和危害有两种，一种是由于密闭空间狭小，通风不畅，空气不流通，因生产、储存、使用危化品或因生化反应而产生如硫化氢、二氧化碳、一氧化碳、沼气等有毒有害气体；或维修的罐、釜连接的管道未拆除，致使有毒有害气体窜入等。这些有毒有害气体的密度通常比空气大，容易沉降，不断积聚并充斥狭小的空间，形成较高浓度的有毒气体，形成了发生中毒事故的环境条件（见图3-47）。

污水池　　　　　　　污水井　　　　　　　反应釜　　　　　　　化粪池

图3-47　高浓度、有毒气体有限空间示图

另一种是在有限（受限）空间内，由于通风不良，随着生物的呼吸作用（如人的呼吸）或者物质的氧化作用（如使用氮气等），使密闭空间形成缺氧状态，即形成了窒息事故的

环境，当人员进入该环境时，则可能导致窒息事故发生（见图3-48）。

各类封闭或半封闭场所中主要存在的危害因素有：（1）各种池内可能会存在很多的有毒气体，既可能是在污水池内已经存在的，也可能是在工作过程中产生的，或管道之间窜入的。聚积于池空间内的常见有害气体有硫化氢、一氧化碳、甲烷、沼气等。（2）各类地下密闭或半密闭场所主要危害因素是缺氧或富氧（氧体积分数小于19.5％为缺氧，氧体积分数大于23.5％为富氧）。以上危险（害）因素对作业人员都有可能构成中毒、窒息和爆炸的威胁。

有限（受限）空间作业事故案例可扫描二维码。

粉碎地坑示图

回流罐示图

酒勾兑池示图

空心罐体示图

图3-48　缺氧有限（受限）空间示图

二、有限（受限）空间作业的安全管理与提示

1. 进入有限（受限）空间作业的安全管理规定

根据《工贸企业有限空间作业安全管理与监督暂行规定》和《危险化学品企业特殊作业安全规范》的规定，进入有限（受限）空间作业必须遵守以下安全管理规定。

（1）办理程序

① 进入有限（受限）空间作业的部门申请《受限空间作业许可证》。

② 作业部门负责人对作业程序和相应的安全措施进行确认签字，由主管负责人批准签发《受限空间作业许可证》，主管负责人不在时由主管签发批准。

③ 作业部门负责人和安管员应向作业人员进行作业程序和安全措施的交底，指派作业监护人并对受限空间作业的全过程实施现场监督。

④ 有限（受限）空间作业完工后，作业负责人协同作业监护人进行完工验收，并在《受限空间作业许可证》的完工验收栏中签名（见图3-49）。

（2）安全措施。设备所有与外界连通的管道、孔洞均应与外界有效隔离。设备与外界连接的电源应有效切断。

① 管道安全隔绝应采用插入盲板或拆除一段管道进行隔绝，不能用水封或阀门等代替，插入的盲板按《盲板抽堵作业管理制度》执行审批手续。

② 电源有效切断应采用取下电源保险熔丝或将电源开关拉下后上锁等措施，并加挂警示牌（见图3-50）。

（3）清洗和置换。进入有限（受限）空间作业前，必须对有限（受限）空间进行清洗和置换，并达到要求。

受限空间作业许可证

生产车间（分厂）：　　　　　　　　　　　　　　　　　编号：

<table>
<tr><td rowspan="10">受限空间所在单位负责项目栏</td><td colspan="2">受限空间所在单位：</td></tr>
<tr><td colspan="2">受限空间名称：</td></tr>
<tr><td colspan="2">检修作业内容：</td></tr>
<tr><td colspan="2">受限空间主要介质：</td></tr>
<tr><td colspan="2">作业时间：　　　　　年　月　日　时起至　　　年　月　日　时止</td></tr>
<tr><td colspan="2">隔绝安全措施：</td></tr>
<tr><td colspan="2" rowspan="2">　　　　　　　　　　　　　　　　　　　　确认人签字：</td></tr>
<tr></tr>
<tr><td colspan="2">负责人：　　　　　　　　　　　　　　年　月　日</td></tr>
</table>

<table>
<tr><td rowspan="7">作业单位负责项目栏</td><td>作业单位：</td></tr>
<tr><td>作业负责人：</td></tr>
<tr><td>作业监护人：</td></tr>
<tr><td>作业中可能产生的有害物质：</td></tr>
<tr><td>作业安全措施（包括抢救后备措施）：</td></tr>
<tr><td>负责人：　　　　　　　　　　　　　　年　月　日</td></tr>
</table>

<table>
<tr><td rowspan="4">采样分析</td><td>分析项目</td><td>有毒有害介质</td><td>可燃气</td><td>氧含量</td><td rowspan="2">取样时间</td><td rowspan="2">取样部位</td><td rowspan="2">分析人</td></tr>
<tr><td>分析标准</td><td></td><td></td><td></td></tr>
<tr><td rowspan="2">分析数据</td><td></td><td></td><td></td><td></td><td></td><td></td></tr>
<tr><td></td><td></td><td></td><td></td><td></td><td></td></tr>
</table>

审批意见：

　　　　　　　　　　　　　　　　　批准人：　　　　　　　　年　月　日

图 3-49　受限空间作业许可证示图

盲板抽堵

切断电源

图 3-50　有限（受限）空间作业安全措施示图

　　① 清洗前作业人员须熟悉有限（受限）空间内存在的物质有关理化特性和相关物料的安全技术说明书。

　　② 清洗时，应先用氮气等惰性气体来保护或置换易燃易爆或有毒有害介质；然后，采

用蒸汽或热水作为清洗介质，清洗时不应留有盲端，清洗顺序由高到低。对较难用蒸汽或者热水清洗的物料，应采用适当的溶剂进行清洗，优先选用无毒的物质；清洗后再用蒸汽或者热水清洗。

③ 清洗后应进行空气置换，并随时监测氧气和其他危险气体的含量（见图 3-51、图 3-52）。

图 3-51　现场检测有毒气体浓度示图

图 3-52　下釜检测有毒气体浓度示图

④ 用压缩空气进行置换，应考虑到盲端的置换，并控制流量在小于 $2m^3/min$。

⑤ 置换后的氧体积分数应达到 19.5% ～ 23.5%。

⑥ 受限空间内的有毒、有害及其他危险气体浓度应符合 GBZ2.1 和 GBZ2.2 规定。

（4）通风。要采取措施，保持有限（受限）空间空气良好流通。

图 3-53　机械通风设施示图

① 打开所有人孔、手孔、料孔、风门、烟门等进行自然通风。

② 存在自然通风局限时，需采取机械强制通风，通风次数不得少于 3 ～ 5 次 /h。

③ 作业时适宜的新鲜风量应能够达到 30 ～ $50m^3/h$。不准向有限（受限）空间充氧气或富氧空气。

④ 采用管道空气送风时，通风前必须对管道内介质和风源进行分析确认，连续导入维持有限（受限）空间的氧含量恒定在正常范围（见图 3-53）。

（5）定时监测

① 作业前 30min 内，必须对有限（受限）空间再次做气体采样分析，验证分析检测结果是否符合安全作业许可要求（检测人员应当采取相应的安全防护措施，防止中毒窒息等事故发生）。若不符合，必须按以上置换、清洗或通风作业程序直到符合作业安全要求为止。

② 采集的分析样品要有代表性，应保留在气体取样器内并至少保留 4h 甚至直至作业结束。有限（受限）空间容积较大时应在上、中、下各部位取样分析，保证其内部任何部位的可燃气体浓度和氧含量符合标准规范要求，有毒有害物质浓度不超过 GBZ2.1 规定。

③ 作业中要加强定时监测，作业期间应至少每隔 2h 取样复查一次，如有一项不合格以及出现其他情况异常，应立即停止作业并撤离作业人员，同时取消作业证。作业现场经处理，并经取样分析其结果符合有限（受限）空间安全作业要求后，需重新开具作业证，方可继续作业。

④ 进入有限（受限）空间作业，作业人员所带的工具、材料需进行逐项登记；完成作业离开有限（受限）空间时，应清点作业工具、材料的数量并全部带出，不准留在受限空间。

⑤ 涂刷具有挥发性溶剂的涂料时，应做连续分析，并采取可靠通风措施（见图 3-54、图 3-55）。

图 3-54　定时采样分析示图　　　　　　图 3-55　向釜内进行通风示图

（6）照明防护措施

① 进入不能达到清洗和置换要求的有限（受限）空间作业时，必须采取相应的防护措施。

a. 在缺氧、有毒环境中，应佩戴正压式空气呼吸器，有条件可以使用长管压缩空气呼吸器（见图 3-56）。

b. 在易燃易爆环境中，应使用防爆型低压电器灯具及不发生火花的工具，穿戴防静电防护服装。

c. 在酸碱等腐蚀性环境中，应穿戴好防腐蚀护具，穿防腐鞋。

② 进入有限（受限）空间作业应使用安全电压和安全行灯（见图 3-57）。进入金属容器（炉、塔、釜、罐等）和特别潮湿、工作场地狭窄的非金属容器内作业照明电压不大于 12V；当需使用电动工具或照明电压大于 12V 时，应按规定安装漏电保护器，其接线箱（板）严禁带入容器内使用。对作业环境原来盛装爆炸性液体、气体等介质的，则应使用防爆电筒或电压不大于 12V 的防爆安全行灯，行灯变压器不应放在容器内或容器上；作业人员应穿戴防静电服装，使用防爆工具。

图 3-56　正确穿戴防毒面具示图　　　　图 3-57　非金属容器内作业现场示图

③ 使用超过安全电压的手持电动工具，必须按规定配备漏电保护器。

④ 临时用电线路装置，应按规定架设和拆除，线路绝缘保证良好。

图 3-58　电柜箱上挂警示标志牌示图

⑤ 带有未加防护的转动部件的有限空间，应在停机后切断电源，摘除熔丝或挂接地线，并在开关上挂"有人工作、严禁合闸"警示牌，必要时派专人监护（见图 3-58）。

（7）多工种、多层交叉作业安全措施

① 应采取互相之间避免伤害的措施。

② 应搭设安全梯或安全平台，必要时由监护人用安全绳拴住作业人员进行施工。

③ 有限（受限）空间作业过程中，不能抛掷材料、工具等物品，交叉作业要有防止层间落物伤害作业人员的措施。不得使用卷扬机、吊车等运送作业人员。

④ 在设备内动火作业，除执行有关动火的规定外，电焊人员离开时，不得将焊（割）炬留在设备内。

⑤ 有限（受限）空间外要备有必要的充足的安全防护用品、消防器材和清水等相应的应急物资，交叉作业双方负责人要进行现场沟通（见图 3-59）。

（8）监护

① 有限（受限）空间作业必须有专人监护，监护人应由有经验的人员担任，监护人必须认真负责，坚守岗位。

② 作业监护人应熟悉作业区域的环境和工艺情况，有判断和处理异常情况的能力，懂急救知识。

③ 作业监护人在作业人员进入有限（受限）空间作业前，负责对安全措施落实情况进行检查，发现安全措施不落实或安全措施不完善时，须立即阻止作业。

④ 作业监护人应清点出入有限（受限）空间作业人员人数，并与作业人员验证或者确定联络信号，在出入口处保持与作业人员的联系，严禁离岗。当发现异常情况时，应及时制止作业，并立即采取救护措施。

⑤ 作业监护人应随身携带进入有限（受限）空间作业许可证，并负责保管。

⑥ 作业监护人员在作业期间，不得离开现场或做与监护无关的事。

⑦ 进入有限（受限）空间前，应在空间外显眼位置悬挂安全作业警示牌。

⑧ 安全风险程度较高的有限（受限）空间作业，应增设监护人员，并确保通畅的作业联络方式（见图 3-60）。

图 3-59　交叉作业双方负责人现场沟通示图

图 3-60　作业中内外人员联络示图

⑨ 必要时，进入有限（受限）空间作业人员应系上安全绳，以便紧急时被拖曳施救。

⑩ 发生有限（受限）空间事故，救护人员确保做好自身防护后，方可进入有限（受限）空间实施抢救。

（9）职责要求

① 作业负责人职责。a. 对进入有限（受限）空间作业安全负全部责任；b. 在有限（受限）空间作业环境，作业方案和防护设施及用品达到安全要求后，方可安排人员进入有限（受限）空间作业；c. 在有限（受限）空间及其附近发生异常情况时，应停止作业；d. 检查确认应急准备情况，核实内外应急和联络方法；e. 对未经允许擅自进入或已经进入有限（受限）空间的人员应进行劝阻或责令退出（见图 3-61）。

② 作业监护人职责。a. 作业监护人应熟悉作业区域的环境和工艺情况，有判断和处理异常情况的能力，懂急救知识。b. 作业监护人在作业人员进入有限（受限）空间作业前，负责对安全措施落实情况进行检查，发现安全措施不落实或安全措施不完善时，有权提出拒绝作业。c. 作业监护人应清点出入有限（受限）空间作业人数，并与作业人员确定联络信号，在出入口处保持与作业人员的联系，严禁离岗（见图 3-62）。当发现异常情况时，应及时制止作业，并立即采取救护措施。d. 作业监护人应随身携带有限（受限）空间作业许可证，并负责保管。e. 作业监护人员在作业期间，不得离开现场或做与监护无关的事。

图 3-61　作业负责人安全检查示图

图 3-62　现场作业监护示图

③ 作业人员职责。a. 持有经审批同意、有效的"有限（受限）空间作业许可证"方可施工作业。b. 在作业前应充分了解作业的内容、地点（位号）、时间、要求，熟知作业中的危害因素和"有限（受限）空间作业许可证"中的安全措施。c. "有限（受限）空间作业许可证"所列的安全防护措施应经落实确认、监护人同意后，方可进入有限（受限）空间内作业。d. 对违反该制度的强令作业、安全措施不落实、作业监护人不在场等情况有权拒绝作业，并向上级报告。e. 应服从作业监护人的指挥，禁止携带作业器具以外的物品进入有限（受限）空间。如发现作业监护人不履行职责，应立即停止作业。f. 在作业中如发现情况异常或感到不适和呼吸困难，应立即向作业监护人发出信号，迅速撤离现场，严禁在有毒、窒息环境中摘下防护面罩。

图 3-63　审批人到场查看情况示图

④ 审批人员职责。a. 审查作业证的办理是否符合要求。b. 到作业现场了解有限（受限）空间内外情况。c. 督促审查各项安全措施的落实情况（见图 3-63）。

（10）许可证管理

① 《有限（受限）空间作业许可证》是进入有限（受限）空间作业的依据，不应涂改；如确需修改，应经签发人在修改内容处签字确认（见图 3-64）。如果《有限（受限）空间作业许可证》中安全措施、气体检测、评估等栏目不够，应另加附页。《有限（受限）空间作业许可证》和附页应妥善保管，保存期为二年。

② 《有限（受限）空间作业许可证》一式三联，第一联存根，第二联由作业负责人持有，第三联由监护人持有。

③ 《有限（受限）空间作业许可证》中各栏目，应由相应责任人填写，其他人不应代签，作业人员、监护人姓名应与《有限（受限）空间作业许可证》上的相符。

④ 《有限（受限）空间作业许可证》的有效期为作业项目一个周期。当作业中断时间超过 1h 时，再次作业前，应重新对环境条件和安全措施予以确认（见图 3-65）；当作业内容和环境条件变更时，需要重新办理《有限（受限）空间作业许可证》。

图 3-64　现场签字确认示图

图 3-65　安全措施确认示图

总之，有限（受限）空间作业安全管理应遵循以下十大原则。

① 方案原则。凡是涉及某处有限（受限）空间作业的，不论大小均需做出方案。

② 培训原则。应对有限（受限）空间作业人员、监督监护人员进行日常的或作业前的培训。

③ 应急处置原则。有限（受限）空间作业的有关人员必须具备相应的应急处置能力。

④ 作业票原则。在方案具备、人员到位、技术交底清楚、所有作业条件均满足时，由相应的安全管理人员到现场确认后才能开具作业票。

⑤ 中止交接原则。因作业人员交换或与其他工种操作对象衔接或配合而暂停后作业时，必须进行人员之间的技术交底、重新进行过程检查、重新监测分析和再次签发作业票据。

⑥ 监督监护原则。本原则应贯穿始终，无论是作业时，还是前后检查处理时，均需要

监督检查。

⑦ 标志原则。在有限（受限）空间作业处、与该有限（受限）空间相连接的管道控制点、通道处、风道处或交叉作业处等，均应悬挂明确的警示标志。

⑧ 防护原则。作业人员、监护人员必须正确选择、检查和佩戴好劳动防护用品或报警仪器（见图3-66）。

⑨ 检查处理原则。作业前的检查处理，检查与有限（受限）空间作业相连的工艺管道是否处于有效盲断、隔离和拆除。

⑩ 监测分析原则。对有限（受限）空间作业的有毒有害物质及氧含量必须定时进行监测分析，如在作业过程中，有限（受限）空间条件发生变化和终止作业后，必须重新监测分析（见图3-67）。

图3-66　指导护品的穿戴示图

图3-67　作业中监测分析示图

2. 有限（受限）空间作业安全管理主要内容提示

【提示一】　凡进入污水井、排水管道、集水井、窨井（见图3-68）、化粪池等地下有限（受限）空间从事施工检查或养护等作业时，施工人员必须遵守以下程序：

（1）作业前应查清作业区域内管径、井深、水深及附近管道的情况。

（2）下井作业前，必须在井周围设置明显隔离区域，夜间应加设闪烁警示灯。若在城市交通主干道上作业占用一个车道时，应按《占道作业交通安全设施设备技术要求》在来车方向设置安全标志，并派专人指挥交通，夜间工作人员必须穿戴反光标志服装。

图3-68　窨井示图

（3）作业前由现场负责人明确作业人员各自任务，并根据工作任务进行安全交底，交底内容应具有针对性。新参加工作的人员，实习人员和临时参加劳动的人员可随同参加工作，但不得承担单独作业的任务。

（4）作业人员应采用风机强制通风或自然通风，强制通风应按管道内平均风速不小于0.8m/s选择通风设备，自然通风时间至少30min以上，作业过程中持续通风。

（5）下井前进行气体检测时，应先搅动作业井内泥水，使气体充分释放出来，以测定井内气体实际浓度。检测井下的空气含氧量应不得低于19.5%（体积分数）（见表3-3）。

表3-3　缺氧窒息症状

氧体积分数	症状
19.5%～23.5%	正常氧气浓度
15%～19%	工作能力降低、感到费力
12%～14%	呼吸急促、脉搏加快，协调能力和感知判断力降低
10%～12%	呼吸减弱，嘴唇变青
8%～10%	神志不清、昏厥、面色土灰、恶心和呕吐
6%～8%	在其中，≥8分钟：100%死亡 6分钟：50%可能死亡 4～5分钟：可能恢复
4%～6%	40秒后昏迷、抽搐、呼吸停止，死亡

（6）如气体检测仪出现报警，则需要延长通风时间，直到气体检测仪检测合格方可下井作业。若因工作需要或紧急情况必须立即下井作业，必须经单位领导批准后佩戴正压式空气呼吸器或长管式呼吸器下井。

（7）作业人员必须穿戴好劳动防护用品，并检查所使用的仪器、工具是否正常。

（8）下井前必须检查踏步是否牢固。当踏步腐蚀严重、损坏时，作业人员应使用安全梯或三脚架下井。下井作业期间，作业人员必须系好安全带，安全带的另一端在井上固定，监护人员做好监护工作，工作期间严禁擅离职守。

图3-69　化粪池示图

（9）下井作业人员禁止携带手机等非防爆类电子产品或打火机等火源，必须携带防爆照明、通信设备。作业现场严禁吸烟，未经许可严禁动用明火。

（10）当作业人员进入管道内作业时，井室内应设置专人呼应和监护。作业人员进入管道内部时应携带防爆通信设备，随时与监护人员保持沟通，若信号中断必须立即返回地面。

（11）对于污水管道、合流管道和化粪池（见图3-69）等地下有限（受限）空间，作业人员进入时，必须穿戴供压缩空气的正压式防护面具，严禁使用过滤式防毒面具。其原因与有毒有害气体浓度有关，如硫化氢就是一种常见的有毒有害气体，一般防毒面具不适宜（见表3-4）。

表3-4　硫化氢中毒症状

质量浓度/（mg/m³）	症状	停留时间
0.012～0.03	硫化氢的嗅觉阈	
10	最高容许浓度	8小时
70～150	呼吸道及眼刺激症状	1～2小时
200～300	眼急性刺激症状、肺水肿	1小时
500～760	肺水肿、支气管炎及肺炎、头痛、头昏、步态不稳、恶心、呕吐，甚至死亡	15～60分钟
≥1000	意识丧失或死亡	几分钟甚至瞬间死亡（电击样死亡）

（12）佩戴隔离式防护面具下井作业时，作业人员须随时掌握呼吸器气压值，判断作业时间和行进距离，保证预留足够的空气返回，作业人员听到空气呼吸器的报警声后，必须立即撤离（见图3-70）。

（13）当维护作业人员进入排水管道内部检查、维护作业时，必须同时符合以下要求：管径不得小于0.8m，水流流速不得大于0.5m/s，水深不得大于0.5m，充满度不得大于50%。否则，作业人员应采取封堵、导流等措施降低作业面水位，符合条件时方可进入管道。

（14）作业过程中，必须不少于两人在井上监护，并随时与井下作业人员保持联络。工作期间严禁擅离职守，严禁一人独自进入受限空间（见图3-71）。

图3-70　下井前的护品检查示图

图3-71　现场安管员监督检查示图

（15）上下传递作业工具和提升杂物时，应用绳索系牢，严禁抛扔，同时下方作业人员应躲避，防止坠物伤人。

（16）井内水泵运行时严禁人员下井，防止触电。

（17）作业人员每次进入井下连续作业时间不得超过1h。

（18）当发现潜在危险因素时，现场负责人必须立即停止作业，让作业人员迅速撤离现场。

（19）发生事故时，严格执行相关应急预案，严禁盲目施救，防止事故扩大（见图3-72）。

（20）作业现场应配备必备的应急装备、器具，以便在非常情况下抢救作业人员。另外，作业完成后盖好井盖，清理好现场和人数后，方可离开。

图3-72　发生事故时及时送风示图

【提示二】作业人员应熟知、掌握下釜（罐）作业安全管理程序和方法（见图3-73）。

图3-73所示的是下釜（罐）作业安全管理程序和方法。这些方法是一些企业根据相关管理规定和针对下釜（罐）作业的安全防范特点，经多年实践总结出的。掌握这种下釜（罐）作业危险预知活动法（严格执行作业原则：先通风、再检测、后作业），可以取得较好的安全防范效果。此类方法可供各类企业下釜（罐）作业参考。

图 3-73　下釜（罐）作业安全管理程序和方法

有限（受限）空间安全作业可扫描二维码见视频。

第六节　检修作业安全

一、检修作业的基本概念

检修就是对设备、设施进行检查和维修，以确保设备、设施正常运行和安全生产。作业人员在检修过程中经常发生了各类伤害事故（火灾、爆炸、中毒和窒息、高坠、触电、机械伤害、起重机伤害等）。究其原因，主要是误认为检修不会有什么大的危险，在思想上产生麻痹大意，在管理上忽视安全生产，在操作上违反作业程序，以致酿成了事故。（检修作业事故具体内容可扫描二维码）

二维码中列举的伤亡事故，都是员工严重违反检修作业安全操作规程而导致的责任事故。因此，我们要引以为戒，认真做好设备、设施的检修管理工作，严格遵守操作规程，杜绝违章，并做到生产过程中既不伤害别人，也不伤害自己，又不被别人伤害，杜绝"三违"行为，最大限度地减少或降低各类伤害事故的发生，使"安全第一，预防为主，综合治理"的方针真正落到实处。

二、检修作业的安全管理和方法

1. 检修作业的安全管理

为做好设备检修管理工作，应抓好以下三方面工作。

（1）检修前。加强对检修作业的安全管理。首先，要把好检修前的准备作业关。制定好检修方案，制定必要的安全措施，是保障检修安全的重要工作。其次，项目进行检修作业前，必须严格按照规定申请办理各种相关手续。这是保证检修作业安全进行的重要手段。然后，检修前，要对检修人员加强防护用品的正确穿戴及其用具的正确使用方面的安全教育。

检修前的具体工作主要包括以下内容。

① 检修前的准备工作

a. 建设方对外包的检修项目，必须按照相关的管理规定，严格审查施工方的专业资质证书，并按规定签订合同和安全协议，明确双方职责及要求（见图3-74）。

b. 根据设备检修项目要求，建设方和施工方要认真分析作业现场的状态，制定设备检修方案，落实检修人员和安全措施。

c. 检修项目负责人必须按照检修方案的要求，组织全体检修人员到检修现场进行安全交底，明确工作任务、指出存在的危险因素、讲清安全措施和操作的程序、方式、方法等内容（见图3-75）。

图3-74 签订合同 明确职责示图

图3-75 安全交底 明确任务示图

d. 检修项目负责人对检修安全工作负全面责任，并指定专人负责整个检修作业过程的安全工作，对外包给其他单位施工的检修项目，建设方必须按照双方签订的合同和安全协议规定，指派专人负责检修项目的监督、联络、指导等工作。

e. 设备检修如需高处作业、动火、进入密闭作业场所、吊装等危险作业，必须按照规定办理相应的安全作业许可证。

f. 设备的清洗、置换后应有分析报告，并由检修项目负责人会同设备技术人员、工艺技术人员检查并确认设备、工艺处理及盲板抽堵等符合检修安全要求后，才能进行检修作业（见图3-76）。

图3-76 措施到位 盲板抽堵示图

② 检修前的安全检查

a. 防护用品的检查。进入车间或作业现场前必须穿戴好安全帽、工作服、防护手套、防护眼镜、工作鞋等劳动防护用具（见图3-77）。

b. 认真检查检修工作的准备情况，同时检查作业现场可能存在的安全隐患和防范措施是否落实到位。

c. 对设备检修作业需使用的设备、设施（如梯子、脚手架、起重机械、临时电源线路、盲板）、安全用品、工具（如电焊机、手持电动工具）及现场设置的警示牌、警戒线、消防器材等，都要进行检查，符合安全要求后才能使用（见图3-78）。

图 3-77　检查劳动防护用品示图

图 3-78　检查登高使用的梯子示图

d. 设备检修前，要检查作业人员是否按作业前制定的工作程序对设备主电源、光电开关、行程开关、接近开关、气动元件等控制元件、辅助元件的电源、气源进行断开，开关处是否挂"正在修理""禁止合闸"等警示牌；危险作业场所是否指派专人监护。

图 3-79　检查措施的落实示图

e. 设备检修前，是否按要求检查、分析设备故障发生的原因、现状和设备各部位是否存在安全隐患，如有异常情况，必须查明原因、采取措施、排除隐患后方可检修。

f. 对设备检修现场的坑、井、洼、沟、陡坡等是否填平或铺设与地面平齐的盖板；危险作业处是否设置围栏和警告标志，夜间是否设红灯示警。作业现场的易燃易爆物品、障碍物、油污、冰雪、积水、废弃物等，是否清理干净；检修现场的消防通道、行车通道是否畅通无阻（见图 3-79）。

（2）检修中

在检修中，必须严格执行检修作业安全管理规定。

① 严禁直接接触处于运动状态下的设备及部件。

② 工作过程中采用人力移动机件时，检修人员要积极配合，多人搬抬应有一人指挥，动作一致，稳起、稳放、稳步前进（见图 3-80）。

③ 工作中注意周围人员及自身的安全，防止挥动工具、工具脱落、工件飞溅造成伤害。两人以上工作要注意配合，工件放置放整齐、平稳。

图 3-80　听从指挥　动作一致示图

图 3-81　高处作业　绳带扣牢示图

④ 使用电动工具时应注意随时检查紧固件、旋转件的紧固情况，确保其完好后，方可进行使用。

⑤ 登高作业中要随时检查安全带是否挂扣牢靠，确保安全使用（见图3-81）。

⑥ 一般情况下，禁止在旋转、转动的设备及其附属设施上进行工作。如果必须在旋转、转动着的设备上进行检查、清理及调整等工作，必须注意扣紧袖口、戴好工作帽或安全帽，防止被旋转部分卷入绞伤或碰伤。

⑦ 禁止带电拆卸自动控制设备，如PLC模块、在线仪表、气动阀的线路板等，以免损坏电子元器件。

⑧ 禁止在设备未停止运行的时候对设备进行检修。

⑨ 在密闭或半密闭场所进行检修或对设备进行动火过程中，要严格执行检修作业现场的安全管理规定，并注意不允许任何人触动电源开关，负好监护责任（见图3-82）。

图3-82　按规作业　监护到位示图

（3）检修后

检修后，要认真做好检查、试车、验收和审查工作，具体内容如下：

① 工作完成后，检修项目负责人应会同有关检修人员检查检修项目是否有遗漏，工器具和材料是否收拾齐全，设备、屋顶、地面上的杂物、垃圾、油液、污水是否清理干净等（见图3-83）。

② 检修项目负责人应会同设备技术人员、工艺技术人员和安管人员检查检修过程中使用的防护设施，如盲板抽堵等情况，同时对设备、各类管道进行试压、试漏，调整安全阀、仪表、联锁装置等，并做好记录（见图3-84）。

图3-83　逐项检查　不留隐患示图

图3-84　管道试压　做好记录示图

③ 对因检修需要而拆移的盖板、扶手、栏杆、防护罩等安全设施，要按规定及时恢复到位。拉接的临时电源、照明设备和登高使用的脚手架等应及时拆除。

④ 维修人员完成巡检、维修作业后，应当及时认真填写巡检、维修记录，不得出现漏填、错填现象，记录留用备查。

⑤ 管理负责人认真审查审核维修人员填写的巡检、维修记录，确保记录真实有效。

图3-85 试车合格 交付使用示图

⑥ 检修单位会同设备所属单位的相关部门和设备操作人员，对检修的设备进行试车、验收。在设备开动前，先检查防护装置、紧固螺钉，电、液、气动力源开关是否完好，然后进行试车检验，运行合格后才能投入使用（见图3-85）。

2.设备检修的管理方法

预防设备检修过程中发生的各类伤害事故，不但要抓好法律、法规、条例和标准的贯彻执行，而且更要注重日常的监督管理工作。下面根据一些企业单位在预防设备检修事故管理中积累的经验，介绍两种管理方法。

（1）检修作业确认法。检修作业确认法，是一种保证检修作业过程安全的工作方法，是对作业现场的设备状况采取静态控制、动态预防，切断、制止有可能诱发事故的危险源（点）的工作程序。此方法在检修作业应用中要明确三方人员工作责任的确认。一是生产班组的班组长或岗位设备主操作工，负责对检修方进行生产情况、作业环境的安全要求交底，主动联系、关闭或切断与待修设备相通的电、水、气（汽）、料源，检查后悬挂警示牌。二是作业电工负责切断动力电源和操作电源，并分别挂上"有人作业""禁止合闸"的警示牌，确保检修安全。三是检修作业的负责人组织所有检修人员根据现场作业环境，做好检修前的安全准备，即危险预知、防范措施、应急预案和应急处理等。检修作业确认法的主要内容见图3-86、图3-87、图3-88说明和检修作业三方安全确认单。

① 检修前三方工作责任的确认（见图3-86）。首先，检修作业人员在接到检修任务后，应持"检修单"至被检修岗位进行联络，被检修岗位接到需要检修的任务后，联系电工对所要检修的设备进行停电。其次，三方同时进行检查确认设备完全停电后，由电工挂上停电标志牌，并采取必要的安全措施。

深入现场三方联络

采取措施各负其责

措施确认挂牌示警

图3-86 检修前三方工作责任的确认示图

② 检修前安全检查的确认（见图3-87）。以岗位为主，检修作业人员为辅。针对需要检修的设备，根据生产实际工艺流程和各种物料，即水、气（汽）、料的管道系统走向，共同查找有可能存在的串料、串水、串气（汽）等情况，与有关人员联系，进行停料、水、气（汽），挂牌，必要时加隔离板等防范措施。措施执行后，双方共同确认所做的措施是

否到位，有无差错和遗漏，并做好记录。对于大型设备的检修作业，单位第一负责人要到现场组织确认。检修工作检查确认后，三方须在检修单上签字。

检查设备　　　　　　　查看管道　　　　　　　落实措施　　　　　　　三方签字

图 3-87　检修前安全检查的确认示图

③ 检修中安全隐患的确认（见图 3-88）。如进罐（釜）检修过程中遇到异常情况（管道、阀门等处有泄漏或渗漏现象；罐内有异味和发出异常声音等），要立即查看并采取措施，停止作业，撤离现场，查明原因，及时处置，并按要求重新检测和确认，符合要求后才能继续作业。

管道泄漏　　　　　　　阀门渗漏　　　　　　罐内有异常声音　　　　及时检查检测

图 3-88　检修中安全隐患的确认示图

④ 检修结束后安全工作的确认（见图 3-89）。首先由检修负责人检查作业场所和设备是否留下安全隐患，并收好各类检修使用的工器具，同时要及时做好清点作业人员等工作，确认无误后，通知生产岗位人员验收。验收前，由生产岗位人员通知电工送电，然后进行设备试运转，确认正常后，签写工作完毕确认单，存档备案。

巡视现场　　　　　　　紧固螺栓　　　　　　　整理工具　　　　　　　清点人数

通知验收　　　　　　　电工送电　　　　　　　设备试车　　　　　　　确认签字

图 3-89　检修结束后安全工作的确认示图

⑤ 检修作业三方安全确认。要认真填写《检修作业三方安全确认单》（见表 3-5）。

表3-5　检修作业三方安全确认单

作业名称				作业地点			
参加人员							
作业时间		年　　月　　日　　时 至		年　　月　　日　　时			
安全确认内容	1.现场作业环境、设备、设施存在的危险因素和安全注意事项已安全交底；与检修的设备相连通的管道、电源已断开，挂警示标牌，重点管道连接处加装盲板。 2.检修方全面了解了被检修设备中存在的危险因素，并做好预防、预控的作业方案，并落实了安全措施，检修设备已处于安全状态。 3.其他需要进一步强调或补充的注意事项。						
工作前	生产人员	岗位：	签字：		月　　日　　时　　分		
	停电人员	停电：	签字：		月　　日　　时　　分		
	检修负责人	单位：	签字：		月　　日　　时　　分		
工作后	验收人员	单位：	签字：		月　　日　　时　　分		
	送电人员	送电：	签字：		月　　日　　时　　分		
备注							

（2）现场安全看板工作法（见图3-90）。为了更好地将安全生产全过程风险管控落到实处，提高对工作现场危险源的认识和掌握，企业总结出了"现场安全看板工作法"。即在工作现场设置安全看板，以图文并茂的形式明确检修工作的作业内容、停电范围、危险源点和安全措施等情况（见图3-91），确保所有工作人员对作业现场危险源点有效认识和掌握。通过这样简单易行的方式，将安全隐患消除在人为因素的第一个关口，进一步提醒工作人员在思想上绷紧安全弦，以端正的工作态度和良好的精神状态投入作业，确保工作现场安全生产的可控、能控、在控。

图3-90　现场安全看板工作法示图

图3-91　指出板图中危险区域和注意的事项示图

现场安全看板工作法具体说明（以供电系统电气线路检修作业为例）。

① 确定现场安全看板内容

a.加强作业前的现场勘查，查勘人用相机把现场情况拍照下来，打印出照片供全体成员讨论作业方案和危险点，在工作之前做到对现场情况心中有数（见图3-92）。

b.将检修作业的现场设备、危险源点、安全注意事项等内容，以图文并茂的形式记录在看板上。

c.将安全看板中一次接线图的带电部位、接地线和工作范围分别用红、黑、蓝三种颜色进行标记，使之更加直观醒目（见图3-93）。

图3-92　工作前查勘并拍照取证示图

图3-93　制作完成的安全看板示图

② 开工会结合安全看板讲解

a. 工作负责人结合安全看板宣读工作票并讲解工作任务、现场设备、停电范围、工作流程及人员分工、危险点、注意事项、安全措施等情况，使工作班成员对当天工作有更加深刻直观的理解（见图3-94）。

图3-94　现场开工会结合看板进行讲解示图

b. 工作负责人从工作任务、危险点、安全措施三个方面对现场工作班人员进行现场提问，并让其他工作班人员结合安全看板和现场设备对回答的内容进行补充。

c. 确认工作班成员对工作任务、危险点、安全措施等都了解无误后，让每位工作班人员在工作票、危险点预控卡上进行签字确认。

③ 工作中随时查看安全看板

a. 安全看板摆放于工作现场便于查看的位置，作业人员如果有不明白的地方可以通过安全看板随时确认，确保作业人员明白各自的工作任务和内容。

b. 工作人员在安全看板中能够直观地看到工作票中所列的安全措施和带电部位，对现场的危险源有更清晰的认识，时刻提醒工作人员安全作业（见图3-95）。

④ 收工会结合安全看板总结工作

收工会上，工作负责人结合安全看板总结讲评当天工作情况和安全互保情况，辨析并完善危险因素的数据库（见图3-96）。

图 3-95　工作中随时查看安全看板示图

图 3-96　收工会结合安全看板总结工作示图

　　检修作业安全的具体要求可扫描二维码，见视频。

第四章

安全生产管理知识

第一节　安全生产管理

一、"三同时"管理

1."三同时"的基本概念

"三同时"是指建设项目（新建、改建、扩建工程）中的劳动安全卫生设施必须符合国家规定的标准，必须与主体工程同时设计、同时施工、同时投入生产和使用，通常称为"三同时"原则。建设项目的"三同时"是企业安全生产的一项事前预防的保障措施，可确保建设项目竣工投产后符合国家规定的劳动安全卫生标准，从源头上保障劳动者在生产过程中的安全与健康。因此，企业应将"三同时"这项根本性的基础工作做好、做实，否则，后患无穷。

2. 举例说明（事故案例请扫描二维码）

二维码中讲述的事故案例，究其原因，都是违反了建设项目"三同时"的管理规定，在建设项目的设计和施工阶段忽视生产的安全要求，没有配备应有安全设施，从而导致项目建成后，存在着严重的设计性安全隐患，一旦触及就会引发各类事故。因此，为了确保生产经营单位建设项目安全设施的建设，不但要加强"三同时"工作全过程的监管，而且还要重视职工群众的参与，充分发挥职工群众的智慧，共同做好建设项目安全设施的建设，把安全隐患消除在竣工之前，确保项目的安全性。

3. 员工参与"三同时"监管工作的内容和方式

（1）根据相关法律法规的规定，工会负责组织员工代表参加新建、改建建设项目"三同时"的审查、验收和监督检查等工作。主要内容有：

① 可行性研究报告的审查。审查报告的内容主要包括生产过程中可能产生的主要职业危害、预计危害程度、造成危害的因素及其所在部位或区域，可能接触职业危害的职工人数，使用和生产的主要有毒有害物质、易燃易爆物质的名称、数量；职业危害治理的方案及其可行性论证；职业安全卫生措施专项投资估算；实现治理措施的预期效果；技术、投资方面存在的问题和解决意见。

② 初步设计审查。审查初步设计中的《职业安全卫生专篇》，主要包括以下内容。

a. 设计依据（采用的主要技术规范、规程、标准和其他依据）。

b. 工程概述（改建、扩建前的职业安全与职业卫生概况）。

c. 建筑及场地布置（地理环境、气候变化影响及防范措施，及其辅助用室的设置等情况）。

d. 生产过程中职业危害因素的分析（生产过程中使用和产生的主要有毒有害物质，及其生产过程中的高温、高压、易燃、易爆、辐射、振动、噪声等有害作业的生产部位、程度）。

e. 职业安全卫生设计中采用的主要防范措施（针对工艺和装置中存在的危险因素所采取的措施）。

f. 预期效果评价（对职业安全卫生方面存在的主要危害所采取的治理措施提出专题报告和综合评价）。

g. 安全卫生机构设置及人员配备情况（是否符合国家规定的要求）。

h. 安全专用投资概算（主要生产环节职业安全卫生专项防范设施费用，还包括检测装备及设施费用、安全教育装备和设施费用、事故应急措施费用）。

i. 存在的问题与建议（存在的问题与建议必须列出，且是重要内容）。

③ 竣工验收审查。竣工验收审查是按照项目的《职业安全卫生专篇》规定的内容和要求对职业安全卫生工程质量及其方案的实施进行全面系统的分析和审查，并对建设项目作出职业安全卫生措施的效果评价。建设单位在生产设备调试阶段，应同时对职业安全卫生设备、措施进行调试和考核，对其效果作出评价。在人员培训时，要有职业安全卫生的内容，并建立健全职业安全卫生方面的规章制度。在生产设备调试阶段，上级主管部门对建设项目的职业安全卫生设施进行预验收，并确定尘、毒等化学因素和物理因素的测定点。对体力劳动强度较大，产生尘、毒危害严重的作业岗位，要按国家有关标准由职业安全卫生监测机构进行体力劳动强度、粉尘和毒物危害程度分级的测定工作，测定结果作为评价职业安全卫生设施的工程技术效果和竣工验收的依据。对于查出的隐患，由建设单位订出计划，限期整改。

（2）员工参与建设项目"三同时"管理工作的方式

① 企业工会可利用工厂召开的职代会，征集职工代表针对企业经济发展规划的要求，对工程项目的职业安全卫生技术、工程等方面提出的合理化建议进行收集、归纳，并写出提案提交职代会讨论。此方式可用于在可行性研究审查分析阶段，同时可促进工程项目的职业安全卫生措施得到有效落实。

② 工会组织员工开展"我为企业献一计"活动。员工可围绕改建、扩建工程项目的要求，针对工艺流程、设备、设施和作业环境中存在的危险（害）因素提出改进措施的建议。此类活动的开展一方面可调动员工的积极性，为建设项目献计献策，另一方面可对初步设计中的《职业安全卫生专篇》进行全面深入的分析，为制定建设项目中职业安全卫生方面的防范措施提供参考依据，确保初步设计符合国家法规和标准。

③ 班组组织员工开展项目完工后的试生产巡查活动。员工可针对各自的工作岗位和环境，检查设备设施运转的变化情况（如，跑冒滴漏、温度异常、抖动、尖叫声等）；观察保护装置工作的灵敏、可靠情况（如，设备上的过载、行程限位、安全信号、安全联锁

等）；查视职业防护装置效果的作用情况（如，有毒有害气体、粉尘上的防护设施、除尘设备、设施的吸尘口畅通或除尘效率等），一旦发现安全隐患、异常问题，要及时记录，并迅速反馈到主管部门。应用此方法可以及时掌握项目完工后试运行的效果情况，并能及时调整或整改项目中出现的问题，同时为项目的竣工验收打下基础（见图4-1）。

图4-1　检查设备设施运转情况示图

二、"五同时"管理

1. "五同时"管理的基本概念

"五同时"是指企业的生产组织领导者必须在计划、布置、检查、总结、评比生产工作的同时做好计划（生产计划有安全生产目标和措施）、布置（布置工作有安全生产要求）、检查（检查工作有安全生产项目）、总结（总结报告有安全生产内容）、评比（评比有安全生产条款）安全工作。安全生产"五同时"，是《安全生产法》、国务院《关于加强企业生产中安全工作的几项规定》的要求。因此，企业各级领导在工作中必须严格执行安全生产"五同时"管理的原则，决不能有丝毫放松。否则，安全生产难以得到保证。

2. 举例说明（事故案例请扫描二维码）

二维码中讲述的事故案例告诫我们：

（1）企业领导抓安全生产"五同时"工作，务必把安全工作落实到每一个生产组织管理环节中去，明确各自职责，加强监督检查，发现问题，立即整改，不留后患，确保安全。

（2）加强员工参与安全生产"五同时"工作的力度，使员工都能熟知"五同时"工作的内容，并能结合各自工作实际贯彻执行"五同时"。只有这样，才能保证各项安全生产工作落到实处，避免或减少各类伤害事故的发生。

3. 员工参与安全生产"五同时"管理工作的内容

（1）计划。员工要了解上级下达的计划、任务等的内容、目的、要求、时间及方法，从而掌握自身应完成的任务和目标（见图4-2）。

（2）布置。员工要认真听讲布置的工作内容，尤其是安全交底，务必要认知作业过程中的危险因素、管理要求、防范措施及其应急处置的方法，并能贯彻执行（见图4-3）。

图4-2　了解计划内容示图

图4-3　熟知安全交底内容示图

（3）检查。在作业全过程中需做好三个时段的安全生产自查。

① 工作前，自身的防护用品是否正确穿戴，使用的工器具是否准备好，危险作业现场的防护措施是否到位，作业环境是否良好，设备设施试运行是否正常等。

图 4-4　安全检查示图

② 工作中，设备设施在运行中是否有异常声音、跑冒滴漏的现象，操作设备是否符合作业规程，使用的设施和工夹量具是否符合标准，加工的零件摆放是否符合要求，处理异常情况时能否坚持安全第一等。

③ 工作后，操作设备是否执行保养制度，使用的工夹量具和加工的零件摆放是否符合定置管理要求，危险作业处的防护措施移位后是否复位，交接班制度是否执行等（见图4-4）。

（4）总结。员工在工作中要善于总结，不断完善自我。因此，在工作中应做到，一天一对照。如职工按照操作规程对照作业过程中操作的方式、方法是否正确，有否违章行为，需改进的内容，都应及时对照。一月一小结。员工可对照班组安排的每月生产任务和安全要求进行对照。如生产与安全遇到矛盾时能否坚持安全第一，进行危险作业时能否按章作业，上级举办的各种安全生产活动能否积极参加等内容。全年大总结。员工可对照全年安全生产目标进行总结。如我为班组安全管理工作做了哪些事情，操作的新工艺、新技术、新材料、新设备是否能掌握，安全管理知识和操作技能是否得到提高，还存在哪些不足等内容（见图4-5）。

（5）评比。员工在评先进过程中要有安全生产内容。其目的是，促进或调动员工搞好安全生产工作的积极性。其主要内容有：

① 安全管理知识。比一比看谁了解的知识多，并能联系实际，看一看掌握的安全知识在参与企业开展的安全生产活动中是否起到积极作用。

② 操作技能。比一比看谁掌握的方法多、加工的零件时间快、质量优、又安全。

③ 安全检查。比一比看谁找出的安全隐患快（用时短）、多（隐患数量多）、准（准确率高）（见图4-6）。

举例说明（脚手架搭设员工参与"五同时"管理工作的内容）见图4-7。

图4-5　员工工作总结对照示图

图4-6　员工安全生产评比竞赛示图

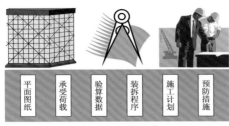

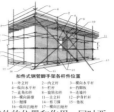

计划：员工应了解搭设脚手架的类型、施工组织和技术方案、需办理的手续(动火、临时用电、高处作业)、准备的材料、工具和管理要求、注意事项等。

布置：员工要认知搭设脚手架各杆件的位置和作用，同时要熟知作业过程中的危险因素和作业程序(先做什么、后做什么、之间怎样连接、配合)及防范措施(护品穿戴、应急处置的方法)，并能贯彻执行。

检查：员工要严格按照脚手架搭设的安全技术规范做好自检工作。作业前，防护用品是否正确穿戴(工作服、裤、鞋、帽和安全带)；作业中，作业是否按照规范要求搭设；作业后，是否按标准要求进行自查，发现问题，及时整改。

总结、评比：对搭设完工的脚手架，班组要组织作业人员进行验收、评比，并对搭设的脚手架施工组织方案、安全技术交底书和作业程序、方式、方法进行总结、评比，好的进行表彰，存在问题的要查找原因，提出整改意见，完善施工技术方案。

图4-7　脚手架搭设员工参与"五同时"管理工作示图

三、安全教育培训

1.安全教育是企业安全管理的"第一道工序"

职工通过安全教育，不断强化安全意识，才能为安全生产奠定坚实的思想基础。安全教育要以多种方式，把员工的健康和生命安全放在第一位，让员工真正意识到安全生产对自身的重要性。将思想工作和安全教育工作融会贯通，通过改变教育方式和形式来引导受教育者产生思想共鸣，激发内心动力到达良好的安全教育效果，实现安全生产由被动到主动（见图4-8）。

2.加强员工教育培训案例

为加强员工教育培训工作，下面列举四起事故案例进行分析，说明安全教育的重要性和必要性（事故案例请扫描二维码）。

图4-8　员工培训提素质示图

二维码中列举的事故案例给我们以下告诫：

（1）生产经营单位要加强教育培训工作，提升从业人员素质（见图4-9）。

① 加强新员工入厂的"三级教育"（企业、车间、班组），并经过考试合格后，才能准许进入工作岗位。

② 针对各岗位实施的新工艺、新技术、新设备、新材料，必须组织从业人员学习专业知识，掌握安全操作规程和应急处置的方法。

③ 从业人员在调整工作岗位或离开岗位一年以上重新上岗时，必须进行相应的教育培训。同时，还要重视季节变化、节假日前后的安全教育。

④ 要经常组织从业人员开展各种形式的培训教育活动，不断提高员工的安全意识和预防事故的应变能力，确保安全生产。

（2）从业人员要加强自身学习（见图 4-10）。

① 从参加工作到进入生产岗位开始，要不断了解本岗位的生产特点、作业过程中的危险因素，掌握安全生产知识和操作技能。

② 要树立正确的学习态度，并做到，不懂就问、弄懂再干、切忌蛮干。

③ 要反复练习。对所学的操作技能，要反反复复地练习，只有达到得心应手的程度，才能够保证自己的安全。

图 4-9　职工安全教育培训示图　　　　　　图 4-10　职工现场互相学习示图

3. 安全生产教育的内容、方式

安全生产教育的主要内容、方式一般有以下几方面（见图 4-11）。

（1）思想教育。目的是提高从业人员的安全意识、自我保护意识，端正态度，实现安全生产"要我做"向"我要做"的转化。常见的职工教育形式有以下几种。

图 4-11　采取形式多样教学示图

① 电视教育。根据岗位作业特点，选择事故教育片，进行安全教育，使职工理解"违章作业等于自杀，违章指挥等于杀人"的含义。从而认识到安全工作的重要性。

② 事故教育。可利用本企业和本行业的事故案例，开展安全教育。使员工通过血的教训，认识安全生产的必要性，从而克服侥幸心理，增强遵章守纪的自觉性（见图 4-12）。

③ 现身说教。可邀请部分伤残职工，用自己不重视安全生产造成肉体痛苦的亲身经历，向广大职工诉说不重视安全生产的危害。选用这种活动形式，说服力强，员工容易接受，效果明显（见图 4-13）。

图4-12　事故教育示图

图4-13　现身说教示图

④ 悼念教育。每逢企业员工死亡纪念日，召开悼念亡友大会，以亲密兄弟姐妹用生命换来的教训作教材，向广大职工进行安全生产再教育，真正从思想上做到警钟长鸣，不忘安全。

（2）技能教育（见图4-14）。技能教育就是安全生产技术知识教育。包括安全生产技术、劳动卫生技术和专业安全技术操作规程，使从业人员掌握预防事故和避免职业危险的科学技术知识，对安全生产不仅要有"我要做"的思想，而且要具备"我会做"的能力。其主要教育的形式有以下几种。

① 规程学习训练。规程学习训练就是利用班后会或安全活动日，对本班组工人进行岗位知识教育或技能训练。首先，由班长带领大家学习相关法规和标准，并结合实际，提出问题进行考查；其次，由职工对照技术规程谈各自认识和看法；最后，由班长进行点评、归纳问题，提出有关要求。这种方式能增强班组成员对安全生产法规条款的认识，效果较好（见图4-15）。

图4-14　安全技术教育示图

图4-15　规程学习训练示图

② 模拟故障训练。模拟故障训练就是在训练前，拟定好故障点，做好标记，然后请被训练者进入现场，按规定程序排除故障。这样的训练能提高个人的识别判断能力（见图4-16）。

③ 危险预测训练。危险预测训练就是在训练前，利用一个岗位或一台设备进行训练。第一，由作业人员发言，说出设备中潜在的危险，预测可能引起的事故，然后汇总个人发言记录，找出主要危险的因素；第二，确定危险重点，要求班组人员到现场针对岗位或设备边说边指出危险部位，同时大家共同确定应立即解决的重点危险因素；第三，提措施，让每个人开动脑筋提出自己的方案；第四，确定行动目标，即解决应该如何去做的问题，要求整个班组的目标明确，行动一致。这样的训练能提高全员素质和防范技能（见图4-17）。

图 4-16　模拟故障训练示图　　　　　　图 4-17　危险预测训练示图

（3）知识教育。　知识教育包括有关法律、法规、技术管理标准、经验、制度等。这类教育活动可根据企业生产作业特点，分层次、分岗位（专业），采用多种深受员工欢迎、生动活泼、行之有效的活动形式开展，其目的是普及安全生产知识，增强员工的法治观念和遵纪守法的自觉性。常见的教育方式有以下几种。

① 安全影视、广播。以影视、录像演示，广播宣传等形式，进行安全教育，既形象又具体，让安全生产知识融于故事之中，使员工在娱乐之中受到教育和启发（见图 4-18）。

② 安全简报、板报和口号。定期出刊安全简报、板报、墙报、黑板报等，将安全新闻、安全生产知识、对联、安全警句、小品等内容以精美设计，图文并茂的版面展示出来，这种宣传教育形式切合实际，针对性强，职工乐意接受（见图 4-19）。

图 4-18　安全影视教育示图　　　　　　图 4-19　展板警示教育示图

③ 新闻报道。利用报纸、电台、电视台、广播站、微信网络平台及时报道安全生产新闻，能起到组织、鼓舞、批评，推动安全工作和警示作用。报道的内容有：法律法规、条例、标准、制度规定及其安全管理成效、安全活动，安全会议、安全科研成果、各类事故和安全隐患。

④ 安全游戏。利用游戏方式开展安全生产宣传教育，也是一种好方式。如安全运动会、文艺会演、猜谜语、扑克牌比赛等，使员工通过文体活动，在娱乐中潜移默化地受到安全知识教育。

（4）季节教育。　季节性变化会给安全生产带来许多严重的安全隐患。季节性教育可结合不同季节安全生产的特点，开展有针对性、灵活多样的超前教育。

如：夏天高温、高湿、闷热等，会容易产生疲劳，使人心神不定，在这种情况下特别容易发生事故。这个时期的安全教育主要以防暑降温的知识教育为主（见图 4-20）。

又如：冬季主要以防冻、防火、防煤气中毒、防车辆事故、防压力容器爆炸等为内容，做好"五防"安全教育工作（见图4-21）。

图4-20 铸造大炉岗位示图

图4-21 冬季野外作业安全教育示图

（5）节假日教育。据国内各种统计表明，节假日前后是各种责任事故的高发时期，其主要原因是节假日前后员工的情绪波动大。所以节假日临近，安全教育更应抓紧。围绕节假日期间安全生产的重要性、关键性和特殊性，以事故教训现身说法，让员工们认识到违章操作的危害性，从思想上绷紧"安全弦"。节假日后（复工），车间、班组可花一些时间开"收心会"，使员工在上岗后一心扑在工作上（见图4-22）。

图4-22 节假后复工安全教育示图

总之，企业在安全教育培训工作中，不能死搬教条，一定要针对企业的安全状况和职工思想状态及工种岗位，采取因材施教的方法，不断以新的形式和内容强化职工对自身安全与健康的重视。

4. 安全生产教育的方法（举例：新员工进厂"三级"安全教育）

"三级"安全教育是指对新员工的厂级教育、车间级教育和班组级教育。新员工必须进行不少于3天的"三级"安全教育，经考试合格后方可安排工作。"三级"安全教育的

图 4-23　新员工进厂三级安全教育流程示图

形式、主要内容见图 4-23 。

（1）厂级安全教育。厂级安全教育一般由企业安全管理部门负责，教育时间为 8 小时，主要形式、内容有：宜以"理性教育"为主。要全面讲解国家法律法规、标准、企业概况、规章制度、劳动纪律、事故教训、防范技能、应急救护等知识，使新员工能认识到安全生产的重要性，可见图 4-24。

（2）车间（部门）级安全教育。车间级安全教育一般由车间主任和安管人员负责，教育时间为 4～8 小时，主要形式、内容有：宜以"认知教育"为主。车间应将工作的作业环境、安全要求、主要危险（害）因素、规章制度以及各工种作业的工作程序、作业规定、防范措施等，作为安全教育的重点，使新员工能认识到安全生产的必要性，可见图 4-25。

法律法规应遵守

应知应会需熟知

事故教训要牢记

救护常识能掌握

图 4-24　厂级安全教育示图

文明作业规范化

各项制度需遵守

现场标志能识别

危险场所会辨认

应急设施会使用

图 4-25　车间（部门）级安全教育示图

（3）班组级安全教育。班组级安全教育的重点是岗位安全基础教育，由班组长和安全员负责。安全操作的方法和生产技能教育可由安全员或岗位师傅传授，授课时间为 4～8 小时。宜以"感知教育"为主。可进入施工现场重点讲解设备设施的使用、防护用品的穿戴、施工作业要点和注意事项等，作为新员工入班组的必修课，让其体会到"安全就在身边"。具体内容（见图 4-26）如下。

① 讲解班组的安全生产概况、工作性质和安全规章制度。

② 岗位工种的安全操作规程，各种安全防护设施的性能和使用，工作地点的尘毒源、

危险机件和控制方法等。

③ 个人防护用品的正确使用方法，工具、器具的使用和维护保管等。

④ 进行实际安全示范操作，重点讲解安全操作要领，强调不遵守操作规范将会有什么后果等。

⑤ 讲解事故教训，发生事故时的应急处置方法、安全撤离路线和紧急救援措施等。

防护用品少不了

遵守规程须自觉

安全第一应记牢

图 4-26　班组级安全教育示图

四、作业现场"6S"管理

1. 基本概念

"6S"管理是"5S"的升级，"6S"即整理（Seiri）、整顿（Seiton）、清扫（Seiso）、清洁（Seiketsu）、素养（Shitsuke）、安全（Security）。"6S"和"5S"管理一样，兴起于日本企业。"6S"之间彼此关联，整理、整顿、清扫是具体内容；清洁是指将上面的"3S"实施的做法制度化、规范化，并贯彻执行及保持结果；素养是指培养每位员工养成良好的习惯，并按规则做事（见图4-27）。

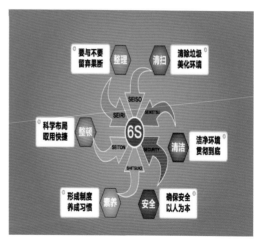

图 4-27　"6S"管理示图

2. 举例说明

为推进"6S"的管理，保证作业现场文明生产的开展，下面列举事故案例来说明"6S"管理工作的重要性（事故案例请扫描二维码）。

二维码中列举的事故案例告诫了我们什么？事故都是由人的不安全行为、物的不安全状态和管理因素相互作用而引发的，现场作业环境也是诱发事故的原因之一。为此，企业在日常管理中，不但要抓好人与物这两大因素，而且还要重视现场"6S"的管理，其目的是：消除现场作业环境的危险（害）因素，以减少或降低各类伤害事故的发生。

3. 开展"6S"活动的内容、步骤

（1）整理。工作场所的任何物品区分为有必要和没有必要的，除了有必要的留下来，其他的都清除掉。目的是腾出空间，空间活用，防止误用，塑造清爽的工作场所。整理可

按下列步骤进行。

① 现场检查。对作业现场进行全面检查，包括看得见和看不见的地方，特别是不引人注意的地方，如设备内部、操作台底部、工作台上过期的图纸、作业指导书等（见图4-28）。

掀开设备内部，清除没有必　　　　查看操作台底部是否有杂物　　　　整理工作台上的废物、废纸，
要的残留物(废料、油腻等)　　　　(清除废品、废料等)　　　　　确保工作台整齐、清洁

图4-28　现场检查示图

② 区分必需品和非必需品。管理必需品与清除非必需品同样重要。首先，要判断物品的重要性；然后，根据其使用频率决定管理方法。如已经清除了非必需品，则应该用恰当的方法保管必需品，使之便于寻找和使用（见图4-29）。

现场分析是前提(按使用的频率来　　按规区分讲方法(妥善管理好必需品　　物品摆放要醒目(编号摆放，
确定)　　　　　　　　　　和非必需品)　　　　　　　便于寻找)

图4-29　物品区分示图

③ 清理非必需品。清理非必需品，把握的原则是看物品现在有没有"使用价值"，而不是原来的"购买价格"。对暂时不需要的物品进行整理时，若不能确定今后是否还会有用，可根据实际情况来决定一个保留期限，先暂时保留一段时间，等过了保留期限，再将其清理出现场（见图4-30）。

认真研究，判定保留价值　　　　确定期限，妥善保管　　　　　期限一到，及时清理

图4-30　清理非必需品示图

④ 标识现场。整理后的现场一目了然，这对整理来说是最为理想的。它首先取决于标识的明了、清楚。为使整理后的现场直观醒目，要准备好现场示意图，清楚地标明各类物

品的放置地点，标明物品的适当库存量、存放位置和取放顺序，要使每个人都能准确无误地取放物品（见图4-31）。

拟定示图，标明位置

型号、规格、数量准确无误

存放的零配件标签直观醒目

图4-31 标识现场示图

（2）整顿。把留下来的必要用的物品依规定位置摆放，放置整齐并加以标识。目的是让工作场所一目了然，缩短寻找物品的时间，保持整整齐齐的工作环境，清除无用的积压物品。整顿可按下列步骤进行。

① 分析现状。在整理活动之后，由"6S"推进小组诊断现场实际情况，并进行分析。分析步骤主要有五个方面：

a. 检查整理工作是否完成，确认非必需品清理完毕。

b. 将现场工作过程中物品的传送情况用图纸表示出来。

c. 依据用品就近原则划分各类物品的摆放区域。

d. 查看各类物品是否摆放在规定区域内。

e. 将现场物品实际分布情况用表格进行记录（见图4-32）。

查看、分析物品整理后的完成情况

A类物品是否按要求摆放

B类物品是否按规定码放

图4-32 分析现状示图

② 物品分类。对现场情况进行分析后，把具有相同特点或性质的物品归为一类，并制定标准和规范，为物品正确命名、标识（见图4-33）。

对不符合摆放要求的物品要及时整顿到位

要按照要求上架或入框定置码放

物品码放整齐，标识正确、醒目并安全可靠

图4-33 物品分类示图

③ 定置分析。对现场的人、物、场所的结合状况进行分析。生产现场中众多的物不可能都与人处于直接结合状态，绝大多数的物与人处于间接结合状态。为实现人与物的有效结合，必须借助于示意图与标志给人以指引与确认（见图 4-34）。

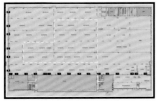 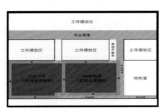 

画出示意图便于指引   画出定置彩色图形可以确认区域   设置标签可以避免差错

图 4-34 定置分析示图

④ 实施整顿。制定工作场所的定置图，生产场地、通道、物品存放区，零件、半成品、设备、消防设施、易燃易爆的危险品等均应用鲜明醒目的色彩或信息牌显示出来；凡与定置要求不符的现场物品，一律清除；制作各工序、工位、机台的定置图，工具仪表、机械设备、材料、半成品及各种用具在工序、工位、机台上停放应有明确的定置要求。零件货架的编号必须同零件账、卡、目录相一致（见图 4-35）。

作业场所安全通道、设备设施和物件布置   吊索具定置管理摆放区   零部件货架码放现场

图 4-35 实施整顿示图

（3）清扫。将工作场所内看得见与看不见的地方清扫干净，保持工作场所干净、明亮、宽敞的环境。目的是：稳定品质、减少工业伤害。清扫可按下列步骤进行。

① 清扫准备。清扫前，要对员工做好安全交底工作，对可能会发生的伤害事故和危险因素进行安全教育，并提出预防措施；要明确工作内容、使用的工具和清扫的方式、方法（见图 4-36）。

清扫前安全教育   熟知预防措施   掌握清扫方法

图 4-36 清扫准备示图

② 清扫内容。主要有，地面、墙壁、垃圾、设备、设施，同时要分析清扫中存在的问题，想办法改进现有的清扫方法（见图 4-37）。

清扫地面　　　　　　　　擦拭设备　　　　　　　擦拭设备柜

图4-37　清扫内容示图

③ 清扫注意的事项。进行设备清扫时应注意的事项有：不仅清扫设备本身，其附属、辅助设施也要清扫；容易发生跑、冒、滴、漏的部位要重点检查确认；油管、气管、阀门等看不到的内部结构要特别留意；检查表面操作部分有无磨损、污垢和异物；检查操作部分、旋转部分和螺栓连接部分有无松动和磨损（见图4-38）。

清除钢丝绳上的油污　　　　检查设备表面有无磨损　　　检查吊索具螺栓有无松动和磨损

图4-38　清扫注意的事项示图

④ 检查清扫结果。清扫完毕后，要进行清扫结果的检查。检查项目有：是否清除了污染源，是否对地面、作业周围进行了清扫，是否对机械设备、设施进行全面的清洗和擦拭（见图4-39）。

对照标准全面检查　　　　　抓住重点严格检查　　　　　及时点评提出意见

图4-39　检查清扫结果示图

（4）清洁。将整理、整顿、清扫进行到底，并且制度化，经常保持环境处在美观的状态。目的：创造明朗现场，维持上面"3S"成果。清洁可按下列步骤进行。

① 确定清洁标准。清洁标准包含三个要素：干净，高效，安全。在开始时，要对"清洁度"进行检查，制定出详细的明细检查表，以明确"清洁状态"（见图4-40）。

② 开展培训教育。将"6S"的基本思想向员工进行必要的教育和宣传，提高对清洁含义的认识，从而使清洁活动不断深入开展（见图4-41）。

③ 掌握基本方法。经过培训教育，要让员工对作业现场的物品整理、整顿、清扫的主要内容、管理规定及责任制度，明确掌握并落实到位（见图4-42）。

油品分类储存

吊索具定置架

垃圾分类存放

图4-40　确定清洁标准示图

班组人员培训教育

现场指导讲解教育

现场认知培训教育

图4-41　开展培训教育示图

认知清洁的基本内容

熟知清洁的管理要求

掌握清洁的基本方法

图4-42　掌握清洁基本方法示图

④ 现场管理要求。作业现场人、机、物和环境应采用不同的色彩进行区分，这样，一旦产生污渍或异常情况，容易被发现。其目的：能有利于保持清洁，更有利于调动员工的工作情绪，这种潜在的影响不容忽视（见图4-43）。

人物颜色能识别

物件颜色分得清

作业场所色彩化

图4-43　现场管理要求示图

（5）素养。每位成员养成良好的习惯，并按规则做事，培养积极主动的精神（也称习惯性）。目的：培养良好习惯、遵守规则的员工，营造团队精神。素养的养成需要下列步骤。

① 实施员工培训。培训是制度和文化传承的有效保证，培训可以不拘于形式。例如，各单位部门可以利用班前会、班后会时间进行"6S"教育；再如，开展各种各样的知识竞

赛，制作各式各样的宣传栏，或利用企业微信平台进行素质养成的知识宣传教育。此类培训教育有助于员工养成良好工作习惯，进一步提升人的素质（见图4-44）。

利用班前会宣传"6S"管理知识　　　利用微信平台传递"6S"管理方法　　　培育员工养成良好的工作习惯

图4-44　实施员工培训示图

② 制定管理制度。制定《员工守则》《操作规程》等，以保证员工达到修养最低限度，并力求养成遵守规则的习惯；明确整理、整顿、清扫、清洁状态的标准并认真贯彻（见图4-45）。

制定制度，落实制度是关键　　　登高作业应养成良好习惯，　　　在作业过程中，要认真贯彻"6S"的
　　　　　　　　　　　　　　　　扣好安全带　　　　　　　　　　　管理要求

图4-45　制定管理制度示图

③ 检查素养效果。主要内容有：是否经常开展有关"6S"活动方面的交流、培训，领导是否重视"6S"活动，员工是否对实施"6S"活动充满热情；员工行为规范是否做到举止文明，是否做到工作齐心协力，大家能否友好地沟通相处；员工是否正确穿戴劳动防护用品上岗，工作中和工作后能否按"6S"的规定严格执行等（见图4-46）。

6S活动是否能贯彻到作业活动中　　　员工上岗前是否能正确穿戴　　　现场的物品是否能按照要求
　　　　　　　　　　　　　　　　劳动防护用品　　　　　　　　　　定置码放

图4-46　检查素养效果示图

（6）安全。重视员工安全意识的教育，每时每刻都坚定安全第一观念，防患于未然。目的：营造起安全生产的环境，所有工作的进行都应建立在安全的前提下。安全意识的提高可按下列步骤进行。

① 强化安全意识培训。对员工进行有效的安全培训，统一思想认识，向员工讲授所需的安全知识和自我防范技能，提升员工的安全素质和辨识、感悟能力，使其明白作业原理，掌握安全作业方法，积累相关安全工作经验，清除无知、侥幸心理，避免蛮干作业的思想状态出现（见图4-47）。

要重视意识教育(法律法规、技术标准、厂纪厂规、管理知识等)　　要认真做好认知教育(如氯气钢瓶需认知的危险、危害因素和防范措施)　　开展感知教育(在师傅的指导下，员工可吊起氯气空瓶感知一次起吊中可能存在的危险因素和注意的事项)

图4-47　强化安全意识培训示图

② 加强作业过程监管。对员工在工作过程中遵守安全规章制度与操作规程的情况，进行观察、谈话、总结、分析，检查员工安全意识的落实情况；确定重点人员，树立个人安全意识的典型；利用各种宣传渠道，广泛宣传、推广，以安全意识正能量作为榜样；配合有效的安全知识培训与事故案例分析，帮助员工提升安全意识，纠正不安全行为，使员工安全意识不断提升（见图4-48）。

企业领导要经常深入现场了解、询问员工的思想状况　　企业管理人员要善于发现典型、总结、推广管理方法　　班组长采用案例教育的方式，提高员工安全意识和防范技能

图4-48　加强作业过程监管示图

③ 完善安全约束机制。制定完善的安全奖惩制度，且严格执行。要重奖在工作中能观察分析，并提出系统中新的危险源（点）和采取合理措施避免事故发生的员工，鼓励员

建立奖惩制度，完善监管手段　　奖励好人好事，树立安全观念　　处罚习惯性违章，纠正不安全行为

图4-49　完善安全约束机制示图

工积极参与消除安全隐患工作。处罚不履行职责的员工，重罚那些习惯性违章的员工，纠正在同一地方"多次摔倒"的不安全行为。建立信息共享平台，公布奖惩事件和当事人、考核评先活动结果，让员工意识到做好工作与不做好工作的结果对个人和集体的影响，帮助其树立正确安全观念（见图4-49）。

五、交叉作业管理

1.基本概念

（1）可能对其他作业造成危害、不良影响或对其他作业人员造成伤害的作业均构成交叉作业。

（2）交叉作业是指在同一作业区域内进行的有关工作，可能危及对方生产安全和干扰其工作。交叉作业主要有设备检修、设备安装、起重吊装、高处作业、脚手架搭设拆除（见图4-50）、焊接（动火）作业、生产用电及其他可能危及对方生产安全的作业。

（3）企业交叉作业的分类。A类交叉作业：相同或相近轴线不同高处的同时进行的生产或检修作业。B类交叉作业：同一作业区域不同类型的队伍同时进行的作业或检修。C类交叉作业：同一作业区域不同部门（车间）同时进行的作业或检修。D类交叉作业：同一项目由不同部门（车间）同时进行的作业或检修（见图4-51）。

图4-50 多工种交叉作业示图　　　　图4-51 上下交叉作业示图

（4）交叉作业易发事故的类别。主要有：高处坠落事故、物体打击事故、机械事故、触电事故，车辆事故、起重机械事故等。

交叉作业事故案例请扫描二维码。

2.企业交叉作业的管理内容

（1）企业交叉作业管理原则

① 同一区域内各生产或检修方，应互相理解，互相配合，建立联系机制，及时解决可能发生的安全问题，并尽可能为对方创造安全的工作条件和工作环境。

② 在同一作业区域内生产或检修应尽量避免交叉作业，在无法避免交叉作业时，应尽量避免立体交叉作业。双方在交叉作业中发生相互干扰时，应根据该作业面的具体情况共同商讨制定具体安全措施（见图4-52）。

③ 因工作需要进入他人作业场所，必须以书面形式（交叉作业通知单）通知对方，通知单一式两份，生产或检修双方及部门各执一份，双方确认签字；说明作业性质、时间、人数、动用设备、作业区域范围、需要配合事项。其中必须进行告知的作业有：设备检修或安装、起重吊装、高处作业、焊接（动火）作业、检修用电、材料运输、其他作业等。

④ 双方应加强从业人员的安全教育和培训，提高从业人员的操作技能，提高从业人员的自我保护意识及预防事故发生的应变能力，做到"三不伤害"（见图4-53）。

图4-52　现场防护措施示图

图4-53　双方作业人员认知危险因素示图

图4-54　双方负责人现场沟通示图

⑤ 交叉作业双方检修前，应当将检修作业内容、安全注意事项告知对方部门负责人、安全负责人和班长。当生产或检修过程中发生冲突和影响对方生产或检修作业时，各方要先停止作业，保护相关设备设施，由各方负责人进行协商处理。生产或检修作业中各方应加强安全检查，对发现的安全隐患和可预见的问题要及时协调解决，消除安全隐患，确保检修安全（见图4-54）。

（2）企业交叉作业管理措施

① 双方在同一作业区域内进行高处作业时，应在作业前对生产检修区域采取隔离措施，设置安全警示标识、警戒线或派专人监督指挥，防止高处落物、生产检修用具、用电危及下方人员和设备的安全（见图4-55）。

② 在同一作业区域内进行焊接（动火）作业时，必须事先通知双方负责人作好防护，并配备合格的消防灭火器材，清除现场易燃易爆物品。无法清除易燃物品时，应与焊接（动火）作业保持适应的安全距离，并采取隔离和防护措施。上方动火作业应注意下方有无人员及易燃、可燃物质，并做好防护措施，防止引发火灾事故。焊接（动火）作业结束后，作业人员必须及时清理焊接（动火）现场，防止焊接火花死灰复燃，酿成火灾（见图4-56）。

③ 同一区域内的生产检修用电，应各自安装用电线路。生产检修用电必须采取接地（零）和漏电保护措施，防止触电事故的发生。各方必须做好用电线路隔离和绝缘工作，互不干扰。敷设的线路必须通过对方工作面时，应事先征得对方的同意；同时，应经常对用电设备和线路进行检查维护，发现问题及时处理（见图4-57）。

图 4-55 现场做好隔离防护措施示图

图 4-56 动火作业必须做好防护措施示图

④ 生产检修各方应共同维护好同一区域作业环境，必须做到生产检修现场文明整洁，材料堆放整齐、稳固、安全可靠；确保设备运行、维修、停放安全。设备维修时，按规定设置警示标志，必要时采取相应安全措施，谨防误操作引发事故（见图 4-58）。

图 4-57 各自安装用电线路示图

图 4-58 设备检修时，设置警示标识示图

（3）企业交叉作业管理责任

① A 类交叉作业中，上方检修部门（车间）为责任方，其生产检修人员应为下方生产检修人员提供可靠的安全隔离防护措施，确保下方生产检修人员的安全，下方生产检修人员在隔离设施未完善之前不得进行生产检修作业。

② B 类交叉作业，由检修部门（车间）负责人、安全负责人在生产检修前对各方做明确的安全交底，着重明确各方责任、安全责任区；确定防护设施的维护与完善。各方必须严格按安全交底的要求执行（见图 4-59）。

③ C、D 类交叉作业，双方各部门负责人、安全负责人明确各方安全责任。

④ 交叉作业的各方生产检修队伍（包括外来队伍）在作业前必须做到以下几点：

图 4-59 明确责任各负其责示图

a. 必须按照《安全生产法》第四十八条的规定，"两个以上生产经营单位在同一作业区域内进行生产经营活动，可能危及对方生产安全的，应当签订安全生产管理协议，明确各自的安全生产管理职责和应当采取的安全措施，并指定专职安全生产管理人员进行安全

检查与协调"。

　　b.必须对员工进行交叉作业的安全教育,并做有针对性的分项目、分工种、分工序的安全技术交底。

　　c.各单位负责人要经常检查、指导作业人员正确操作,如果发现较大安全隐患,要立即发出《隐患整改通知书》,对于接到通知书后仍然不按期落实整改的生产检修单位,立刻将其停工,并按照相关的法规要求进行处罚,严重的应当承担相应的法律责任(见图4-60、图4-61)。

图4-60　交底明确按规作业示图　　　　　　　　图4-61　落实责任监管到位示图

　　(4)举例说明(建筑工程交叉作业管理法)。交叉作业管理法就是根据施工现场的上下不同层次,在空间贯通状态下同时进行的高处作业的危险特征,所采用的一种管理方法。应用此类方法能加强施工现场的作业管理,同时能有效预防物体打击伤害事故的发生。为进一步理解掌握此类管理方法,下面重点介绍一些项目部的具体做法(见图4-62)。

明确施工方案　　　　　　　　安全作业交底　　　　　　　　落实安全措施

图4-62　合理安排工作示图

　　① 合理安排。合理安排是指,根据施工作业的进度和各类工种进场的情况,须按照施工组织方案和作业程序合理安排工作任务。具体做法是,在作业安排交底时,要做到"三个明确、三个到位"。三个明确是:明确各方工作任务、时间和要求;明确作业中存在的危险因素;明确各方作业方式和方法。三个到位是:各方的安全责任贯彻到位;各方的监管人员定人到位;各方的安全措施落实到位。

　　② 互通信息。互通信息是指在多工种同时作业时,所采用的工种与工种之间互通信息

的一种方式。互通信息的主要做法是，在立体交叉作业过程中应做到，"三沟通、三提示、三落实"。一是在同一垂直方向上进行高处交叉作业时，人与人必须保持信息沟通，尤其是上层作业人员在搬运物件时务必要提示下层作业人员，同时要落实防护隔离措施；二是钢模板、脚手架等拆除时，首先要与地面相关人员进行联络沟通，其次提示其他作业人员，然后要落实监护人员，做好警戒工作；三是当日工作完工时，班组与班组要相互沟通信息（工作完成的情况、有关设施的移位和未能固定的物件等），同时对作业中存在的危险部位要相互提示，并落实防护措施（见图4-63）。

上下沟通信息

双方提示信息

落实防护措施

图4-63　现场互通信息示图

③ 加强监管。加强监管就是按照总包方的施工管理要求，对作业现场实行全天候、全过程、全方位的监督管理。监管的具体内容有：工种与工种是否进行衔接，上层与下层防护措施是否到位，物件的堆放是否符合规定，使用的设备、设施和工器具是否正确，洞口、临边处是否存在危险物和悬空物，作业中是否有不安全的行为（乱抛、乱丢）和不规范的动作（拆、推、抬、扛、挑）等。对这些内容都必须监管到位。如发现矛盾和问题，各施工队必须服从总包方的管理，协调统一、综合安排，确保施工安全（见图4-64）。

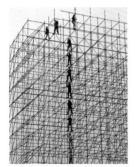
上层与下层防护措施是否到位

物件的堆放是否符合规定

施工电梯电缆导线架是否牢固可靠

作业中是否有不安全的行为

图4-64　人、机、物、环境监管示图

六、设备三级保养制

设备维护保养工作是按照国家有关规定，对各类设备实行"三级"保养制度（日保养、一级保养、二级保养），其目的是确保设备正常安全运行。为有效做好设备设施的维护保养工作，本节重点介绍设备"三级"保养（日保养、一级保养、二级保养）的形式、内容及示例。

1. 日保养

日保养是由设备操作工人每班（白班、中班、夜班）必须进行的设备保养工作，其内容包括：清扫、加油、调整、检查润滑、异常声音、漏油（水）等情况，并认真做到班前四件事、班中五注意和班后四件事（见图4-65）。

（1）班前四件事

① 消化图样资料，检查交接班记录。

② 擦拭设备，按规定润滑加油。

③ 检查手柄位置和手动运转部位是否正确、灵活，安全装置是否可靠。

④ 低速运转检查转动是否正常，润滑、冷却是否畅通。

（2）班中五注意

① 注意运转声音。

② 注意设备的温度、压力、液位。

③ 注意电气、液压、水压系统。

④ 注意仪表信号。

⑤ 注意安全保险装置是否正常。

（3）班后四件事

① 关闭开关，所有手柄放到零位。

② 清除铁屑、垃圾，擦净设备表面油污，并加油。

③ 清扫工作场地，整理附件、工具。

④ 填写交接班记录和设备运转记录，办理交接班手续。

日保养主要目的是确保设备安全运行，同时也是设备维护保养的基础（见图4-66）。

图4-65　执行制度，做好保养示图　　　　　图4-66　擦净设备表面油污，并加油示图

在做好日保养的基础上还应重视周保养。周保养是由设备操作人员每周进行的一次保养，一般保养时间不低于20min，大型设备不低于30min，并按以下要求做好周保养（见图4-67）。

（1）外观。擦干净设备各部位（运转设备进行切换保养），清扫工作场地达到内外洁净无死角、无锈蚀。

（2）操纵传动。检查各部位的技术状况，紧固松动部位，调整配合间隙。检查互锁、保险装置。达到传动声音正常、安全可靠（见图4-68）。

图4-67　做好周保养，运行有保证示图

图4-68　紧固螺栓，调整间隙示图

（3）液压润滑。清洗油线、防尘毡、滤油器，油箱添加油或换油。检查液压系统，达到油质清洁，油路畅通，无渗漏。

（4）电气系统。擦拭电动机、蛇皮管表面，检查绝缘、接地，达到完整、清洁、可靠。

（5）设备附件摆放整齐、有序、齐全，无丢失现象，环境整齐，无杂物。

（6）所有管路、阀门基本无跑、冒、滴、漏现象，各标识醒目等（见图4-69）。

图4-69　检查阀门，防止渗漏示图

2. 一级保养

一级保养是以操作者为主，维修工人配合，按计划对设备进行的保养。其内容是：检查、清扫、调整电器控制部位；彻底清洗、擦拭设备外表，检查设备内部；检查、调整各操作部位、传动机构的零部件；检查油泵、疏通油路，检查油箱油质、油量；清洗或更换油毡、油线，清除各活动面上的毛刺；检查、调节各指示仪表与安全防护装置；发现故障隐患和异常，要予以排除等。设备经一级保养后要求达到，外观清洁、明亮；油路畅通、油窗明亮，操作灵敏，运转正常；安全防护、指示仪表齐全、可靠。保养人员应将保养的主要内容、保养过程中发现和排除的隐患、异常情况、试运转结果、试生产零件精度、运行性能等，以及存在的问题做好记录。一级保养主要目的是减少设备磨损，消除隐患、延长设备使用寿命，为完成到下次一级保养期间的生产任务在设备方面提供保障（见图4-70）。

擦拭设备外表

检查设备内部

测绘零部件

图4-70　设备一级保养示图

3. 二级保养

二级保养是以专业维修人员为主，操作工为辅，按设备检修计划对设备进行的检查和修理。二级保养的工作量介于中修理（中修是对设备进行部分解体，修理或更换主要零部件与基准件，或修理使用期限等于或小于修理间隔期的零件）和小修理（小修是按照设备定期维修规定的内容，对日常点检和定期检查中所发现的问题，拆卸有关的零部件，进行检查、调整、修复或更换失效的零件，以恢复设备的正常功能）之间，既要完成小修理的部分工作，又要完成中修理的一部分工作，主要针对设备易损零部件的磨损与损坏进行修复或更换。二级保养要完成一级保养的全部工作，还要求清洗润滑部位全部，结合换油周期检查润滑油质，进行清洗换油。检查设备的动态技术状况与主要精度（噪声、震动、温升、油压、波纹、表面粗糙度等），调整安装水平，更换或修复零部件，刮研磨损的活动导轨面，修复调整已劣化部位的精度，校验仪表，修复安全装置，清洗或更换电机轴承，测量绝缘电阻等。经二级保养后，要求精度和性能达到工艺要求，无漏油、漏水、漏气、漏电现象，声响、震动、压力、温升等符合标准。二级保养前后应对设备进行动、静技术状况测定，并认真做好保养记录。二级保养主要目的是使设备达到完好标准，提高和巩固设备完好率，延长使用寿命（见图4-71）。

全面检查和更换零部件   修复设备主要零部件   更换失效的零件

图 4-71 设备二级保养示图

4. 设备三级保养的重要性（事故案例请扫描二维码）

二维码中列举的事故案例告诉我们，加强设备安全管理是实现企业安全生产的重要保证。因此，设备操作人员要提高认识，加强本岗位设备的安全管理，同时要熟知、掌握"三好""四会"的内容，并能严格执行（见图4-72）。

图 4-72 熟知要求示图

（1）"三好"的内容。①管好：自觉遵守定人定机制度，凭操作证使用设备，不乱用别人的设备，管好工具、附件，不丢失损坏，放置整齐，安全防护装置齐全、灵敏可靠，线路、管道完整。②用好：设备不带病运转，不超负荷使用，不大机小用、精机粗用。遵守操作规程和维护保养规程。细心爱护设备，防止事故发生。③修好：按计划检修时间，停机修理，积极配合维修工，参加设备的二级保养工作和大、中修理后验收试车工作。

（2）"四会"的内容。①会使用：熟悉设备结构，掌握设备的技术性能和操作方法，懂得加工工艺，正确使用设备。②会保养：正确地按润滑图表的规定加油、换油，保持油路畅通，清洁油线、油毡、滤油器，认真清扫，保持设备内外清洁，无油垢、无脏物等。按规定的时间进行一级保养工作。③会检查：了解设备精度标准，会检查与加工工艺有关的精度检验项目，并能进行适当调整。会检查安全防护和保险装置。④会排除故障：能通过声音、温度和运转情况，发现设备的异常状况，并能判断异常状况的部位和原因，及时采取措施，排除故障。

5. 设备三级保养示例

为有效做好设备设施的维护保养工作，这里以施工升降机为例，重点介绍"三级"保养作业的内容及要求（按施工升降机的管理标准进行维护保养）。

（1）一级保养是指设备运行了一定时间后，按计划对设备进行的维护保养（由设备管理人员负责，操作人员配合）。主要检查的项目见图4-73。

吊笼和防护围栏各受力杆件及转角节点完整无变形及各连接螺栓均应紧固可靠。

检测导轨架的垂直偏差度，并对导轨顶部、下部和中部的连接螺栓进行抽查，同时对各节导轨架上压装齿条的内六角螺栓进行检查。

检查各层的附墙撑、导柱、稳固撑、过桥梁等构件之间的压板、螺栓、扣环及螺栓的紧固情况。

检查齿轮齿条啮合情况，如间隙过大要及时调整更换；检查减速器内的油量及蜗杆蜗轮啮合等情况。

检查防坠安全器(限速器)的间隙、定位可靠性及松动、短缺，都应紧固、补齐。

检查电气设备的接触器、熔断器、行程开关、电缆、接地电阻和电气线路。

图4-73　施工升降机一级保养示图

（2）二级保养是指设备运行了一定时间后，按设备检修计划，对设备进行的维护保养人修（大修是一种对设备整体进行恢复性定期计划修理的方法）工作，由专业单位负责，有关作业人员配合。主要大修的项目有以下内容。

① 拆检传动机构。检查传动装置，清洗各传动零件、部件和密封件，检查、更换有关磨损的零件，清洗箱体，并加注润滑油。

② 拆检吊笼各导轨滚轮和绳轮。拆下各滚轮、绳轮组件，清洗、检查各滚动轴承、轴和密封件、更换有缺陷和磨损的零件，重新装配合适。

③ 鉴定防坠安全器（限速器）。拆下到期的限速器总成，作动作速度的鉴定，如有问题必须及时修理或更换（见图4-74）。

④ 拆检天轮总成。检查天轮支架钢构件，如有磨损、变形、裂缝或严重锈蚀等缺陷，应予校正和补强。

⑤ 检查钢丝绳及其附件。全面检查钢丝绳的磨损和断丝及绳卡等情况，如损坏超标，应按报废标准处理，同时要做好保养润滑工作（见图4-75）。

⑥ 检查全部电气元件，如有烧伤、磨损、老化失效的元件，应予以换新。检修缓冲器，分解缓冲器组件，检修或更换损坏的零件（见图4-76）。

图 4-74　防坠安全器示图

图 4-75　钢丝绳及绳卡示图

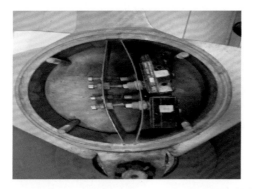

图 4-76　缓冲器示图

（3）日保养是指设备运行 1 个工作日（8h）后，按照设备管理的规定进行的保养工作（由操作人员负责）。施工升降机日保养工作可结合设备点检表在工作前、工作后进行自检。自检内容见图 4-77、表 4-1。

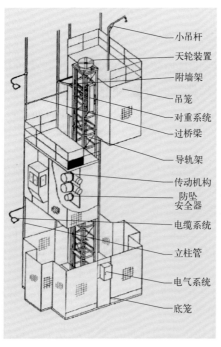

小吊杆
天轮装置
附墙架
吊笼
对重系统
过桥梁
导轨架
传动机构
防坠安全器
电缆系统
立柱管
电气系统
底笼

图 4-77　施工升降机自检内容示图

表4-1 日保养重点部位自检表

序号	自检内容	\multicolumn{31}{c|}{日期}	问题整改内容
		1	2	3	4	5	6	7	8	9	10	11	12	13	14	15	16	17	18	19	20	21	22	23	24	25	26	27	28	29	30	31	
1	导轨架																																	
2	传动机构																																	
3	吊笼																																	
4	电缆																																	
5	电气系统																																	
6	附墙架																																	
7	润滑系统																																	
8	对重系统																																	
9	安全装置																																	

自检结果：正常打"√"，存在问题打"×"，属于不安全因素的填写在班组安全台账内，以备查。

| 班组长签名 | | 施工队抽检记录 | |

七、危险化学品管理

1. 基本概念

（1）危险化学品，是指有毒害、腐蚀、爆炸、燃烧、助燃、放射等危险性质，对人体、设施、环境具有危害的剧毒化学品和其他化学品。危险化学品的生产、经营、储存、使用、运输、装卸以及废弃处置均具有较大的危险性，一旦发生事故，将会对社会和广大人民群众的生命财产造成重大损害。

（2）危险化学品的种类，根据其危害特性可分为 8 大类：

① 爆炸品（如 TNT 等）。

② 压缩气体和液化气体（如氢气、液化气等）。

③ 易燃液体（如苯等）。

④ 易燃固体、自燃物品和遇湿易燃物品（如钠、钾等）。

⑤ 氧化剂和有机过氧化物（如过氧化钠等）。

⑥ 放射性物品（如铀等）。

⑦ 毒害品（如氰化物等）。

⑧ 腐蚀品（如硝酸等）。

（3）危险化学品易发事故的类别有火灾、爆炸、中毒和窒息事故等。

事故案例（事故案例请扫描二维码）。

二维码中列举的火灾、爆炸和中毒事故，其原因都是由于企业违反了《危险化学品安全管理条例》的规定，致使作业现场管理混乱，违章行为无人制止。尤其是从业人员对危险化学品的基本概念、管理内容和危险（害）特性及遇到紧急情况时的处置方法缺乏必要的知识，因而造成了多人伤害事故。因此，从事危险化学品的生产、经营、储存、使用、运输以及废弃危险化学品处置活动的生产经营单位，必须严格执行有关法律、法规和国家标准或者行业标准的规定，建立、健全严格的安全管理规章制度，采取安全、可靠的安全防护和应急处置措施，提高从业人员的素质，保证生产经营活动的安全进行。

2. 危险化学品管理要求

（1）使用要求

① 储存危险化学品的每个容器的明显位置，都应贴上合格的标签和安全数据表（见图 4-78）。

图 4-78　氰化物储存示图

② 对于使用危险化学品的人员，必须进行培训和指导，让其知晓所使用危险化学品的成分和危险，应采取的预防措施等，使员工在使用危险化学品时可以保护自己和他人。

③ 保证个人防护用品的供给，保证正确使用和保养。

④ 如实记录危险化学品的产量、流向、储存量和用途，并采取必要的保安措施，防止被盗、丢失、误售、误用。

⑤ 发现被盗、丢失、误售、误用时，必须立即

向当地公安部门报告。

（2）储存要求

① 必须储存在专用仓库、场地或室内，储存方式、方法、数量符合 GB 15603《危险化学品仓库储存通则》的规定（见图 4-79）。

② 剧毒化学品和构成重大危险源的危险化学品必须在专用仓库单独存放，实行双人收发、双人保管制度。

③ 应将剧毒化学品和构成重大危险源的危险化学品的数量、存放地点及管理人员的情况，报当地公安部门和安监部门备案。

（3）废弃处置要求（见图 4-80）。废弃处置依照固体废物污染环境防治法和国家有关规定执行，上缴危险化学品由公安部门接收，由环保部门认定的专业单位处理，关、停、转企业应向安全、环保、公安部门上报处理方案，安全监管部门要进行监督检查。

图 4-79　危化品的储存专用仓库示图

图 4-80　危险物品处理区专用仓库示图

（4）经营要求

① 经营实行许可制度，凭经营许可证向工商行政管理部门办理登记注册手续（见图 4-81）。

② 单位购买剧毒化学品，应向公安部门申领购买证、准购证。

③ 个人只能购买农药、灭鼠药、灭虫药。

（5）运输要求

① 危险化学品的运输实行资质认定制度。

② 剧毒化学品运输须向公安部门办理通行证。

③ 禁止水运剧毒品及另有规定的危险化学品。

图 4-81　危险化学品运输证和特种作业证示图

3.危险化学品管理实务（举例说明）

【例一】　掌握过氧化二苯甲酰操作、储存、运输的注意事项和消防措施及泄漏应急处理、控制、个体防护方式方法。

（1）操作注意事项。应密闭操作，局部排风。操作人员必须经过专门培训，严格遵守操作规程。应穿聚乙烯防毒服，戴橡胶手套。远离火种、热源。工作场所严禁吸烟。应使用防爆型的通风系统和设备。应避免产生粉尘。避免与还原剂、酸类、碱类、醇类接触。搬运时要轻起轻落，防止包装及容器损坏。禁止震动、撞击和摩擦。应配备相应品种和数量的消防器材及泄漏应急处理设备。

（2）储存注意事项。储存时以水作稳定剂，一般含水30%。库温应保持在2～25℃。应与还原剂、酸类、碱类、醇类分开存放，切忌混储。不宜久存，以免变质。采用防爆型照明、通风设施。禁止使用易产生火花的机械设备和工具。储区应备有合适的材料收容泄漏物。禁止震动、撞击和摩擦（见图4-82）。

（3）铁路运输时应严格按照《危险货物运输规则》中的危险货物配装表进行配装。运输时单独装运，运输过程中要确保容器不泄漏、不倒塌、不坠落、不损坏。运输时运输车辆应配备相应品种和数量的消防器材。严禁与酸类、易燃物、有机物、还原剂、自燃物品、遇湿易燃物品等同车混运。车速要加以控制，避免颠簸、震动。夏季应早晚运输，防止暴晒。运输车辆装卸前后，均应彻底清扫（见图4-83）、洗净，严禁混入有机物、易燃物等杂质。

图 4-82　按规储存的示图

图 4-83　按规清扫的示图

（4）消防措施

① 灭火方法：用水、雾状水、抗溶性泡沫、二氧化碳灭火。

② 灭火注意事项及措施：消防人员须在有防爆掩蔽处操作。遇大火切勿轻易接近。在物料附件失火，需用水保持容器冷却。禁止用砂土压盖（见图4-84）。

（5）泄漏应急处理（见图4-85）。应立即行动，隔离泄漏污染区，限制出入。消除所有点火源。建议应急处理人员戴防尘口罩，穿一般作业工作服，戴橡胶手套。勿使泄漏物与可燃物质（如木材、纸、油等）接触。用雾状水保持泄漏物湿润。尽可能切断泄漏源。小量泄漏：用惰性、湿润的不燃材料吸收泄漏物，用洁净的非火花工具收集于一盖子较松的塑料容器中，待处理。大量泄漏：用水湿润，并筑堤收容。防止泄漏物进入水体、下水道、地下室或限制性空间。应在专家指导下清除。

图 4-84　消防措施示图

图 4-85　应急处理示图

（6）接触控制和个体防护

① 工程控制。密闭操作，局部排风。提供安全淋浴和洗眼设备。

② 个体防护。对呼吸系统的防护，在可能接触粉尘时，应该佩戴过滤式防尘呼吸器。对眼睛的防护，应戴化学安全防护眼镜。对身体的防护，穿隔绝式防毒服。对手的防护，应戴橡胶手套。工作现场严禁吸烟。工作完毕，淋浴更衣。注意个人清洁卫生（见图4-86）。

（7）过氧化二苯甲酰使用规范（见图4-87）。为加强过氧化二苯甲酰使用过程的管理，有效预防火灾、爆炸事故的发生，应按照图4-87所示进行安全作业。图4-87是有关企业在长期使用过程中积累的工作经验，可供同类企业在使用过程中参考。

图4-86 个体防护品穿戴示图

按规领用须遵守

正确搬运符规定

定置码放要做好

规范投料符标准

残留清扫须及时

应急处置能掌握

图4-87 过氧化二苯甲酰使用规范示图

【例二】 掌握氰化钠储运、防护、泄漏处理的方式、方法。

（1）储运。储存于阴凉、干燥、通风良好的库房。远离火种、热源。库内相对湿度不超过80%。包装密封。应与氧化剂、酸类、食用化学品分开存放，切忌混储。储区应备有合适的泄漏物收容材料。应严格执行极毒物品"五双"管理制度（见图4-88）。运输前应先检查包装容器是否完整、密封，运输过程中要确保容器不泄漏、不倒塌、不坠落、不损坏。严禁与酸类、氧化剂、食品及食品添加剂混运。运输时运输车辆应配备泄漏应急处理设备。运输途中应防暴晒、雨淋，防高温。公路运输时要按规定路线行驶，禁止在居民区和人口稠密区停留。

（2）防护。工程控制：严加密闭，提供充分的局部排风和全面通风。尽可能机械化、自动化。提供安全淋浴和洗眼设备。呼吸系统防护：可能接触毒物时，必须戴头罩型电动送风过滤式防尘呼吸器。紧急事态抢救或撤离时，建议佩戴自给式呼吸器。眼睛防护：呼吸系统防护中已包括。身体防护：穿连衣式胶布防毒衣。手防护：戴橡胶手套。其他：工作现场禁止吸烟、进食和饮水。工作完毕，彻底清洗。单独存放被毒物污染的衣服，洗后备用。车间应配备急救设备及药品。作业人员应学会自救互救（见图4-89）。

图4-88　储存要求示图　　　　　　图4-89　个体防护设施示图

（3）泄漏处理。隔离泄漏污染区，限制出入。建议应急处理人员戴防毒面具（全面罩），穿防毒服。不要直接接触泄漏物。小量泄漏：避免扩散，用洁净的铲子收集于干燥、洁净、有盖的容器中。大量泄漏：用塑料布、帆布覆盖。然后收集回收或运至废物处理场所处置（见图4-90）。

图4-90　应急处置设施示图

【例三】　掌握丙酮使用操作规范（见图4-91）。使用丙酮时应做到以下几点，（1）操作人员必须通过企业专业培训，取得上岗证后，才能作业。（2）丙酮存放要远离火种、热源，工作场所禁止吸烟，禁止使用易产生火花的机械设备和工具。同时，丙酮要摆放在现场规定的位置，决不能乱放。（3）建议操作人员佩戴过滤式防毒面具（半面罩），戴化学安全防护眼镜，穿防静电工作服，戴橡胶手套。（4）搬运时要轻起轻落，防止包装容器损坏。（5）作业时应控制流速，且设备应有接地装置，防止静电积聚。（6）泄漏在地面的丙酮要采取专用工具及时清理，桶内存有的残液要收入专用的容器内集中处置，决不能随意乱倒。

【例四】　认真遵守危化品仓库储存物品安全管理制度（见图4-92）。

对于危化品仓库储存物品的安全管理要做到以下几点。

（1）危化品仓库储存物品必须按照《危险化学品安全管理条例》相关的管理规定严格执行。

持证操作守纪律

护品穿戴应规矩

按规搬运需遵守

定置摆放符规定

规范使用守纪律

处理方法要恰当

图 4-91　掌握丙酮使用操作规范示图

入库之前须检查

物品搬运符规定

按规堆放守纪律

定置管理落到位

安全通道须畅通

仓库设施要齐全

图 4-92　危化品仓库储存物品安全管理制度示图

（2）企业要按照《危险化学品安全管理条例》制定安全管理制度，并落实各级责任，认真做好危化品储存、运输、搬运、保管等工作，确保安全生产。

（3）上述列举的危化品仓库储存物品安全管理办法可供企业参考，但要按照储存的具体物品的理化特性和数量来进行相应处理。

【例五】　掌握危化品仓库防火管理工作的基本要求（见图4-93）。

图4-93所示的示例是依据《危险化学品安全管理条例》的规定，要求危化品仓库防火管理工作必须达到的基本要求。

（1）进入仓库要有安全须知，告示作业人员必须严格遵守各项管理规定。

（2）仓库进门处必须要有警示标志和储存的危化品MSDS资料箱（用途：一旦发生事故，可及时了解、掌握物品的理化特性和处置、施救的方法）。

（3）仓库四周通道必须要贯通，并符合安全间距。

（4）库内所有的电气线路要穿管，设备必须符合防爆要求。

管理制度须健全

防火标志要醒目

安全通道应畅通

电气设施符标准

灭火器材须配备

防范设施落到位

图4-93　危化品仓库防火管理示图

（5）仓库要设置符合要求的灭火器材，并做到摆放的位置要醒目，应急使用要方便。

（6）仓库要配备符合要求的防范设施，如液体防漏围带，一旦发生液体泄漏，能及时进行围堵，以防外流，引发事故。

八、锅炉压力容器管理

1. 基本概念

（1）锅炉压力容器是锅炉与压力容器的简称，它们同属于特种设备，在生产和生活中占有很重要的位置。压力容器由于密封、承压及介质等原因，容易发生爆炸、燃烧起火而危及人员、设备和财产安全及污染环境的事故。所以把这类压力容器作为一种特殊设备，由国家指定的专门机构，按照国家规定的法规和标准实施监督检查和技术检验。

（2）锅炉爆炸事故的原因。引发锅炉爆炸事故的原因甚多，归纳有以下几方面。

① 超压破裂。超压破裂是锅炉运行压力超过最高许可工作压力，使元件应力超过材料的极限应力而造成的事故。超压工况的原因是安全泄放装置失灵、压力表失准、超压报警装置失效，严重缺水处理不当等（见图4-94）。

② 过热失效。钢板超温烧坏，强度降低而致元件破坏。通常是由锅炉缺水干烧，结垢太厚，锅水中有油脂或锅筒内掉入石棉橡胶板等异物等原因引起（见图4-95）。

③ 腐蚀失效。因苛性脆化使元件强度降低。

④ 裂纹和起槽。元件受应力作用，产生疲劳裂纹，又由于腐蚀综合作用，形成槽状减薄。

⑤ 水击破坏。因操作不当而引起汽水系统水锤冲击，使受压元件受到强大的附加应力作用而损坏。

⑥ 修理、改造不合理。造成锅炉爆炸的隐患。

⑦ 先天性缺陷。结构受力、热补偿、水循环、用材、强度计算，安全设施等设计方面

存在错误。制造失误、用错材料、不按图施工、焊接质量低劣，热处理、水压试验等制造方面存在错误。

⑧ 违反特种设备安全管理规定，未建立、健全安全生产管理制度和操作规程，未明确各级责任制，单位违规聘用无《特种设备作业人员证》人员操作，现场缺乏监管人员，违章行为无人制止等（见图4-96）。

图4-94　炸坏的锅炉主体现场示图　　　图4-95　炸坏的过热器现场示图　　　图4-96　锅炉爆炸事故现场示图

锅炉压力容器事故案例请扫描二维码。

二维码中列举的锅炉爆炸事故，其原因都是与无证司炉工违章作业有关。这些事故告诉我们，加强企业领导的法治观念，树立生产经营单位的安全责任主体意识，严格执行锅炉压力容器安全技术法规和持证上岗作业的规定，提高司炉人员的安全意识和操作技能，强化现场安全管理，制止"三违"行为（违章指挥、违章作业、违反劳动纪律），是预防事故发生的有效保证。因此，我们要认真学习锅炉压力容器相关的管理规定，尤其是司炉工要全面了解使用锅炉应注意的事项，熟练掌握安全操作规程和管理措施，确保安全生产。

2. 管理规定和要求

（1）了解使用锅炉应注意的事项。依据国务院《特种设备安全监察条例》的规定，使用锅炉应注意以下事项：

① 锅炉出厂时应当附有安全技术规范要求的设计文件、产品质量合格证明、安全及使用维修说明、监督检验证明（安全性能监督检验证书）（见图4-97）。

② 锅炉的安装、维修、改造。从事锅炉的安装、维修、改造的单位应当取得省级特种设备监督管理部门颁发的特种设备安装维修资格证书，方可从事锅炉的安装、维修、改造。施工单位在施工前将拟进行安装、维修、改造情况书面告知直辖市或者辖区的特种设备安全监督管理部门，并将开工告知送当地县级特种设备监督管理部门备案，告知后即可施工（见图4-98）。

③ 锅炉安装、维修、改造的验收。施工完毕后施工单位要向特种设备监督管理部门、特种设备检验所申报锅炉的水压试验和安装监检。合格后由特种设备监督管理部门、特种设备检验所、县特种设备监督管理部门参与整体验收（见图4-99）。

④ 锅炉的注册登记。锅炉验收后，使用单位必须按照《特种设备注册登记与使用管理规则》的规定，填写《锅炉（普查）注册登记表》，到特种设备监督管理部门注册，并申领《特种设备安全使用登记证》。

⑤ 锅炉的运行。锅炉运行必须由经培训考试合格，取得《特种设备作业人员证》的持证人员操作，使用中必须严格遵守操作规程。

图 4-97　产品质量合格证明示图

图 4-98　锅炉维修持证作业示图

图 4-99　锅炉验收现场示图

⑥ 锅炉的检验。锅炉外部检验一般为 1 年一次定期检验（见图 4-100）；内部检验一般每 3 年进行一次（见图 4-101）；水压试验一般每 6 年进行一次，对无法进行内部检验的锅炉，应每 3 年进行一次水压力试验（见图 4-102）。未经安全定期检验的锅炉不得使用。锅炉的安全附件安全阀每年定期检验一次，压力表每半年检定一次，未经定期检验的安全附件不得使用。

⑦ 严禁将常压锅炉改造为承压锅炉使用。严禁使用水位计、安全阀、压力表三大安全附件不全的锅炉。

⑧ 锅炉检验的注意事项。a. 锅炉检验前，使用单位应提前进行停炉、冷却、放出锅炉水，并申请办理《有限空间作业许可证》，如果需要动火还应申请办理《动火作业许可证》。b. 锅炉检验时，与锅炉相连的供汽（水）管道、排污管道、给水管道及烟、风道用金属盲板隔绝，挂警示牌。c. 进入锅筒、容器检验前，应注意通排风；检验时，容器外应有人监护。d. 检验所使用照明电源的电压一般不超过 12V，如在比较干燥的烟道内还要有妥善的安全措施，可采用不大于 36V 的照明电压。e. 燃料的供给和点火装置应上锁。f. 禁止带压拆除连接部件。g. 禁止自行以气压试验代替水压试验。

图 4-100　锅炉外部检验现场示图

图 4-101　锅炉内部检验
现场示图

图 4-102　水压试验现场示图

（2）司炉工需熟练掌握的安全操作规程

① 锅炉投入运行前，应对锅炉本体、安全附件、给水设备、鼓风机等设备进行全面检查，确认正常后，方可启动开机（见图 4-103）。

② 锅炉升火、升压时，应先开引风机通风 3～5min，排出炉膛和烟道内残存可燃气体（见图 4-104）。

③ 锅炉升火速度应缓慢，从冷炉升火至运行状态时间不得少于 1～2h，从热炉压火至运行状态不得小于 0.5h。

④ 每班应定期排污 1 ～ 2 次，确保水位清晰、准确、可靠。水位变动范围不得超过正常水位 ±40mm。

图 4-103　现场安全检查示图

图 4-104　锅炉升火运行状态作业示图

⑤ 定期排污宜在高水位低负荷时进行，每次排污量约使水位下降 30 ～ 50mm。

⑥ 在低压运行时，每周应手动安全阀排气试验一次，防止阀芯和阀座粘住，确保安全阀灵敏、可靠（注：手动时，管理部门负责人和司炉工必须同时在场），并做好记录，签字（见图 4-105）。

⑦ 每月冲洗压力表存水弯管一次，检查压力表是否正常、准确。

图 4-105　安全阀排气试验作业示图

⑧ 每周应对备用给水设备试运转一次，保证其运转良好。

⑨ 每班必须做好锅炉水质处理工作，采用钠离子交换器时，应按操作规程作业，保证给水符合国家有关标准。

⑩ 每班检查引风机、炉排等轴承润滑油脂情况，补充润滑油。

⑪ 每班应清除锅炉内积灰，冲洗地板，擦净锅炉、水泵、风机等设备上的积灰、油污，保持锅炉房整洁，做到文明生产（见图 4-106）。

图 4-106　环境清扫示图

图 4-107　锅炉运行监视示图

⑫ 锅炉运行期间，必须密切监视水位、压力和燃烧情况，正确调整各种参数，按运行记录填写相关参数（见图 4-107）。

⑬ 锅炉运行期间，应随时检查锅炉人孔、手孔及受压部件是否有泄漏变形等异常现象。

⑭ 锅炉运行期间，应定期检查鼓风机、引风机、水泵、炉排等运转情况（见图4-108）。

图4-108　现场巡视示图

⑮ 夜间压火期间，应有专人值班，检查压力、水位是否正常，检查炉膛内煤层有否熄灭或复燃等情况。

⑯ 锅炉对外供汽时，应先打开分汽缸、蒸汽管下的疏水阀排尽冷凝水，而后稍开供汽阀进行暖管，最后再开大供汽阀对外供汽。

⑰ 操作人员应认真及时、准确真实地记录锅炉的实际运行状况，并做好交接班工作。

（3）安全管理措施

① 锅炉使用单位要增强安全意识，建立、健全锅炉安全管理制度，加强锅炉操作人员的培训，确保锅炉操作人员持证上岗（见图4-109）。

② 严格执行锅炉安全附件的定期检验制度，安全阀每年必须校验一次（见图4-110），压力表每半年校验一次（见图4-111），水位表每天冲洗一次（见图4-112）。多功能水位报警器、超压报警装置、自动上水装置、风机调速装置和排污阀，应每天检查试验一次，保证安全附件安全可靠，同时要按照设备管理的规定，加强锅炉维护保养。

图4-109　司炉工作业证示图

图4-110　安全阀示图

图4-111　压力表示图

③ 锅炉运行过程中，司炉工不准脱岗，不得从事与司炉无关的工作。如果出现水位过低、压力急剧变化、出现异常声响，或出现严重漏水、漏气等情况，司炉工应立即采取紧急停炉措施（见图4-113），决不能随意关闭阀门（缺水事故：a.轻微缺水时，可以立即向锅炉上水，使水位恢复正常；b.严重缺水时，必须紧急停炉，并不得开启放空阀或提升安全阀排汽，以防止锅炉受到突然温度或压力的变化而扩大事故，同时还应注意停炉后，开启省煤器旁路烟道挡板，关闭主烟道挡板，打开灰门和炉门，促使空气对流，加快炉膛冷却。满水事故：关闭给水阀，停止向锅炉上水，启用省煤器再循环管路，减弱燃烧，开启排污阀及过热器、蒸汽管道上的疏水阀；待水位恢复正常后，关闭排污阀及各疏水阀；查清事故原因并予以消除，方可恢复正常运行）。

图 4-112 水位表示图

图 4-113 现场应急处置示图

九、气瓶安全管理

1. 气瓶基本概念

（1）气瓶的结构和特点。气瓶是一种专作储装气体的压力容器，结构见图 4-114。气瓶广泛应用在工业生产和人民生活中，它的特点是：

① 气瓶要经常搬动，所以它的体积小，较方便，容积一般都在 30 ~ 200L 之间。

② 气瓶的高度一般适中，都在 1.5m 左右。

③ 气瓶一般要求直立放置，为避免滚动或互相撞击，气瓶底部都有立放的支座。

④ 气瓶上只有一个接口管，接口管内孔一般是锥形的，而且有内螺纹，以便装设瓶阀和保护瓶阀的装置。

⑤ 气瓶的安全性直接关系到人民生命和国家财产的安全，所以国家对气瓶的安全管理十分重视，先后颁布了法律、条例、规程。如：《中华人民共和国特种设备安全法》《特种设备安全监察条例》《气瓶安全监察规程》《气瓶安全技术规程》。

（2）气瓶易发事故和原因。气瓶易发事故主要是爆炸，其原因有：

① 充装压力过高，超过规定的允许压力。

② 气瓶充至规定压力，而后气瓶因接近热源或在太阳下暴晒、受热而温度升高，压力随之上升，直至超过爆炸极限。

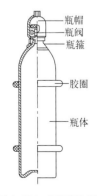

图 4-114 气瓶结构示图

图 4-115 各种气瓶混放示图

③ 气瓶内、外表面被腐蚀，瓶壁减薄，强度下降。

④ 气瓶在运输、搬运过程中受到滚动、撞击、产生机械损伤等。

⑤ 气瓶材质不符合要求，或制造存在的缺陷等。

⑥ 管理混乱，违章作业，将含有可燃物的气瓶进入充装环节，各类气瓶混放及其使用时，瓶与瓶的安全间距达不到要求等（见图4-115、图4-116）。

气瓶事故案例请扫描二维码。

二维码中列举的事故案例，其原因都是在使用、充装和处置钢瓶时，从业人员缺乏必要的安全知识和操作技能及其管理不力，因而造成了钢瓶爆炸事故。因此，我们要加强对气瓶的安全管理，确保气瓶充装、运输、储存、使用和检测（验）的安全。

图4-116　氧气瓶与乙炔瓶安全间距不符合要求示图

2. 气瓶安全管理规定

（1）根据《压缩气体气瓶充装规定》（GB 14194—2017）气瓶充装前的检查和处理。充装前气瓶应由专人负责逐只进行检查，把好气瓶进站准入关（见图4-117），检查内容及要求至少应包括：

① 气瓶应由具有"特种设备制造许可证"的单位生产；

② 进口气瓶应经特种设备安全监督管理部门认可；

③ 充装的气体应与气瓶制造钢印标志中充装气体名称或化学分子式相一致；

④ 警示标签上印有的瓶装气体的名称及化学分子式应与气瓶钢印标志一致；

⑤ 气瓶应是本充装站自有产权气瓶或其他充装站托管的气瓶；

⑥ 气瓶外表面的颜色标志应符合 GB/T 7144 的规定，且清晰易认；

⑦ 气瓶瓶阀的出气口螺纹型式应符合 GB/T 15383 的规定，即可燃气体用的瓶阀，出口螺纹应是左旋，其他气体用的瓶阀，出口螺纹应是右旋的；

⑧ 气瓶外表面应无裂纹、严重腐蚀、明显变形及其他严重外部损伤缺陷；

⑨ 气瓶应在规定的检验有效期内；

⑩ 气瓶的安全附件应齐全并符合安全要求；

⑪ 充装氧气或其他强氧化性气体的气瓶，其瓶体、瓶阀不得沾染油脂或其他可燃物。

（2）气瓶充装气体时，应严格遵守下列各项规定：

① 充装前应检查确认气瓶是经过检查合格的（应有记录）（见图4-118）；

② 用防错装接头进行充装时，应认真仔细检查瓶阀出气口的螺纹与所装气体所规定的螺纹型式是否相符，防错装接头各零件是否灵活好用；

③ 开启瓶阀时应缓慢操作，并应注意监听瓶内有无异常音响；

④ 禁止用扳手等金属器具敲击瓶阀和管道；

⑤ 在瓶内气体压力达到 7MPa 以前应逐只检查气瓶的瓶体温度是否一致，在瓶内气体压力达到 10MPa 以前应逐只检查气瓶的瓶阀及各连接部位的密封是否良好，发现异常时应及时妥善处理；

⑥ 气瓶的充装流量不得大于 $8m^3/h$（标准状态下）；

⑦ 用充气汇流排充装气瓶时，禁止在充装过程中插入空瓶进行充装。

（3）充装后的气瓶，应有专人负责，逐只进行检查（气瓶出站检查关见图 4-119）。不符合要求时，禁止出厂，并进行妥善处理。检查内容至少包括：

① 瓶内压力（充装量）及质量是否符合安全技术规范及相关标准的要求；

② 瓶阀出气口螺纹及其密封面是否良好；

③ 气瓶充装后是否出现鼓包变形或泄漏等严重缺陷；

④ 瓶体的温度是否有异常升高的迹象；

⑤ 气瓶的瓶帽、充装标签和警示标签是否完整。

图 4-117　气瓶进站准入关　　　　图 4-118　气瓶检查关　　　　图 4-119　气瓶出站检查关

（4）运输气瓶应遵守的安全规定

① 运输工具上应有明显的安全标志（见图 4-120）。

② 气瓶必须戴好瓶帽，轻装轻卸，严禁抛、滑、滚、撞。

③ 吊装时，严禁使用电磁起重机和链绳（见图 4-121）。

图 4-120　运输气瓶专用车示图　　　　图 4-121　气瓶规范吊装示图

④ 瓶内气体相互接触能引起燃烧、爆炸、产生毒物的气瓶，不得同车运输；易燃、易爆、腐蚀性物品或与瓶内气体起化学反应的物品，不得与气瓶一起运输。

⑤ 气瓶装在车上应妥善固定。横放时，头部朝向应一致，垛高不得超过车厢高度，但不超过 5 层；立放时，车厢高度应在瓶高的 2/3 以上。

⑥ 夏季运输应有遮阳设施，避免暴晒；城市繁华地段应避免白天运输。

⑦ 严禁烟火。运输可燃气体气瓶时，车上应备有灭火器材。

⑧ 装有液化石油气的气瓶，不应长途运输。运输气瓶过程中，司机与押运人员不得同时离开运输工具。

（5）储存气瓶应遵守的安全规定

① 应置于专用仓库储存，气瓶仓库应符合《建筑设计防火规范》（GB 50016）的有关规定（见图 4-122）。

图 4-122　专用仓库储存示图　　　　图 4-123　满瓶、空瓶分开放置示图

② 仓库内不得有地沟、暗道，严禁明火和其他热源；仓库内应通风、干燥、避免阳光直射。

③ 盛装易起聚合反应或分解反应气体的气瓶，必须规定储存周期，并避开放射性射线源。

④ 空瓶、实瓶分开放置，标志明显；毒性气体气瓶和瓶内气体相互接触能引起燃烧、爆炸、产生毒物的气瓶，应分室存放；仓库附近应设置防毒用具和灭火器材（见图 4-123）。

⑤ 旋紧瓶帽，放置整齐，留有通道，妥善固定。气瓶卧放，头部朝向一方，垛高不得超过 5 层。

（6）使用气瓶应遵守的安全规定

① 使用前要仔细察看气瓶肩部球面部分的标志，特别是注意"下次试压时间"。并在使用过程中按照要求定期对气瓶做技术检验，不得使用超过应检期限的气瓶（注：防止气瓶内外被腐蚀，瓶壁变薄，强度下降）（见图 4-124）。

图 4-124　检查气瓶的示图　　　　图 4-125　气瓶专用小车示图　　　　图 4-126　使用时安全间距示图

② 使用时，首先要做外部检查，检查重点是瓶阀、接管螺纹、减压器、气瓶帽、防震圈等。如果发现有漏气、滑扣、表针动作不灵等，应及时维修，切忌随便处理。禁止带压拧紧阀杆、调整垫料。检查漏气时可用肥皂水，不得使用明火。氧气瓶与电焊在同一场所使用时，瓶底应垫上绝缘物，以防气瓶带电。与气瓶接触的管道和设备要有接地装置，防止由于产生静电造成燃烧或爆炸。冬季使用氧气瓶时，瓶阀或减压器可能出现结霜现象，可用温热水解冻，严禁用火烘烤或用铁器敲击瓶阀，也不能猛拧减压器的调节螺钉，以防气体大量冲出造成事故。

③ 在使用和搬运气瓶时，要装上安全帽、防震圈，应避免剧烈震动和撞击。搬运气瓶过程中要轻起轻落，并用专门的抬架或小推车（见图 4-125），禁止直接使用钢丝绳等吊运氧气瓶。使用和储存时，应用栏杆或支架对气瓶加以固定，要有防倒链条保护、挂"满"或"空"的标志。

④ 注意事项（如常用的氧气瓶）：

a. 氧气瓶应远离高温、明火和熔融金属飞溅物（相距 10m 以上）；与其他可燃气瓶同时使用时，两瓶应间隔在 5m 以上（见图 4-126）；夏季使用时不得在烈日下暴晒。

b. 开启瓶阀或减压器时动作要缓慢，以防喷出高速气流中的静电火花放电、固体微粒的碰撞热等引起氧气瓶和减压器爆炸着火。

c. 氧气瓶中氧气不能全部用尽，应留有一定余气，使气瓶保持正压，并关紧阀门防止漏气。目的是预防可燃气倒流入瓶，而且在充气时便于化验瓶内气体成分。

d. 氧气瓶阀不得沾染油脂，不得用沾有油脂的工具、手套或油污工作服等接触瓶阀和减压器。

（7）气瓶应急的处置

① 当气瓶受到外界火焰威胁时，若火焰尚未波及气瓶，应全力扑灭；若火焰已波及气瓶，应将气瓶转移到安全地方或喷射大量水进行冷却；若火焰发自瓶阀，应迅速关闭瓶阀，切断气源。

② 当气瓶发生泄漏事故时，应根据气瓶的泄漏部位、泄漏量、泄漏气体性质及影响情况，就地阻止。如不能阻止，可根据气瓶盛装气体的性质，将泄漏的气瓶浸入到冷水池中或石灰池中使之吸收；若有大量的毒性气体泄漏，周围人员须迅速疏散，并穿戴防护用品进行处理；如果是可燃气体泄漏，应迅速处置，做好各项灭火工作，喷水冷却。

（8）根据《气瓶安全技术规程》（TSG23—2021）确定气瓶检验的周期（见表 4-2）。

表4-2　气瓶定期检验周期

气瓶品种		介质、环境		检验周期/年
钢质无缝气瓶、钢质焊接气瓶（不含液化石油气钢瓶、液化二甲醚钢瓶）、铝合金无缝气瓶		腐蚀性气体、海水等腐蚀性环境		2
		氮、六氟化硫、四氟甲烷及惰性气体		5
		纯度大于或者等于 99.999% 的高纯气体（气瓶内表面经防腐蚀处理且内表面粗糙度达到 Ra0.4 以上）	剧毒	5
			其他	8
		混合气体		按混合气体中检验周期最短的气体特性确定（微量组分除外）
		其他气体		3
液化石油气钢瓶、液化二甲醚钢瓶	民用	液化石油气、液化二甲醚		4
	车用			5
车用压缩天然气瓶		压缩天然气、氢气、空气、氧气		3
车用氢气气瓶				
气体储运用纤维缠绕气瓶				
呼吸器用复合气瓶				
低温绝热气瓶（含车用气瓶）		液氧、液氮、液氩、液化二氧化碳、液化氧化亚氮、液化天然气		3
溶解乙炔气瓶		溶解乙炔		3

注：有下列情况之一的气瓶，应当及时进行定期检验：

① 有严重腐蚀、损伤，或者对其安全可靠性有怀疑的；

② 库存或者停用时间超过一个检验周期后投入使用的；

③ 发生交通事故，可能影响车用气瓶安全的；

④ 气瓶相关标准规定需要提前定期检验的其他情况，以及检验人员认为有必要提前检验的。

3. 常见气瓶颜色标记

常见气瓶颜色标记见表 4-3。

表4-3　常见气瓶颜色标记

序号	介质名称	化学式	颜色	字样	字色	色环
1	氢	H_2	淡绿	氢	大红	$P=20$，大红单环 $P=30$，大红双环
2	氧	O_2	淡（酞）蓝	氧	黑	$P=20$ 白色单环 $P=30$ 白色双环
3	氨	NH_3	淡黄	液氨	黑	
4	氯	Cl_2	深绿	液氯	白	
5	氮	N_2	黑	氮	淡黄	$P=20$ 白色单环 $P=30$ 白色双环
6	硫化氢	H_2S	白	液化硫化氢	大红	
7	乙炔	C_2H_2	白	乙炔不可近火	大红	
8	二氧化碳	CO_2	铝白	液化二氧化碳	黑	$P=20$ 黑色单环
9	二氯二氟甲烷	CCl_2F_2	铝白	液化二氯二氟甲烷 R-12	黑	
10	二氯四氟乙烷	$C_2Cl_2F_4$	铝白	液化氟氯烷 R-114	黑	
11	甲烷	CH_4	棕	甲烷	白	$P=20$ 白色单环 $P=30$ 白色双环
12	乙烷	C_2H_6	棕	液化乙烷	白	$P=15$ 白色单环 $P=20$ 白色双环
13	丙烷	C_3H_8	棕	液化丙烷	白	
14	环丙烷	C_3H_6	棕	液化环丙烷	白	
15	乙烯	C_2H_4	棕	液化乙烯	淡黄	$P=15$ 白色单环 $P=20$ 白色双环
16	丙烯	C_3H_6	棕	液化丙烯	淡黄	
17	氩	Ar	银灰	氩	深绿	$P=20$ 白色单环 $P=30$ 白色双环
18	氦	He	银灰	氦	深绿	
19	氖	Ne	银灰	氖	深绿	
20	一氧化二氮	N_2O	银灰	液化笑气	黑	$P=15$ 黑色单环
21	二氧化硫	SO_2	银灰	液化二氧化硫	黑	
22	环氧乙烷	CH_2OCH_2	银灰	液化环氧乙烷 R-1113	大红	

注：1. 摘自《气瓶颜色》(GB/T 7144—2016)；

　　2. P 为公称压力，单位为 MPa。

气瓶安全管理的内容可扫描二维码（如，液化气瓶正确使用视频）。

十、日常事务管理

日常事务管理是指企业内部的日常管理事务与各项服务。其中安全管理的内容尤为重要，如作业环境、员工的工作状态、安全操作规程、遵守作业标准、员工防护用品的穿戴、物的不安全状态、人的不安全行为、季节的变化、夜间安全生产等。具体内容如下：

1. 关注现场的作业环境

环境是在事故的发生中不可忽视的因素。通常，工作环境脏乱、工厂布置不合理、搬运工具不合理、采光与照明差、工作场所危险都易发生事故。所以，职工在安全防范中应提高对作业环境的注意度，整理整顿生产现场，平时需关心以下一些事项（见图4-127）。

图4-127　现场作业环境示图

（1）作业现场的采光与照明情况是否符合标准。

（2）通风状况。

（3）作业现场是否有许多碎铁屑与废料，会不会影响作业。

（4）作业现场的通道情况是否足够宽敞畅通。

（5）作业现场的地面是否有油污或积水，会不会影响员工的作业。

（6）作业现场的窗户是否擦拭干净、明亮。

（7）防火设备的功能是否可以正常地发挥，有没有进行定期检查。

（8）载货的手推车在不使用时是否放在指定地点。

（9）作业安全宣传与指导的标语是否贴在最引人注目的地方。

（10）经常使用的楼梯、货品放置台是否有摆放不良的物品。

（11）设备装置与机械设备是否符合管理要求。

（12）机械的运转状况是否正常，润滑油注油口有没有跑冒滴漏的现象。

（13）下雨天，雨伞与雨具是否放置在规定的地方。

（14）作业现场是否放置有危险品，其管理是否妥善，是否做了定期检查。

（15）作业现场入口的门是否处于最容易开启的状态。

（16）放置废物和垃圾的地方通风是否良好。

（17）日光灯的台座是否牢固，是否清理干净。

（18）电气装置的开关或插座是否有脱落处。

（19）机械设备的附属工具是否定置码放。

（20）班组长交代的工作任务和注意的事项，员工是否都能严格执行。

（21）同一地点的交叉作业是否能相互配合、衔接。

（22）其他问题（见图4-128）。

2. 关注员工的工作状态

关注员工的工作状态是指基层管理者在工作过程中需关注员工是否存在身心疲劳现象。因为员工身体状况不好或因超时作业而引起身心疲劳，会导致员工在工作中无法集中注意力。

员工在追求高效率作业时，也要适时地根据自己的身体状况作出相应调整，不能在企业安排休养时间内做过于令人刺激兴奋的娱乐活动，这样不但没有使身体得到很好的恢复，上岗时还会降低工作效率。一般来说，班组长要留意以下事项（见图4-129）。

图4-128　现场安全检查示图

图4-129　提示员工必须集中注意力示图

（1）员工对作业是否持有轻视的态度。

（2）员工对作业是否持有开玩笑的态度。

（3）员工对班组长的命令和指导是否持有抵触的态度。

（4）员工是否有与同事发生不和的现象。

（5）员工是否有睡眠不足的情形。

（6）员工身心是否有疲劳的现象。

（7）员工手、足的动作是否经常保持正常状态。

（8）员工是否经常有轻微感冒或身体不适的情形。

（9）员工对作业中发现的问题是否有不及时上报的情形。

（10）员工是否有心理不平衡或担心的地方。

（11）员工是否有穿着不整洁工作服和违反公司规定的现象。

（12）其他问题。

3. 督促员工严格执行安全操作规程

安全操作规程是无数人在生产实践中摸索，甚至是用鲜血换来的经验教训，集中反映了生产的客观规律（见图4-130、图4-131）。

图4-130　讲解员工工作状态重要性示图

图4-131　督促员工严格执行安全操作规程示图

（1）精力高度集中。人的操作动作不仅要通过大脑的思考，还要受心理状态的支配。如果心理状态不正常，注意力就不能高度集中，在操作过程中易发生因操作方法不当而引发事故的情况。

（2）文明操作。要确保安全操作，就须做到文明操作，做到清楚任务要求，对所需原料性质十分熟悉，及时检查设备及其防护装置是否存在异常，排除设备周围的障碍物品，力求做到准备充分，以防注意力在操作过程中分散。

操作中出现异常情况也属正常现象，切记不可过分紧张和急躁，一定要保持冷静并善于及时处理，以免酿成操作差错而发生事故；杜绝麻痹、侥幸、对不安全因素熟视无睹的现象，从小事做起，从自身做起，把安全放在首位，真正做到高高兴兴上班，平平安安回家。

4. 监督员工严格遵守作业标准

事实证明，违章操作是导致绝大多数安全事故发生不可忽视的因素。因此，为了避免发生安全事故，就要求员工必须严格遵守标准。在操作标准的制定过程中，充分考虑影响安全方面的因素，违章操作很可能导致安全事故的发生。

特别是处于第一线的班组长，要现场指导、跟踪确认（见图4-132）。该做什么，怎样去做，重点在哪儿，班组长应该对员工传授到位。不仅要教会，还要跟进确认一段时间，检测员工是否已经真正地掌握了操作标准，成绩稳定与否。倘若只是口头交代，没有去跟踪的话，就算执行了也注定做不好。

5. 监督员工穿戴防护用品

基层管理者，一定要熟悉本公司、本车间在何种条件下使用何种防护用品，同时也要了解掌握各种防护用品的用途。倘若员工不按规定穿戴防护用品，可以向其讲解公司的规定，也可向他们解释穿戴防护用品的好处和不穿戴防护用品的危害（见图4-133）。在佩戴和使用防护用品时，谨防发生以下情况。

图4-132 作业标准现场指导示图

图4-133 指导员工正确穿戴防护用品示图

（1）从事高处作业的人员，因没系好安全带而发生坠落。

（2）从事电工作业（或手持电动工具）的人员因不穿绝缘鞋而发生触电。

（3）在车间或工地，工作服不按要求穿着，或虽穿工作服但着装邋遢，敞开前襟，不系袖口等，而造成机械缠绕。

（4）长发不盘入工作帽中，导致长发被卷入机械里。

（5）不正确戴手套。有的该戴手套的不戴，造成手部烫伤、有的不该戴手套的却戴了，造成机械卷住手套连同手也一齐带进去，甚至发生连胳膊也带进去的伤害事故。

（6）护目镜和面罩佩戴不适当，面部和眼睛遭受飞溅物伤害或灼伤，或受强光刺激，导致视力受伤。

（7）安全帽佩戴不正确。当发生物体坠落或头部受撞击时，造成伤害事故。

（8）在工作场所不按规定穿用防护皮鞋，致使脚部受伤。

（9）各类口罩、面具选择使用不正确；因防毒用具使用不当造成伤害事故（见图4-134）。

图4-134　讲解穿戴防护用品的重要性示图　　　图4-135　缺乏防护罩示图

6. 检查生产现场是否存在物的不安全状态

各级管理者在现场巡查时，要检查生产现场是否存在物的不安全状态，主接包括以下几个方面。

（1）检查设备的安全防护装置是否良好。防护罩（见图4-135）、防护栏（网）、保险装置，联锁装置、指示报警装置等是否齐全、灵敏有效，接地（接零）是否完好。

（2）检查设备、设施、工具、附件是否有缺陷。制动装置是否有效，安全间距是否符合要求，电气线路是否老化、破损，起重吊具与绳索是否符合安全规范要求，设备是否带"病"运转或超负荷运转。

（3）检查易燃、易爆物品和剧毒物品的储存、运输、发放和使用情况，是否严格执行了制度；通风、照明、防火等是否符合安全要求。

（4）检查生产作业场所和施工现场有哪些不安全因素。有无安全出口，扶梯、平台是否符合安全标准，产品的堆放、工具的摆放、设备的安全距离、操作者的安全活动范围、电气线路的走向和距离是否符合安全要求，危险区域是否有护栏和明显标志（见图4-136）等。

7. 检查员工是否存在不安全操作行为

各级管理者在现场巡查时，要检查在生产过程中员工是否存在不安全行为或不安全的操作，主要包括以下几个方面。

（1）检查有无忽视安全技术操作规程的现象。比如，操作无依据、没有安全指令、人为地损坏安全装置或弃之不用，冒险进入危险场所，对运转中的机械

图4-136　危险区域缺乏警示标志示图

装置进行注油、检查、修理、焊接和清扫等。

（2）检查有无违反劳动纪律的现象。比如，在工作时开玩笑、打闹、精神不集中、脱岗、睡岗、串岗、冒险攀爬（见图4-137）；滥用机械设备或车辆等。

（3）检查日常生产中有无误操作、误处理的现象。比如，在运输、起重、修理等作业时信号不清、警报不鸣；对重物、高温、高压、易燃、易爆物品等做了错误处理；使用了有缺陷的工具、器具、起重设备、车辆等。

8. 夏季前后安全工作的要点

夏季的主要特点是：气候炎热异常，雷雨频繁，空气潮湿闷热，职工休息不好，容易疲劳。根据季节特点和企业实际状况，应做好下列工作：

（1）防暑降温。防暑降温是夏季劳动保护工作的重要内容，企业应根据实际抓好降温设备（如空调、风扇）的检查和配备工作；抓好从事高温作业人员的体检工作；抓好防暑降温饮品的发放供应工作；抓好防中暑的药品（如人丹、十滴水、清凉油等）的发放工作；抓好医疗卫生的巡检服务工作（见图4-138）。

图4-137　纠正人的不安全行为示图　　　　图4-138　防暑降温药品、冷饮物品示图

（2）防汛。企业应根据实际抓好屋面堵漏和下水道疏通工作（见图4-139）；抓好防汛的组织管理（如成立防汛指挥部和抢险突击队等）工作；抓好防汛设施的检查和维修工作；抓好防汛物资（如草袋、抢险工具等）的准备工作等。

图4-139　下水道疏通示图　　　　　　　　图4-140　检查电气线路示图

（3）防雷击和防台风。企业在惊蛰前应做好避雷设施的检测工作；做好危房和高层建筑和设施（如烟囱等）的检查和加固工作。

（4）防触电。在南方由于雨水多、气候炎热，特别是梅雨季节湿度大，极易发生触电事故。企业应做好电气设备设施的安全检查工作，如接地装置、手持电动工具的绝缘检测及触电急救知识培训等（见图4-140）。

（5）防食品中毒。夏季要慎防"病从口入"，抓好食品卫生的检查监督工作，抓炊事人员的体检、抓食品加工的卫生监督、抓食品的生熟分开和卫生保管等。

图4-141　检查易燃易爆场所示图

（6）防烫伤事故。有热加工的企业要加强一线的防护用品正确穿戴的检查，防锻打作业的氧化铁皮飞溅烫伤，防熔炼作业的铁水飞溅烫伤，并进行烫伤急救知识宣传教育。

（7）防火防爆。注意对易燃易爆仓储的通风降温检查；抓易燃易爆物品运输和使用中的防暴晒工作等（见图4-141）。

（8）关心职工生活，搞好夏季安全生产。有三班倒的企业应关心中夜班职工的休息，创造条件使职工吃好、休息好。

9. 冬季前后安全工作的要点

冬季的主要特点是：气候寒冷、干燥、易冰冻。根据季节特点及企业实际状况，应做好下列工作：

（1）防冻保暖。防冻保暖是冬季劳动保护工作的重要内容。按法规规定，作业场所温度低于5℃时应采取防冻保暖措施。企业应根据地理位置和生产工艺实际做好该项工作。一般注意抓好下列事项：抓建筑物和厂房的门窗修理，配备棉门帘；抓取暖设施（如暖气供应、取暖炉等）的安全检查；抓压力管道和容器（风、水、汽）的防冻包扎；抓好液压设施的空运转，防设备事故（见图4-142）。

（2）防火。冬季气候干燥，风大，易引发火灾事故。企业应根据实际情况，严格控制动火作业，加强对明火取暖炉的检查，有煤气作业的企业应加强检测（见图4-143），加强防CO中毒和防火知识的宣传教育。

图4-142　检查防冻保暖设施示图

图4-143　管道设施检测示图

（3）防滑。冬季雨雪天后易结冰，企业要加强对露天作业设备（如起重机械）的梯台和轨道的防滑措施检查；加强对交通设施（如车辆、厂区主要通道）的防滑措施检查。

10. 节假日前后安全工作要点

节假日前后往往是事故多发之时，应针对特点抓好以下工作（见图4-144）：

（1）加强节假日前后的安全思想教育，教育职工上岗思想不分散，饮食有节、娱乐有度、防意外事故。

（2）落实节假日期间生产、检修项目的安全措施。危险作业应办理审批手续，落实措施、责任人和监护人员。

图4-144　节假日前后的安全教育示图

（3）节假日前后对工厂关键要害部位如总变电所、锅炉房、危险品仓库等进行检查，落实责任人和做好值班记录（见图4-145）。

（4）节假日前后要加强安全巡检。应注意职工思想动态，纠正违章行为。

（5）节假日期间安技部门做好巡视工作。防职工酒后上岗，防冒险蛮干，防危险作业责任人和安全措施不到位。

11. 夜间安全生产管理工作的要点（见图4-146）

图4-145　重点部位安全检查示图

图4-146　夜间安全生产交底示图

做好夜间的安全生产管理工作应围绕五个方面来进行。

（1）制度上要做到"五个完善"。即：①完善值班制；②完善双人制；③完善交接制；④完善监督制；⑤完善联络制。

（2）安排工作上要做到"四不"。即：①高、险、累作业不得安排在夜间；②工作量不得超过白天；③操作设备上有故障不得安排工作；④防范措施未落实不得安排作业。

（3）措施上要做到"四落实"。即：①安全责任制落实到互保对子；②安全措施落实到每个人；③安全工作质量落实到标准；④现场管理落实到生产班组。

（4）检查上要做到"一巡""二看""三查"。即：一巡视作业现场，发现问题及时指出整改；一看是否按布置的要求去执行，二看有无违章作业现象；一查防护用品穿戴是否

图 4-147　设备出现故障时现场分析示图

齐全，二查有无违反劳动纪律现象，三查设备、设施是否运行正常。

（5）遵守上要做到"五个必须"。即：①当生产与安全发生矛盾时，必须服从安全；②设备设施出现故障时，必须停机修理或立即报告现场负责人（见图 4-147）；③必须按工艺要求、安全操作规程严格执行；④必须集中精神，认真操作，密切配合，互相提醒；⑤必须劳逸结合，防止疲劳。

第二节　安全生产检查

一、安全生产检查的基本概念

（1）安全生产检查是指对生产过程及安全生产管理中可能存在的隐患、有害与危险因素、缺陷等进行检查，以确定隐患和危险因素、缺陷的存在状态，以及它们转化为事故的条件，以便制定整改措施，消除隐患和危险因素，确保生产安全。

安全生产检查是安全生产管理工作的重要内容，是消除隐患、防止事故发生、改善劳动条件的重要手段。通过安全生产检查可以发现生产经营单位过程中的危险因素，以便有计划地采取纠正措施，保证生产的正常进行和安全（见图 4-148）。

图 4-148　现场安全检查示图

（2）举例说明。为有效说明安全生产检查的重要性，下面选择 3 种类别的事故案例进行分析，从中吸取教训，加强安全检查，确保作业安全（安全生产检查不力而引起事故，事故案例请扫描二维码）。

二、安全生产检查的形式、内容

1. 检查的形式

安全生产检查的组织形式要根据检查的目的和内容而定，常见的检查形式见图4-149。

（1）综合性安全检查。综合性安全检查是指由企业（公司）领导负责，根据企业的生产特点和安全情况，组织发动广大职工群众，同时组织各有关职能部门及工会组织的专业人员进行认真细致全面检查。这种检查形式具有一定的威慑力，能引起车间（部门）的重视，整改措施能较快地得到落实。主要检查的场所、设备设施等见图 4-150。

综合性安全检查

专业性安全检查

季节性安全检查

日常性安全检查

图 4-149 常见的检查形式示图

生产现场　　工艺纪律　　职业安全卫生　　登高作业

用电安全　　气瓶管理　　危险化学品仓库　　消防器材

油库　　有限空间　　配电房　　吊索具

压力容器　　电动车充电场所　　接地装置　　通风设施

图 4-150 综合性安全检查示图

（2）专业性安全检查。专业性安全检查是对易发生事故的设备、场所或操作工序，除在综合性大检查时检查外，还要组织有关专业技术人员或委托有关专业检查单位及社会服务组织，进行安全检查。这种检查评估具有相对集中，专业技术性强的特点。主要检查的场所、设备设施等见图 4-151。

（3）季节性安全检查。季节性安全检查是根据季节特点和对企业安全工作的影响，由企业安全管理部门组织有关人员进行。这种检查形式可及时发现安全隐患，消除危险因素。主要检查的场所、设备设施等见图 4-152。

反应釜　　　　　　　　高温高压锅　　　　　　　燃气压力管道

锅炉　　　　　　　　　起重机械　　　　　　　　　升降机

图4-151　专业性安全检查示图

雨季检查的内容：避雷装置、防静电设施、防触电及防洪、防建筑物倒塌等内容

夏季检查的内容：电炉、铸造、锻压、热处理及其他高温等场所防暑降温的设备设施

冬季检查的内容：各种压力管道、易燃材料、使用或产生有毒气体的设备设施等场所

图4-152　季节性安全检查示图

（4）日常性安全检查。日常性安全检查是按检查制度规定的，每天都进行的，贯穿于生产过程的检查。主要由安全值班负责人和安全员巡视检查；班组长、操作人员现场检查等。这种检查形式能及时制止违章，同时还能提高管理人员和操作者的辨识能力。主要检查的场所、设备设施见图4-153。

2.检查的内容

企业开展的安全生产检查是依据国家有关法律、法规、条例、标准以及企业的规章制度，通过全面的检查和分析，对企业（公司）下属车间（部门）安全生产状况做出正确评价，督促下属部门做好安全工作。主要检查的内容见图4-154。

电气设施

人的不安全行为

防护设施

作业场所

机械设备

岗位点检

图4-153 日常性安全检查示图

查思想(查领导的安全意识)

查制度(查安全管理制度的建立)

查管理(查各项制度的贯彻执行)

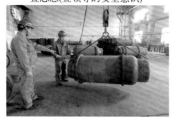
查纪律(查人的不安全行为)

查隐患(查现场存在的安全隐患)

查措施(查隐患整改落实的情况)

图4-154 安全检查内容示图

（1）查思想。在检查一个部门的安全生产工作时，首先检查部门领导是否真正重视劳动保护和安全生产。即检查其对劳动保护工作是否有正确的认识，是否真正关心职工的安全与健康，是否认真贯彻了国家安全生产方针、政策、法规、条例、标准及企业各项管理制度。在检查的同时，要注意宣传法律、法规的精神，警示各种忽视工人安全与健康、违章指挥的错误思想与行为（见图4-155）。

举例：企业领导对车间（部门）安全检查内容提示（见图4-156）。

① 车间（部门）安全管理是否已摆上重要议事日程。

② 车间（部门）主要领导是否明确责任。

听取汇报

深入现场

了解情况

巡视现场

宣传法规

重点提示

图 4-155　安全生产查思想示图

图 4-156　企业领导现场检查示图

③ 车间（部门）领导是否能正确处理安全与生产、效益的关系和"五同时"的贯彻执行。

④ 发生事故后，是否坚持"四不放过"的原则。

⑤ 危险作业是否办理了各项手续。

⑥ 车间（部门）是否建立应急处置方案并组织演练。

⑦ 车间（部门）安全组织网络机构是否建立健全。

⑧ 车间（部门）是否有登记台账，危险（害）因素主要有哪些。

⑨ 各车间是否建立安全管理制度，执行情况如何。

⑩ 是否经常开展安全活动和培训教育。

⑪ 是否定期开展安全检查，整改情况如何。

⑫ 对上级部门查出的安全隐患是否进行研究分析、制定整改方案（包括资金、人员、时间等方面的措施），实施情况如何。

⑬ 是否能及时贯彻执行企业制定的各项管理规定。

⑭ 是否能定期研究、分析本部门的安全生产情况。

⑮ 是否注意职工劳逸结合，关心女工保护，做好劳动防护用品的发放工作。

⑯ 承包、分包的项目或租赁的场所和设备是否按规定签订合同或安全协议，执行如何。

⑰ 危险作业场所是否设置安全预防措施和专人管理。

（2）查制度。就是查企业的各项制度和操作规程是否在被查的部门得到贯彻落实，并严格执行（见图4-157）。

传递各项管理制度

宣传到每个岗位

贯彻到每位员工

考查现场作业员工

讲解制度的重要性

检查制度落实情况

图4-157　安全生产查制度示图

举例：企业主管部门检查车间（部门）贯彻落实制度执行情况内容提示（见图4-158）。

① 企业制定的安全生产规章制度是否能及时传递到车间、班组和员工。

② 特种设备、危险性大的设备、危险化学品运输工具和动力管线是否有规章制度和操作规程。

③ 各级安全生产岗位责任制是否能落实到位，执行如何。

④ 新工人进车间、班组是否能执行安全生产"三级"教育制度。

⑤ 安全生产检查制度是否能落实、执行到各岗位。

⑥ 职业卫生制度、职业病危害因素监测及评价制度是否能贯彻执行。

⑦ 劳动防护用品发放管理制度是否落实到各岗位工种。

⑧ "三同时"评审与生产经营项目、场所、设备发包或出租合同安全评审制度是否得到落实。

⑨ 安全生产档案和职业健康监护档案管理制度是否严格执行。

⑩ 重大危险源安全监控制度是否严格执行。

⑪ 企业制定的重大危险源应急救援方案管理制度是否熟知和掌握。

⑫ 发生安全生产事故后是否严格执行伤亡事故（未遂事故）管理制度。

⑬ 危险作业（动火、登高、有限空间等）是否严格执行审批制度。

⑭ 日常被查出的安全隐患是否严格执行整改制度。

图4-158　主管部门现场检查示图

⑮ 每年是否针对制度执行过程中存在的问题进行分析，拟定了哪些建议条款，是否上报。

⑯ 企业每年制定或修订的各项管理制度是否进行宣传和落实。

（3）查管理。就是检查企业各部门的安全生产管理状况，即查部门安全组织管理网络是否符合要求，目标管理、全员管理、专管成线、群管成网是否落实，安全管理工作是否做到制度化、规范化、标准化和经常化（见图4-159）。

检查各类台账资料

查看管理内容

询问规定要求

查证落实情况

考查现场职工

讲解管理中存在的问题

图4-159　安全生产查管理示图

举例：企业主管部门检查分厂或分公司安全管理执行情况内容提示（见图4-160）。

① 分厂或分公司是否按要求建立健全安全管理机构，是否建立了纵向到底，横向到边的组织网络。主要检查的内容：

a. 组织管理机构网络人员是否到位（查台账资料）。

b. 各级人员的职责是否明确（看资料、询问人员）。

c. 日常采用何种方式进行监督检查（听取介绍）。

d. 上下如何做好信息传递、反馈等工作（查看组织网络）。

图4-160　主管部门下基层检查询问示图

② 分厂或分公司是采取何种方式、方法贯彻执行企业安全管理工作的。主要检查的内容：

a. 是否有全年的安全生产管理计划（查目标、内容、要求等工作）。

b. 是否按规定召开周、月安全生产工作会议（查传达上级精神、分析现状、提出对策等内容）。

c. 是否按规定时间或不定时间开展安全生产检查（查隐患整改情况登记、问题研究分析和对策记录等）。

d. 是否按规定做好日常员工的安全教育培训和组织参加各项安全生产活动等工作（查活动内容登记、照片和工作小结）。

e. 发生安全生产事故（未遂事故）是否能按规定要求迅速上报，并能坚持"四不放过"的原则处理事故（查看台账资料）。

③ 分厂或分公司是否有全年工作总结和持续改进的内容。主要检查的内容：

a. 是否有安全生产年度工作评价结果、召开会议、总结绩效、推广经验、找出不足、制订下年度工作目标计划、做到持续改进的内容（查看资料，询问相关人员等）。

b. 总结报告和下年度目标计划是否发至或传递到班组和相关人员（查看收发记录）。

（4）查纪律。主要是围绕安全生产查劳动纪律的执行情况。在生产作业过程中，常常由于员工不遵守劳动纪律，擅离岗位，不服从调度，不按工艺规程操作，不正确穿戴防护用品等原因而造成事故。为此，将查纪律列为安全检查的内容之一（见图4-161）。

违章戴手套

违反操作规程(手进入"虎口")

违反维修规定(未定机)

长发未戴工作帽

违章穿围裙

违反劳动纪律(赤膊)

图 4-161　安全生产查纪律示图

举例：企业班组长检查员工的防范意识及操作是否规范等内容提示（见图4-162）。

① 对安全生产的认识是否正确，安全生产的意识如何。

② 对本企业的安全生产制度是否了解，知晓程度。

③ 安全技术交底的内容和责任是否明确。

④ 对本工种或本项作业的安全技术要求及操作规程是否明确和掌握。

⑤ 个人使用的工具、操作设备是否完好，安全性能及安全装置是否符合要求。

⑥ 个人防护用品的穿戴是否正确，有无违章现象。

⑦ 是否知晓作业现场或本岗位的危险因素和防范要求及应急措施。

⑧ 现场的危险作业项目是否办理了审批手

图 4-162　班组长现场检查示图

续和需遵守的作业程序。

⑨ 现场指挥及吊装（拆）是否符合操作规定。

⑩ 对忽视安全生产的行为是否敢于制止或纠正。

⑪ 作业动作和配合（包括师徒结对）是否符合要求。

⑫ 作业中是否遵守劳动纪律，有无违纪行为（脱岗、串岗、睡岗、饮酒、随便聊天等）。

⑬ 在作业过程中是否能严格执行操作规程，有无违章行为。

⑭ 是否会正确使用各种灭火器材。

⑮ 是否知道和掌握自救、互救的一般常识和方法。

⑯ 发生紧急情况时是否知道打急救电话。

⑰ 是否积极参加企业、车间和班组组织的各项安全生产活动。

（5）查隐患。是指检查人员深入各车间（部门）生产现场，检查作业环境、劳动条件、生产设备和相应的安全卫生设施是否符合劳动保护、安全生产要求（见图 4-163）。

缺乏防护罩

违反规定加接梯子

乙炔瓶与氧气瓶间距过近

插座破损

吊钩缺乏防脱装置

违规使用一般塑料管

图 4-163　安全生产查隐患示图

举例：企业安管人员作业现场安全检查内容提示（见图 4-164、见图 4-165）。

① 职工是否正确穿戴防护用品。

② 安全操作规程是否执行到位。

③ 各类设备设施安全防护装置是否有效。

④ 电器线路、开关是否安全可靠。

⑤ 工具、吊夹具、钢丝绳是否符合要求。

⑥ 作业区照明是否良好（自然采光和人工采光）。

⑦ 物品堆放是否符合管理要求。

⑧ 车间通道是否符合安全要求。

⑨ 工作场地是否平整，生产需要设置的坑、壕和池是否有围栏或盖板及牢固、可靠。

⑩ 设备与设备布置的间距是否符合安全要求。

⑪ 设备维护保养制度职工是否执行到位。

⑫ 危险区域是否监控到位、是否设置相应的防护设施、报警装置、通信装置、安全标志及其他应急设施。

⑬ 作业环境是否符合管理标准。

⑭ 安全隐患是否进行整改。

⑮ 特种作业人员是否持证上岗，新员工是否进行安全教育。

⑯ 危险作业是否办理审批手续，是否提供劳动防护用品。

⑰ 车辆进出厂区的时速、货物装卸是否符合安全要求。

⑱ 安全会议精神是否贯彻执行。

⑲ 事故（未遂事故）发生后是否执行"四不放过"。

⑳ 是否会正确使用消防器材、防毒面具。

图4-164　安管人员现场检查示图

图4-165　指导员工正确使用防毒面具示图

（6）查措施。是指为检查出的隐患和不安全行为而拟定的改进措施的落实情况。无论哪一级检查组查出的问题，都要做好记录进行整理分析，采取整改措施。对于马上就能改正的问题，都应令其立即改正，并讲清危害和正确的做法。对于那些不能立即整改的问题和隐患，应及时上报，由企业归口部门进行研究分析，拟定整改方案，报企业负责人进行研究整改（见图4-166）。

隐患进行整理

对照标准分析

拟定整改方案

落实人员整改

逐项整改验收

检查结果评价

图4-166　隐患整改示图

举例：措施落实安全检查内容提示（见图4-167～图4-169）。

图4-167　审查整改方案示图

图4-168　护品正确穿戴示图

图4-169　现场检查验收示图

　　作业过程中安全措施的落实是做好安全生产的重要环节。要重点检查安全措施的落实情况，主要检查内容包括：

　　① 整改项目是否有专人负责。

　　② 整改承包项目是否签订劳动安全合同或安全协议。

　　③ 整改项目是否进行研究分析，是否拟定整改方案和应急措施。

　　④ 具体的内容、方法、进度、人员安排和要求是否落实到位。

　　⑤ 隐患整改中是否严格执行"五不准"和作业前的安全交底工作。

　　⑥ 整改人员是否明白整改方案的具体要求。

　　⑦ 危险整改项目现场有无防护设施、检测仪器、安全警示标志和监护人员。

　　⑧ 实施前所使用的工具、材料、防护用品是否准备到位和正确使用。

　　⑨ 整改中的临时性防范措施是否执行到位。

　　⑩ 整改项目施工中，遇到多工种交叉作业时，是否进行沟通、衔接。

　　⑪ 整改后是否做到自检、互检、专检及总体验收。

　　⑫ 整改人员和验收人员双方是否签字。

　　⑬ 对于验收不合格的整改项目是否按规定进行重新整改。

　　⑭ 整改结束后是否做好台账记录。

三、安全生产检查的方法

　　为进一步做好企业安全生产检查工作，提高职工预防事故的管控能力，降低或减少各类事故的发生，下面重点介绍职工参与安全生产检查的一些管理方法。

1. 安全巡回检查法

安全巡回检查法是针对生产工艺流程、设备设施的重点部位和危险源（点），制定科学、合理的检查路线和要求，通过眼测、手感、耳听、鼻嗅、询问，及时发现和消除事故隐患。应用此方法能预防各类事故的发生，能督促员工对照标准和要求进行规范作业，是一种有效的检查方法。

安全巡回检查法的主要方式和内容（例如：危化企业作业现场）见图4-170。

眼测：判断设备设施有无移位、松动、变形、开裂，有无跑、冒、滴、漏（如管口处松动等），要及时采取措施进行整改修理。

手感：用手的感觉判断设备温度、渗漏等情况（如设备发烫，可能是反应过程有变化等），要查找原因，并及时采取措施消除隐患。

耳听：用耳或仪器，在嘈杂的声音中分辨设备异常声（如嗞嗞的声音，可能是管道泄漏），要立即查明原因，并及时排除故障。

鼻嗅：通过人的嗅觉，感知作业场所空气中存在异味（如气味甜香，可能是苯类），要及时查找泄漏点，并做好防火工作，以防爆炸。

询问：向现场操作者和控制室值班人员了解设备、设施运行情况，及时掌握安全状况（如投料后的反应温度、压力是否正常等）。

建议：针对发现的问题，发动班组成员对企业安全生产管理、生产工艺、生产设备、劳动条件及作业环境进行分析，就如何保证安全生产，提出合理化建议。

注意的要点：(1)巡检上，坚持做到持之以恒，按规定的巡回检查路线做好日常监督工作；(2)内容上，要求明确重点，要针对重点的作业场所、特殊的作业部位做好巡检工作；(3)方式上，要注重实效性，对查出的安全隐患必须及时分析，提出解决问题的建议和处理的方法；(4)手段上，要做到严明纪律，当发现违章行为既要立即制止，又要做好说服教育工作，使作业人员能认识安全工作的重要性。

图4-170 危化企业作业现场安全巡回检查法示图

2. 一班三检管理法

一班三检管理法是指对安全检查管理制度的有关规定，每天都进行的、贯穿于生产全过程的检查方法（班前、班中、班后）。主要是通过班组长和小组检查员及操作者的现场检查，以便发现生产过程中物的不安全状态和人的不安全行为，为防止各类事故的发生，起到一定的示警作用。

（1）检查方式。具体检查方式、内容见图 4-171。

班前检查以班组长为主。检查方式为列队布置工作和安全交底及查看员工穿戴的防护用品及作业现场情况。

班中检查以小组检查员为主。检查方式为巡视检查，发现安全隐患应立即指出、纠正，不留后患。

班后检查以员工为主。检查方式为对照作业标准和要求进行自检、设备设施自查、作业环境清扫等。

图 4-171　一班三检管理法检查示图

（2）检查内容及流程见图 4-172。

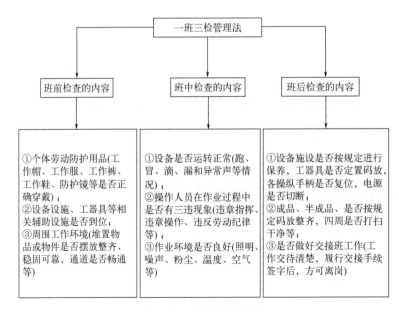

图 4-172　检查内容及流程表

表4-4　岗位5分钟防范自查表

××岗位自查人：

序	班组自查内容	星期																													问题整改内容
		一	二	三	四	五	一	二	三	四	五	一	二	三	四	五	一	二	三	四	五	一	二	三	四	五	一	二	三	四	五	
开工前3分钟	人的情绪体质状况																															
	设备设施防护装置完善																															
	电器安全装置齐全可靠																															
	各类用具安全符合要求																															
	各类设备试运转正常																															
	防护用品正确穿戴																															
下班前2分钟	电源切断、火种熄灭																															
	环境清扫																															
	设备清洁干净																															
	工件码放整齐																															
	交接班记录填写完整																															
	工具清点收好																															
自查结果：好的打"√"，存在问题打"×"，属于不安全因素的填写在班组安全台账内，以备查。																															
车间抽查记录																															
班组长签名																															

总之，对一班三检管理制度规定的检查项目，班组长、检查员和岗位作业人员必须履行好各自职责，对照标准逐项进行检查，不放过任何一个可能造成事故的安全隐患。同时要求全体员工在检查过程中或检查以后，针对整改的项目进行分析研究，并拟订方案及时整改。整改应实行"三定"（定措施、定时间、定责任人）；"四不推"（班组能解决的，不推到工段；工段能解决的，不推到车间；车间能解决的，不推到厂；厂能解决的，不推到上级）。

3. 五分钟防范法

五分钟防范法是指员工每天利用 5 分钟进行自查，通过自查，对设备、环境状态、生产过程进行监管，严格执行操作规程，做到"三不伤害"（不伤自己，不被他人伤害，也不伤害他人），促进员工的安全意识提高，确保企业的安全生产。具体检查的方式、方法见表 4-4。

（1）使用的方式和检查的内容。5 分钟防范法就是利用每天开工前 3 分钟和下班前 2 分钟，由员工对照岗位自查表的内容逐项进行检查，好的打"√"，存在问题打"×"，属于不安全因素的填写在班组安全台账内，以备查。车间领导和班组长要做好抽查、监管的考核工作。检查的主要内容见表 4-4。

（2）检查的形式。检查的主要形式见图 4-173（以纺织行业为例）。

员工自检 →　　对镜自查整护品　　　按时检查要自律　　　自检结果需记录

班长查看 →　　巡回检查要到位　　　发现违纪须指出　　　查看记录辨真伪

车间抽查 →　　现场巡视要深入　　　重点岗位需督促　　　抽查考评促安全

图 4-173　岗位 5 分钟防范检查示图

第三节　安全生产活动

安全生产活动就是指在生产经营活动中，为了避免发生造成人员伤害和财产损失的事故而采取相应的预防和控制措施，以保证从业人员的人身体健康、安全，保证生产经营活动得以顺利进行的相关活动（见图4-174）。

事实证明，让员工参与企业安全管理活动，是保障员工安康的重要一环，也要实现企业利润最大化，控制风险成本的重要工作。提倡人人参与安全生产活动，调动员工在安全生产工作中的积极性和创造性，可以最大限度地减少和避免各类事故发生。

那么，应怎样组织开展安全生产活动，采用哪些方式、方法呢，本节根据一些企业员工的安全意识淡薄、防范技能差的薄弱环节，重点介绍五种开展安全生产活动的形式、方法及其内容。

图4-174　安全生产活动讲解示图

一、安全生产月活动

经国务院批准，国家10个部门共同决定，于每年6月开展全国安全生产月活动。活动主题鲜明，形式丰富多彩，常见的有："安全生产宣传咨询日"、"安全生产事故警示教育周"、"应急预案演练周"、"生命之歌"大合唱、"安康杯"竞赛、"落实企业安全生产主体责任知识竞赛"和"青年安全生产示范岗"活动。还可以组织观看警示教育片，组织安全宣誓、宣讲报告、研讨交流、文艺演出、演讲、图片展示、事故隐患大排查、专项整治等活动。通过安全生产月活动的开展，可以提高职工的安全意识和防范技能，降低各类事故的发生。具体活动的内容和方法举例如下。

"安康杯"竞赛10个一活动。

（1）查一起事故隐患。以企业基层为单位，发动职工按照国家法律、法规、标准和企业规章制度，对生产设备、设施、安全装置和作业环境进行自查、互查，查找安全隐患，消除物的不安全状态，创造安全生产环境（见图4-175）。

（2）纠正一次违章行为。发动职工熟悉工艺流程，掌握操作规程，分析生产作业的每一个环节，纠正违章作业，做到人人制止违章，人人遵章守纪（见图4-176）。

图4-175　查一起事故隐患示图

图4-176　纠正一次违章行为示图

（3）提一条合理化建议。发动职工对企业安全生产管理、生产工艺、生产设备、劳动条件及作业环境进行分析，就如何保证安全生产，提出合理化建议（见图4-177）。

（4）当一天安全员。每一名职工当一天值班安全员，明确当班安全员的责任，进行安全布置、检查、评价、总结，提高职工对搞好安全生产的认识和安全责任（见图4-178）。

图4-177　提一条合理化建议示图

图4-178　当一天安全员示图

（5）做一件预防事故的实事。从预防事故入手，发动职工解决安全管理、安全装置、设备存在的问题，消除事故隐患，避免各类事故的发生（见图4-179）。

（6）忆一次事故教训。组织每一名职工忆一次本地区、本行业、本企业或身边发生的事故，从中吸取教训，提高安全意识和防范能力（见图4-180）。

图4-179　做一件预防事故的实事示图

图4-180　忆一次事故教训示图

（7）读一本安全生产的书。根据企业的特点和生产实际，发动职工每人读一本安全生产的书，学习、掌握安全生产知识，提高安全素质（见图4-181）。

图4-181　读一本安全生产的书示图

图4-182　接受一次安全生产演练培训示图

（8）接受一次安全生产培训。各基层单位可结合自身实际，制订安全培训计划，让企业员工都接受一次安全生产培训，了解与自己工作有关的职业安全卫生，预防各类伤害事故的方法和措施（见图4-182）。

（9）举办一次安全生产法律、法规知识讲座。要求企业基层单位举办一次安全生产法律、法规知识讲座，让职工了解、掌握自己的职业安全卫生方面的权利和义务（见图4-183）。

（10）搞一次安全生产宣传活动。举办安全板报、安全演讲、文艺演出、安全升旗、安全签名，防火防毒模拟演练、安全体育竞赛等不同形式的宣传教育活动，活跃竞赛，营造安全生产氛围（见图4-184）。

图4-183 举办一次安全生产法律、法规知识讲座示图

图4-184 搞一次安全生产文艺演出活动示图

二、安全日活动

安全日活动是班组开展安全分析的基本形式，它不仅是职工学习有关安全生产、劳动保护各类文件、加强法制观念、增强责任感、提高自我保护意识教育的好形式，也是职工相互交流安全工作经验的好机会。因此，安全日活动作为企业安全管理工作的一项长期内容，对提高生产一线职工的安全意识、规范职工的安全行为，起着举足轻重的作用（见图4-185）。

图4-185 班组安全日活动示图

图4-186 班组学习操作规程示图

1. 安全日活动的内容

（1）学习上级和本单位的安全文件、事故快报、安全简报、操作规程，联系岗位和现场实际，提出防范措施（见图4-186）。

（2）学习本单位的安全规章制度，检查有无违章现象、行为。

（3）对班组一周来的安全状况进行分析、讲评、总结，并对下周安全工作提出要求和安排。

（4）每月班组对年度安全目标的执行情况进行对照检查，提出存在的问题和改进要求，开展月度安全分析评价、事故预想、安全技术知识问答等。

（5）班组布置落实安全大检查工作和专项安全检查工作。

（6）对班组所管理的工器具进行检测检查，以及对检查后的问题进行分析、研究和落实整改等（见图4-187）。

（7）对班组安全工作台账进行检查和整理。

图4-187　问题进行分析、研究示图

图4-188　按规学习不马虎示图

2. 安全日活动的要求

（1）对上级布置和要求的学习内容，必须认真、完全、彻底地落实，不能马虎从事（见图4-188）。

（2）班组人员必须全部参加，认真做好活动记录。把缺席人员记录在案（注明缺席的原因），缺席人员应及时补课。

（3）学习内容必须联系对照本班组实际，有针对性地提出问题、找出差距、布置整改，还要把其他单位、车间、班组或个人发生的异常情况、事故先兆当作自己的问题来对待，加强检查（见图4-189）。

图4-189　对照标准找差距示图

图4-190　联系实际提建议示图

（4）班组长、安全员在安全活动日前要做好充分准备，使活动内容充分、联系实际、形式多样、讲究实效，力争每次活动都有所侧重、有所收获，切忌流于形式。

（5）上级领导应定期到班组参加安全日活动，了解、指导安全工作。

（6）每个职工都要联系自己的实际情况，积极发言，并对班组安全工作提出意见和建议（见图4-190）。

3.安全日活动的方法（以起重机械规程学习训练法为例）

规程学习训练法就是利用班后或安全活动日，对从事起重作业的起重机司机、指挥人员、司索工及有关人员进行岗位知识教育或技能训练。其目的是丰富作业人员的安全知识，提高员工的识别判断能力和防范技能。这种方式能增强员工对起重机作业安全技术法规条款的认识，效果较好。

具体的学习方式和方法如下。

首先，由技术设备管理人员带领大家学习讲解《安全生产法》《特种设备安全法》《特种设备安全监察条例》和《起重机械安全规程》的相关规定，并结合作业现场使用的起重机械设备，提出问题进行考查（见图4-191、图4-192，以汽车吊为例）。

图4-191　汽车吊重点部位示图

图4-192　提出问题分析示图

其次，由作业人员根据所提出的问题和安全隐患，对照法规、标准及制度谈各自的认识和看法及其防范措施（见图4-193）。

分析与讨论隐患示图

吊装作业主要有哪些危险因素，可能引发何种类别的事故？

吊索具的使用应符合哪些安全技术标准？

起重机械在吊装过程中应遵守哪些管理要求？

图4-193　提出的问题和安全隐患示图

然后，由技术设备管理人员进行点评、归纳、总结，并提出下次所要学习的内容，以便员工及时做好预习（见图4-194）。

点评内容、提出作业要求　　索具管理符规定　　吊钩保险符标准　　防跳装置要可靠　　限位装置须到位

作业之前查隐患　　　　　按规吊装守纪律　　　落地就位听指挥　　　安全作业保平安

图4-194　点评工作内容示图

三、三不伤害活动

"三不伤害"是指，在日常作业过程中我不伤害自己，我不伤害别人，我不被别人伤害。此项活动的开展，能有效预防各类事故的发生，同时能增强员工的自我保护意识和防范能力。它是一种以"我"为主体的、符合实际的群众性、科学性安全生产自主管理的好方法（见图4-195）。

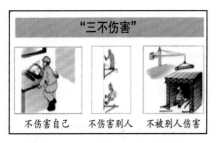

图4-195　三不伤害作业示图

1. 怎样开展"三不伤害"活动

（1）要广泛开展宣传活动。企业上下步调一致，开动员会，进行动员宣讲，充分利用广播、板报等各种舆论工具讲清开展"三不伤害"活动的意义。让"三不伤害"家喻户晓，人人皆知，在每位职工及家属的脑海里扎根。

（2）分析原因，制定对策。认真开展以"三不伤害"为内容的讨论分析会。学习岗位安全规程和作业标准，并结合实际分析自己岗位上的设备、设施、工夹具和作业环境的危险部位，哪些因素可能造成自我伤害，伤害别人，或被别人伤害。还可通过回忆以往工作岗位曾经发生过的各类事故，同时针对工作岗位的危险部位，制定岗位"三不伤害"保护卡，使自己所在岗位使用的设备、设施、工具、材料及他人的设备、设施、工具都不能伤害自己，也不因自己的行为而伤害他人。

2. 如何做到"三不伤害"

（1）不伤害自己。不伤害自己就是要提高自我保护意识，不能由于自己的疏忽、失误而使自己受到伤害。这取决于自己的安全意识、安全知识、对工作任务的熟悉程度、岗位技能、工作态度、工作方法、精神状态、作业行为等多方面因素。要想做到不伤害自己，应做到以下几个方面：

① 在工作前应该认真思考并明确回答下列问题。我是否了解这项任务？我的责任是什么？我具备完成这项工作的技能吗？这项工作有什么不安全因素？有可能出现什么差错？万一出现故障我该怎么办？我应该如何防止失误（见图4-196）？

图4-196 熟知危险因素 掌握防范措施示图

② 要有严谨的工作态度。弄懂工作程序，严格按工作程序办事；出现问题时停下来思考（见图4-197、图4-198），必要时请求帮助；遵章守规，谨慎小心工作，切忌贪图省事，干起活来切忌毛、草、快。

图4-197 工作思考示图   图4-198 搭设程序示图

③ 保护自己免受伤害的措施。身体、精神保持良好状态，不想与工作无关的事；劳动着装齐全，劳动防护用品符合岗位要求；注意现场的安全标识；不违章作业，拒绝违章指挥；对作业现场危险有害因素进行认真辨识（见图4-199、图4-200）。

（2）不伤害他人。不伤害他人就是我的行为或行为后果不能给他人造成伤害。在多人同时作业时，由于自己不遵守操作规程、对作业现场周围观察不够以及自己操作失误等原因，自己的行为可能对现场周围的人员造成伤害（见图4-201）。要想做到不伤害他人，应做到以下方面：

① 自己遵章守纪、正确操作，是我不伤害他人的基本保证。

图 4-199　护品穿戴符要求示图　　　　　图 4-200　重点部位安全检查示图

图 4-201　作业现场危险状态示图

② 多人作业时要相互配合，要顾及他人的安全，决不能冒险蛮干。

③ 每个人在工作后对作业现场周围仔细观察，尤其是"洞口、临边"处是否存在物的不安全状态，都要认真检查，做到工完场清，不给他人留下隐患（见图 4-202、图 4-203）。

图 4-202　按规作业清扫现场示图

图 4-203　工作后整理现场示图

（3）不被他人伤害。不被他人伤害就是要求每个人都要加强自我防范意识，工作中要避免他人的错误操作或其他隐患对自己造成伤害。要想做到不被他人伤害，应做到以下方面（见图 4-204）：

图4-204 现场讲解安全工作要求示图

① 拒绝违章指挥，提高防范意识，保护自己。一旦发现"三违"现象，必须敢于抵制，及时果断处理险情并报告上级（见图4-205）。

② 要避免由于其他人员工作失误、设备状态不良或管理缺陷遗留的隐患给自己带来伤害。如发生危险性较大的坍塌事故等，没有可靠的安全措施不得进入危险场所，以免盲目施救，自己被伤害（见图4-206）。

图4-205 发现隐患立即查看示图　　　　图4-206 坍塌事故现场示图

③ 在危险性较大的岗位（例如高处作业、交叉作业等），必须设有专人监护（见图4-207）。

图4-207 现场监督示图　　　　图4-208 现场巡视示图

④ 对作业场地周围不安全因素要加强警觉，一旦发现险情要及时制止和纠正他人的不安全行为并及时消除险情（见图 4-208）。

四、纠正三违活动

"三违"是指违章指挥，违章操作，违反劳动纪律的简称。"三违"行为是指在生产作业和日常工作中出现的盲目性违章、盲从性违章、无知性违章、习惯性违章、管理性违章以及作业现场违章指挥、违章操作和违反劳动纪律等行为，是人的不安全行为所导致的各类事故的主要原因。违章就是违反安全管理制度、规范、章程，违反安全技术措施及交底要求所从事的活动。"三违"的具体形式见图 4-209、图 4-210、图 4-211，事故案例见图 4-212、图 4-213、图 4-214。

图 4-209　违章指挥示图

图 4-210　违章操作示图

图 4-211　违反劳动纪律示图

检测站负责人违章指挥，在未对作业场所存在的危险因素进行分析和检查的情况下，盲目决定"让它慢慢地漏吧"。结果使易爆气体大量泄放，引起爆炸(4人死亡)。

企业经营负责人违反工程建设项目基本程序，在没有办好有关手续，也没有设计图纸的情况下，急于求成，擅自指挥开工建设，并将工程交给本村无从业资格的个人进行施工，结果造成房屋倒塌伤害事故。

图 4-212　违章指挥造成的事故示图

企业领导安全意识较差，未能把安全放在首位，尤其是50天前，发生了一起2人中毒事故后，没有按照"四不放过"的原则进行事故处理，而是马虎了事，结果又发生了一起爆炸事故造成3人死亡。

轧管机操作工违反机械设备操作程序，在未停机的情况下，冒险靠近高速转动的传动轴旁看设备，致使衣服被传动轴卷入造成伤害事故。

作业人员违反《施工现场临时用电安全技术规范》的规定，盲目使用已报废且多处破损的电线来连接切割机电源，并且作业点地面有积水，导致作业时触电身亡。

图 4-213　违章作业造成的事故示图

作业人员违反登高作业管理规定，未佩戴安全帽、安全带，未采取任何防坠落的安全措施，冒险爬上车间屋顶进行屋面维修，结果从8米处坠落地面而身亡。

员工违反劳动纪律，在高处作业时，不听现场负责人的警示，为了作业方便冒险解开安全带，因四周没有防护措施失足从6米高处坠落地面而身亡。

车辆司机严重违反劳动纪律，当日中午饮酒后仍驾驶车辆作业，导致在行驶过程中遇事反应迟钝，碰到情况时未能及时采取避让措施，结果造成了车辆伤害事故。

员工违反劳动纪律，作业前没有听从师傅指令在原地待命，而是在取钢机未停机的情况下，冒险进入上料台架下方危险区域，当他头部在取钢机拨爪与上料台架横梁的间隙处查看检修情况时，取钢机拨爪正常旋转将其头部压伤，导致事故的发生。

图4-214　违反劳动纪律造成的事故示图

上述列举的"三违"事故案例向我们告诫了什么？一是，生产过程中，"违章指挥""违章操作""违反劳动纪律"是人的不安全行为所导致事故的主要原因。因此，反"三违"是各行各业面临的一项艰巨任务，是安全生产工作的当务之急，是遏制事故强有力措施之一，也是安全生产管理必须探讨的重要课题。二是，要广泛开展各种反"三违"活动，使企业逐渐消除"三违"行为，提高职工的整体素质，优化企业安全风气，提高安全管理水平，减少或降低各类事故的发生。具体活动的形式、内容和方法主要有以下5方面。

1.舆论宣传为先导

首先要充分发挥舆论工具的作用，广泛开展反"三违"活动的宣传。利用各种宣传工具、方法，大力宣传遵章守纪的必要性和重要性，违章违纪的危害性。表彰安全生产中遵章守纪的好人好事；批评那些违章违纪给人民生命和国家财产造成严重损害的恶劣行为，并结合典型事故案例进行法制宣传，形成视"三违"为过街老鼠，人人喊打的局面。通过宣传，使职工认真贯彻"安全第一，预防为主，综合治理"的方针，勿忘安全，珍惜生命，自觉遵章守纪。由要我反"三违"变成我要反"三违"。实现自我约束、自我防范、自觉搞好安全生产的目标（见图4-215）。

宣传反"三违"活动的重要性

表彰遵章守纪的好人好事

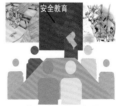
典型事故案例教育

过街老鼠人人喊打

图4-215　舆论宣传为先导开展活动示图

2.教育培训为基础

教育培训是安全工作中的一项重要内容。职工的安全意识、技术素质的高低，防范"三违"的自觉程度和应变能力都与其密切相关。安全教育培训要采取多种形式，除经常性的思想政治、形势任务、安全方针、法律法规、组织纪律、安全知识、工艺规程的教育外，应重点抓好法制教育、主人翁思想教育，特别要注意抓好新干部上岗前、新工人上岗前、工人转换工种（岗位）时的安全规程教育。做到教育培训、考核管理工作制度化、经常化，以提高全体干部职工的安全意识和安全操作技能，增强防范事故的能力，为反"三违"活动打下坚实的基础（见图4-216）。

　　形象化漫画教育示警　　　　坍塌事故案例警示　　　　安全与经济算账提示　　　事故责任追究告示

图4-216　安全教育培训活动示图

3. 企业领导是关键

"三违"除不除，关键在干部。开展反"三违"活动要以领导为带头，从各级领导抓起。一方面，从提高各级领导自身的安全意识、安全素质入手，针对个别领导容易出现的重生产、重效益，忽视安全的不良倾向，进行灌输宣传，使他们真正树立"安全第一，预防为主，综合治理"的思想，自觉坚持"管生产必须管安全"的原则，以身作则，做反"三违"活动的带头人。另一方面，要求各级领导运用现代管理方法，按照"分级管理、分线负责"的原则，对"三违"活动实行"四全"（全员、全方位、全过程、全天候）综合治理，把反"三违"活动纳入安全生产责任制之中。做到层层抓、层层落实，并与经济责任制挂钩，使安全生产责任制的约束作用和经济责任制的激励作用有机地结合起来，形成反"三违"活动的强大推动力，充分发挥领导的带头作用（见图4-217）。

　重生产重效益忽视安全漫画　　布置生产必须布置安全示图　　落实各级责任制示图　　　深入现场纠正违章示图
　　　　　警示示图

图4-217　企业领导是开展活动的关键示图

4. 安监队伍是主力

安监队伍是企业安全生产管理的主力军，不但是领导的助手和参谋，而且是企业内的"警察和裁判"，对开展"三违"活动起着十分重要的监督和管理作用。各级领导要稳定安监队伍，建设一支责任心强、素质高、经验丰富、懂技术、作风扎实制度熟、任劳任怨敢管理的安监队伍，树立安全管理的权威，促进企业生产的安全、持续、稳定发展（见图4-218）。

违章行为要制止

违规起吊要纠正

冒险下池要阻止

现场教育要及时

图 4-218 安管人员日常检查的活动内容、要求示图

5. 企业班组是阵地

班组是企业的"细胞",既是安全管理的重点,也是反"三违"的主要阵地。要真正使"三违"得到制止,抓好对班组的管理无疑是重中之重。一方面抓好日常安全意识教育。针对"违章不一定出事故"的侥幸心理,用正反两方面的典型案例分析其危害性,启发职工自觉遵章守纪,增强自我保护意识。通过自查自纠,自我揭露,同时查纠身边的不安全行为、事故苗子和事故隐患,从"本身无违章"到"身边无事故"。另一方面抓好岗位培训。让职工掌握作业标准、操作技能、设备故障处理技能、消防知识和规章制度;并做到"四比"(比敬业爱岗态度,比职业技术水平,比实际操作能力,比安全作业标准),"三不"(不伤害自己,不伤害他人,不被他人伤害)(见图 4-219)。

安全隐患示警活动

自查自纠身边的隐患活动

班组案例分析活动

生产操作技能活动

设备故障处理技能活动

安全隐患辨识技能活动

图 4-219 班组开展的管理活动内容示图

五、危险预知活动

企业安全控制的重点是坚决杜绝作业过程中任何不安全因素和环节,尽量将不安全因素消灭在萌芽状态。如何使生产作业始终处于安全正常状态,危险预知活动是一种适合于各类企业实施安全控制的有效的管理活动。它能预先发现、掌握和解决作业现场潜在的危险因素,提高员工自我保护意识和防范能力,被化工、建筑等企业广泛应用。

1. 危险预知活动的形式（见图 4-220 ）

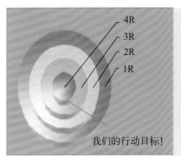

图 4-220　危险预知活动的形式示图

2. 具体活动程序（见图 4-221、图 4-222、图 4-223、图 4-224，以建筑施工高处作业为例）

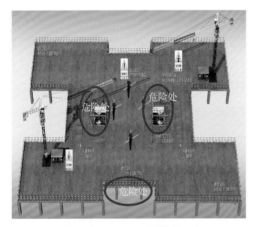

图 4-221　施工作业平面示图

图 4-222　重点危险部位示图

一是发现危险因素。根据施工作业情况，绘制作业示意图，向班组人员提问，找出存在的问题，发表各自看法，并将其记录整理归类。

二是确定危险源点。可依据施工组织设计方案，分析各类高处作业的危险因素，找出重点部位，并集体确认，明确重要的危险因素。

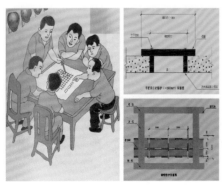

图 4-223　研究制定预防措施示图

图 4-224　施工作业前安全交底示图

三是制定预控方案。要按照《建筑施工高处作业安全技术规范》的规定，针对施工中的重点部位（洞口、临边）和各个环节的不安全因素，如防护方法、作业要求、注意事项等，都要进行分析研究，提出具体可行的对策和措施。

四是落实预控措施。要认真做好安全技术交底工作，使班组全体员工都能了解自身的工作内容、危险部位，掌握预防的方法及其所要遵守的各项作业规定，并以精练的语言作为行动口号，集体确认，高声朗读。

安全管理的知识有很多，如需了解更多安全管理知识（如安全生产定律、法则介绍及启示，安全生产标准化作业管理等知识）可扫描二维码。

第五章

生产安全事故预防知识

第一节　事故基本概念

一、事故的定义

事故是指意外的变故或灾祸。它是突然发生的，使系统或人有目的的行动发生阻碍，致使暂时停止或永久停止，违背人的意志，可能导致人员伤亡或物资财产损失的非预谋性事件。本章着重阐述的是企业生产安全事故。

二、事故的特征

任何事故的发生和发展都有以下基本特征。

1.偶然性

图5-1　麻痹大意发生的高坠事故现场示图

企业法人敢保证完成生产任务，但不敢保证企业不发生事故。因为事故具有偶然性，也就是说事故在一定的条件下可能发生，也可能不发生。是一个随机事件，很难准确预测。这一特征大大增加了企业安全管理的难度，也容易造成企业领导和广大职工产生"事故难免论"或对事故产生无所谓、麻痹、侥幸心理（见图5-1）。但是偶然性包含必然性，说明安全管理还存在薄弱环节，要避免事故发生，就要采取措施消除薄弱环节（安全隐患），使事故能得到控制，降低事故发生率。

2.因果性

事故到底在什么时候、什么地点、在哪一个人身上发生确实有很大偶然性。但是，任何事故决不会无缘无故发生，都是由一定原因（直接原因、间接原因）引起的，就是说有其因必有其果。直接原因是指直接导致事故的原因，机械或环境的不完全状态和人的不安全行为属于直接原因。间接原因是指直接原因得以产生和存在的原因即管理原因。掌握事故因果性特征，就是不仅要消除事故的直接原因，更重要的是要消除间接原因。也就是说，要控制事故发生，必须注重解决造成事故的管理原因（见图5-2），使之不致发展成为不完全状态和行为，否则，还会继续发展而酿成事故。

3. 潜在性

事故的潜在性是指人或物在事故发生前已经存在的各种危险因素，这种危险因素随着时间的推移，一旦具备一定条件就会发生事故（见图5-3）。由于事故的潜在性并没有完全被人们所认识，如果企业有一段时间没有事故就沾沾自喜，以为安全工作做得好，这是片面的，非常有害的。预防事故发生的根本方法就是要发现和消除事故的潜在危险因素。

图5-2 施工管理混乱引发车辆伤害事故现场示图　　图5-3 危险因素未消除引发液压升降机倒塌现场示图

三、事故的类别

根据我国国家标准《企业职工伤亡事故分类》（GB 6441—1986），伤亡事故是指企业职工在生产劳动过程中发生的人身伤害、急性中毒。

根据损伤原因划分，伤亡事故可以分为：物体打击、车辆伤害、机械伤害、起重伤害、触电、淹溺、灼烫、火灾、高处坠落、坍塌、冒顶片帮、透水、放炮、火药爆炸、瓦斯爆炸、锅炉爆炸、容器爆炸、其他爆炸（包括化学物爆炸、钢水包爆炸等）、中毒、窒息以及其他伤害（共计20类）。

确定事故类别，一般可按照事故的起因物（初始的、诱导性原因）来确定。举例说明见图5-4。

例一，起重吊装事故中，因绳索断裂引发人身伤害，按致害物运动形成定为"物体打击"，若按起因物应划定为起重伤害事故。按本条原则划定就可以派生出凡因起重机械而发生的物体打击均定为起重伤害事故。

例二，登高坠落事故中，因使用电动工具不当，引发触电坠落事故，按致害物运动形成定为"高处坠落"，若按起因物应划定为触电伤害事故。按本条原则划定就可以派生出凡因触电而发生的高处坠落均定为触电伤害事故。

例三，爆炸事故中，因碎片的飞出引起人身伤害，按致害物运动形成定为"物体打击"，若按起因物应划定为锅炉爆炸事故。按本条原则划定就可以派生出凡因爆炸而发生的物体打击均定为爆炸事故。

图5-4 确定事故类别案例示图

四、事故的分级

根据《生产安全事故的报告和调查处理条例》的规定，按照造成的人员伤亡或者直接经济损失，事故一般分为以下等级：

（1）特别重大事故，是指造成 30 人以上死亡，或者 100 人以上重伤（包括急性工业中毒，下同），或者 1 亿元以上直接经济损失的事故。

（2）重大事故，是指造成 10 人以上 30 人以下死亡，或者 50 人以上 100 人以下重伤，或者 5000 万元以上 1 亿元以下直接经济损失的事故。

（3）较大事故，是指造成 3 人以上 10 人以下死亡，或者 10 人以上 50 人以下重伤，或者 1000 万元以上 5000 万元以下直接经济损失的事故。

（4）一般事故，是指造成 3 人以下死亡，或者 10 人以下重伤，或者 1000 万元以下直接经济损失的事故。

五、事故的原因

造成生产安全事故发生的原因主要有人的不安全行为、物的不安全状态、管理上的缺陷和不安全的环境因素四个方面。

1. 人的不安全行为

图 5-5　冒险进入危险区域示图

人的不安全行为是指操作错误、忽视安全、忽视警告，造成安全装置失效，使用不安全设备，手代替工具操作，冒险进入危险场所，攀、坐不安全位置，在必须使用个人防护用品用具的作业或场合中忽视其使用，不安全装束，物体存放不当，对易燃易爆等危险物品处理不当，有分散注意力的行为，机器运转时进行维修、清扫、加油等（见图 5-5）。

2. 物的不安全状态

物的不安全状态是指防护、保险、信号等装置缺乏或有缺陷，设备、设施、工具、附件有缺陷或强度不够（如机械强度不够、电气设备绝缘强度不够等），设备在非正常状态下运行（如设备带"病"运转、超负荷运转等），维修、调整不良（如设备失修、保养不当等），个人防护用品缺乏或不符合安全要求等（见图 5-6）。

3. 不安全的环境因素

不安全的环境因素是指照明不足、通风不足，温度、湿度不良，过度噪声，作业场所杂乱、狭窄，地面湿滑，安全通道不畅通等（见图 5-7）。

4. 管理上的缺陷

管理上的缺陷是指技术和设计有缺陷，安全生产培训教育不符合要求，人员安排不当、劳动组织不合理，安全管理制度、责任制和操作规程不健全或不落实，事故防范和应急措施不建立或不完善，对事故隐患整改不力，安全投入不足等（见图5-8）。

图5-6　叉车铲超长件示图　　　　图5-7　冒险进入下水道示图　　　　图5-8　作业管理混乱示图

第二节　事故预防对策

　　加强企业安全建设的起点和终点，都应该以预测预防事故的发生为依据。因为安全是各项工作质量的综合体现，不管哪项工作，哪个环节，一旦由于稍有不慎而发生事故，都有可能造成职工伤亡和国家财产损失的严重后果，甚至影响社会的安定，使交通中断，打乱经济活动的正常运行，不得不投入大量的人力、物力去全力抢救和处理善后工作（见图5-9）。

　　若能掌握事故的预测预防技术和有效对策，就可以防止和减少事故的发生，即使万一发生事故，也能有效地减少事故的损失。

　　据大量的案例分析和统计分析表示：90%以上的事故发生在作业现场；80%以上的事故是由于违章指挥、违章作业、违反劳动纪律和设备隐患未能及时发现及消除等人为因素所造成。这些有力的统计数字最集中、最充分地告诉我们一个问题，那就是制定和落实生产安全事故的预防对策，已是迫在眉睫的重要任务。为此，我们应做好以下四方面预防对策（见图5-10）。

图5-9　事故打乱正常生产秩序示图　　　　图5-10　探讨安全生产预防对策示图

一、增强预防意识

　　"安全第一，预防为主，综合治理"是安全工作的指导方针，也是企业安全生产建设的指导思想，把安全管理的重点放在事故的预防上，是完全必要的。

实践证明，预防事故与人们的认识水平关系十分密切。俗话说："越是危险的地方就越是安全"。这句话有一定的道理，就是说人所处的地方越是危险，就越能认真地对危险进行充分认识，从而提高警惕和采取针对性的措施去预防，认识得越深刻，发生事故的可能性也就越小（见图5-11）。

图5-11　认知危险增强安全意识示图

安全教育可以不断增强人员的预防意识，从而牢固地树立以下几个新观念，这对企业安全事故预防有着十分重要的现实意义。

1. 树立"事故能避免"的新观念

事故能避免吗？这个问题当然也有两种不同的观点：一种人持事故不能避免，理由是认为生产和事故结伴同行，各行各业的事故时有发生，全国每年也公布了各类事故的数字，所以说事故的发生是不可避免。另一种人持事故能避免的观点，认为在生产过程中，虽然存在有不安全的状态和不安全的行为，但只要我们了解和掌握事故的规律，采取有力的预防措施，事故是能避免或推迟其发生时间的，即使万一发生事故，也不致束手无措。持第一种观点的人，显然是站在事故发生的宏观统计方面来看问题，忽视了从实际出发，运用人的智慧去避免事故的发生，所以我们主张应树立"事故能避免"的新观念。

2. 树立"忧则思防"的新观念

居安而不思危，就等于"刀枪入库，马放南山"，自然也就解除了思想上的"警钟长鸣"，当然就谈不上什么预防为主的积极态度，如此下去，不发生事故那就是侥幸上加侥幸的怪事（见图5-12）。

3. 树立"质量安全意识"新观念

质量和安全能融为一体吗？安全作为事故的对立面而言，讨论安全问题就离不开分析事故。综合分析历年事故案例，其具体原因虽然多种多样，但都可以归因于"质量缺陷"的存在，如操纵事故，机械事故，组织指挥责任，思想懈怠，维修失常等，既然有如此规律，则可设法消除质量缺陷，就能消灭事故。可见，质量决定安全，安全是质量之果。若能把安全管理的着眼点放到抓质量上来，包括生产质量和工作质量上来，则预防事故的可能性就得到了可靠的保证（见图5-13）。

图5-12　思想麻痹松懈就是事故隐患示图

图5-13　加强安全检查狠抓工作质量示图

上述讲的增强预防意识提示了我们，安全管理的核心是预防，而事故预防又是安全管理的出发点和归宿，要搞好安全生产就应不断改善劳动条件，以保护自身的安全健康。要预防事故，根本的办法就是提高人们的责任感和自觉性，消除潜在危险因素，不发生误判断、误操作，这应该成为每个人的神圣职责和应尽义务（见图 5-14）。

图 5-14　加强培养教育提高预防意识示图

二、开展早期发现

异常事态的早期发现是很重要的。若能早期发现，就可以预防事故的发生。

所谓异常事态，主要是指与作业设备和环境的正常状态不相同的不安全状态或者作业者的不安全行为。如机器设备、安全装置带故障运行，防护装置缺损或卸除不用，机器声音尖叫，仪表指针摆动大，边操作机器边加油，防护用具不齐等（见图 5-15）。

异常事态是在由量变到质变的发展中出现的，是客观存在的一种现象，只要我们有意识地去发现它，去认识它的危险，在发生事故之前采取有力措施，就会收到明显的效果。其早期发现方法如下。

1. 加强预防事故的知识教育

向操作者介绍有关的事故和特征，以提高对危险的观察能力，并教会其消除危险的操作方法；选择典型的事故案例，对发生的原因、环境条件等因素进行分析，从而提高预防事故的能力；遇有异常时，要立即向负责人报告，避免失去处理的最佳时机而造成事故；坚持持证上岗操作，避免无证人员误操作发生事故；针对设备设施中存在的危险因素，组织讨论和拟定预防措施等（见图 5-16）。

图 5-15　防护装置缺损示图

图 5-16　列举事故案例提高员工防范能力示图

2. 加强检查和巡视

要充分发挥安全值日的作用，使设备、设施、环境及操作上的异常事态被早期发现，及时排除（见图 5-17）。

3. 应用数字化信息技术发现早期异常事态

因为有些大型而复杂的施工设施和装置，要早期发现其异常征兆是很困难的，必须采用数字化信息技术进行监测、提示和报警，促进早期知道异常而采取措施，及时控制、消除事故隐患，确保安全生产（见图5-18）（具体内容和检测方法可见第七章）。

上述讲的开展早期发现告诉我们，从所有事故的全过程看出，大多数事故都不是突然发生的，事故的发生和发展是按一定规律逐步形成的，无论是环境因素、物质因素，还是人为因素，它们事先都会出现征兆，而这些征兆是可以预测的，只要发现及时并采取措施，就能预防事故的发生（见图5-19）。

图5-17　巡视检查模板支撑现场示图　　　图5-18　现场报警装置示图　　　图5-19　讲解事故可以预测示图

三、强化现场安全监视

现场安全监视（见图5-20），是各岗位事故预防的必要环节，其重点应放在操作者和机器设备两个方面。主要是班组长和安全员在生产时间内进行的一项活动，当然也不排斥员工参与这项活动，其目的是确保不致发生由机器设备运转不良、操作不当、作业方法不对、安全态度不好等方面造成的事故和灾害。为此，要运用视力观察和现场纠正等监视手段，其具体内容是（见图5-21、图5-22）：

图5-20　现场安全监视示图　　　图5-21　高温高压示图　　　图5-22　设备检修示图

1. 安全监视的重点

安全监视是以视情监视和重点监视相结合，其重点监视的作业岗位或部位有：

（1）危险、有害的作业岗位或部位；

（2）非正常作业岗位或部位；

（3）非熟练者的作业岗位或部位；

（4）中、高年龄作业者的作业岗位等。

2.安全监视的方法

（1）班组长、安全员或员工的安全巡视，是立竿见影的安全监视方法（见图5-23）。

（2）奖励操作人员及时向有关部门报告安全隐患。

（3）尽量利用现有的计量检测仪器和设备（见图5-24）。

图5-23 班组长巡视示图 　　图5-24 检测仪器示图

3.在机器、设备及安全装置方面的安全监视内容

（1）机器、设备及安全装置在使用中是否运转正常，有无异常声音、振动及发热情况等；

（2）机器、设备及安全装置在使用中有无附件不齐全，有无安装不善及损坏现象（见图5-25）；

（3）机器、设备及安全装置在使用中员工是否持证上岗操作，有无发生误操作的情况。

4.在操作方法上的安全监视内容

（1）在操作起重机时，重物系挂是否牢固，吊挂下方是否有人停留或进行作业。

（2）在检修设备时，是否切断电源或是否挂上正在修理的警示标志。

（3）在机器、设备运转时，有没有边操作边加油的动作，有无直接用手或戴手套去清除铁屑的动作。

（4）是否有人进行奔跑作业。

（5）是否有该使用防护用品而未使用或使用不符合要求的现象（见图5-26）。

（6）是否有人边操作边看报纸或书刊及手机的现象。

（7）是否有装夹零件不牢就操作设备等现象。

上述讲的强化现场安全监视提醒我们，现场安全监视是为了消除隐患，防止事故。通过自查巡视可以及时发现生产过程中的危险因素，如发现不安全状态、潜在危险、人为因素等，应及时采取有效方法，保持和创造良好的安全生产环境和秩序，促进安全生产（见图5-27）。

图5-25　巡视机械设备现场示图

图5-26　检查防护用品示图

图5-27　讲解巡视安全工作的
重要性示图

四、提高人员素质

　　人是决定因素，一切控制都要通过人才能实现，但人也是产生伤亡事故的主要因素。为此，要通过改变人的不安全行为来预防事故。因为世界一切事物都在不断变化，工业技术也在不断发展，人也应该随之提高自身素质，不断学习新技能、新知识，追求新的目标。要有计划地通过教育的途径来提高人员的安全生产知识、自我保护意识及技术理论水平等（见图5-28、图5-29）。

图5-28　安全培训提素质示图

图5-29　讲解反应釜的危险性和事故案例现场示图

　　提高人员素质对于提高人们对危险性的认识水平有直接关系，它可通过人的活动能力，去采取预防事故的实际行动而表现出来。若是这种能力不强，在受到干扰时，势必会错失危险情况处理的有利时机，甚至造成不必要的生产安全事故。

　　提高人员素质，对于预防人为差错也有着直接的关系。因为具有分析判断事故的能力，便可弄清事故发生的环境条件、人为差错、事故规律特征等因素，从而沉着冷静、有把握地把事故隐患消除掉（见图5-30）。

图5-30　弄清事故发生原因和消除事故
隐患方法示图

　　提高人员素质，对于实现安全操作、减少或防止操作失误，具有现实意义。因为要做到正确操作机器、设备及安全装置，执行安全操作方法，使用计量检测仪器等（见图5-31、图5-32），都必须建立在有一定的技术水平的基础上，若不抓紧提高人员素质，就会发生误操作等不安全行为。

　　提高职工安全素质，能使大家了解生产过程中存在的职业危害及其作用规律，提高安全操作水平，掌握检测技术、控制技术的有关知识，了解预防工伤事故和职业病的基本要求，增强自我保护意识，有利于安全生产的开展、劳动生产率的提高和劳动条件的改善。

图 5-31　掌握安全操作措施示图

图 5-32　认知压力温度仪表示图

第三节　事故预防方法

一、预防事故十问法

为了吸取事故教训，一些企业针对伤亡事故中暴露出的问题，发动广大职工群众联系各自工作岗位进行排除、分析，找出发生事故的症结所在，尤其是对人的身体状况和不安全行为进行了全面分析和研究，提出了预防事故十问的管理办法，并通过班组长对现场的试行取得了较好效果，为促进企业安全管理起到了一定的保证作用。预防事故十问法的具体内容可见图 5-33、图 5-34。

图 5-33　分析事故寻找对策讨论示图

（1）问：身体状况是否正常。是指班组长在每日布置工作时，要询问、了解员工的身体状况，合理安排任务，尤其是危险作业（如登高、有限空间、重体力劳动），对有高血压、心脏病、癫痫病及当日身体有不适情况的员工，要及时调整或做辅助工作，并对这类人员作重点监视。

图 5-34

（2）问：心理状态是否正常。是指班组长或安全员在巡视工作过程中，一旦发现员工情绪有波动（如喜怒无常，烦躁，意志沮丧，做事拖拉、畏怯，注意力不集中，健忘，判断力降低等），要及时询问、了解情况，并做好谈心、疏导工作，为员工解决后顾之忧。

（3）问：班前是否进行了安全检查。是指班组长在工作前，要针对重点岗位、部位作重点询问，其内容主要有，设备试运行是否正常，使用的工夹量具是否到位，原材料是否定置码放，岗位四周是否存在不安全因素，制定的防范措施是否落实到位等。

（4）问：劳动防护用品是否正确穿戴。是指作业前和作业中，班组长要认真考查员工如何正确穿戴劳动防护用品，如，登高作业需穿戴哪些劳动防护用品，什么是三件宝，安全带怎样做到高挂低用等；又如，机械加工作业应穿戴哪些劳动防护用品，工作服穿戴应符合哪三紧，安全帽怎样系紧，工作鞋怎样穿好防滑等。

（5）问：操作技术是否能熟练掌握。是指班组长对员工进行技术知识考查时，要联系岗位操作规程有针对性地提问，如操作前需准备什么，作业中应注意哪些安全要求和操作过程中的衔接、配合，工作后怎样做好设备的清扫、工作的交接等。

（6）问：是否会处理工作中出现的异常情况。是指班组长在考查员工的处置能力时，应该从员工的职责、要求和方法等方面来提问，如设备出现了故障，员工应怎样正确处理，先做什么（断开电源），后做什么（查看部位、找出原因），中间如何衔接（报告班组长、派人维修、积极配合），都要明白熟知。

	（7）问：工作周围是否存在不安全因素。是指班组长或安全员在巡查过程中要有针对性，如对动火作业周围需询问的内容：作业周围是否存在易燃材料、易爆气体，设备中的管道是否断开，氧气瓶和乙炔瓶存放的安全距离是否符合要求，与动火点的距离是否符合规定，作业周围是否有其他动火作业点等，都要询问到位。
	（8）问：工作中是否有不良习惯。是指班组长或安全员在检查人的不安全行为时，需重点询问的内容。如：未经许可就开动、关停、移动机器；未经现场负责人允许就进入危险区域；攀、坐不安全位置（如平台护栏等）；操纵带有旋转部件的设备时戴手套；设备未停机时加油、调整、清扫设备等。一旦发现人的不良习惯都要及时指出、纠正。
	（9）问：是否严格遵守安全操作规程。是指班组长或安全员在巡视中发现人的违章行为（如员工冒险吊装液氯钢瓶）应立即制止，并询问员工是否学习过吊装作业操作规程和吊装作业"十不吊"的规定，这样操作会引发哪些事故，员工是否知道应该怎样规范操作，直至员工能认识违规操作的危害性，并能及时改正自身的违章行为。这种现场提问式的安全教育能起到事半功倍的效果。
	（10）问：是否注重消除安全隐患。班组长或安全员针对危险作业进行巡视中，需询问作业人员是否按规定要求消除了安全隐患，或采取了哪些预防措施。如进釜作业，是否办理审批手续，是否进行了清洗、置换、通风、检测，设备连接的管道是否采取了措施，电源是否有效切断，个人的护品是否正确穿戴，监护人是否到位等。

图 5-34　预防事故十问法示图

二、安全操作确认法

安全操作确认法，就是要求作业人员在作业前，按照"想、看、动、查"的确认程序，对操作对象的名称、作用、程序等确认无误后才能操作。具体内容如下（见图 5-35）。

想：操作者在对操作对象实施操作前要想一想本岗位的操作程序、动作标准和安全操作规程的有关内容，以确认安全注意事项（见图5-36）。

图5-35 安全操作确认法示图

图5-36 工作前需确认安全注意事项示图

看：操作者要查看所操作的对象和人机结合面是否存在隐患和缺陷，工夹具、显示器、控制器、安全防护装置是否正常完好，操作定位是否正确，以符合安全作业条件（见图5-37）。

图5-37 操作者需查看的设备设施内容示图

图5-38 操作者应按操作规程的要求严格执行示图

动：操作者要严格按操作程序、动作标准及安全操作规程的要求实施操作（见图5-38）。如机械设备安全操作前，必须确定设备是在良好的状态下才可使用（设备试运行1～3min看是否有异常），又如设备本身有磨损、变形、破裂、漏油及发出不正常的声音等情况，必须停机并通知维修人员进行修理。同时，还要做好工夹量具、刀具、磨具检查工作，如发现问题立即停用，及时修理或更换。设备运转时，禁止一切将手或身体任何部位伸入设备内的工作和行为。设备维修、检测、调整工夹模具等工作必须在停机、断电、挂牌后进行（见图5-39）。工作完毕后要关闭设备电源、气源开关，并认真做好设备维护保养工作和交接班工作。

图5-39 设备试运行和作业中及作业后动作应规范示图

查：操作者在操作过程中，每做完一个操作动作都要检查，查动作后操作对象反馈的信息是否正确。如冲压作业完毕后，必须按作业工序的规定操作，脚是否脱离开关，出件是否采用专用工具，动作是否协调、正确，清除模具内的废物方式是否符合安全要求等（见图5-40）。

图5-40　操作者在操作过程中应对照要求进行自查示图

三、"五勤"检查监视法

"五勤"检查监视法是企业的安管人员在长期监督检查中总结和积累的一种工作方法。此类方法主要采用了"嘴勤、眼勤、耳勤、手勤、腿勤"的监管方式，能及时纠正、消除人的不安全行为和物的不安全状态及潜在的危害因素，是一种有效的监督检查方法。

（1）"五勤"检查监视法主要形式和内容（见图5-41，以房屋翻建、修缮为例）

一是嘴勤。在日常巡回检查中，要认真地宣传安全第一的思想，发现违规违纪行为应立即制止，并及时讲清道理。

二是眼勤。俗话说"眼观六路，耳听八方"。在检查中，就是要观察各类防护设施，发现隐患及时指出并立即组织整改。

三是耳勤。在检查中，通过倾听现场作业人员的意见，了解和掌握员工的思想动态及现场管理的不足之处，以便及时纠正。

四是手勤。安全检查不光是用嘴问、眼看、耳听，还要用手摸，通过触摸，可以了解现场及防护设施、构件搭设的安全度和牢固性，以便及时消除隐患。

五是腿勤。要深入现场检查，不能走马观花地看看表面，而是要深入到高处作业的每一角落处（洞口、临边），进行检查察看防护设施是否到位，不能疏漏。

图5-41　五勤检查监视法示图

（2）注意的要点

① 监管上坚持做到持之以恒。按规定的巡回检查路线做好日常监督工作。

② 内容上要求明确重点。要针对重点的作业场所、特殊的作业部位做好巡检工作。

③ 方式上要注重实效性。对查出的安全隐患必须及时分析，提出解决问题的建议和处理的方法。

④ 手段上要做到严明纪律。当发现违章行为时，既要立即制止，又要做好说服教育工

作，使作业人员能理解安全工作的重要性。

四、隐患持续询问法

隐患持续询问法，就是针对作业场所中出现的安全隐患，为及时发掘隐患的症结，采用可持续询问"为什么"，直至找到隐患产生的根源。此过程有时亦称为"问 5 次为什么"（不超过 5 次），因为问了 5 次为什么，一般就可揭示隐患产生的症结。

图 5-42　车床地面油渍示图

【例一】　假设你看到一位工人正将铁屑撒在机器之间的通道地面（见图 5-42）。你问：

（1）为何你将铁屑撒在地面上？

答：因为地面有点滑，不安全。

（2）为什么会滑？

答：因为地面有油渍。

（3）为什么会有油渍？

答：因为机器在漏油。

（4）为什么机器会漏油？

答：因为油是从联结器泄漏出来的。

（5）为什么会泄漏？

答：因为联结器内的橡胶油封已经磨损了。

【例二】　假设你在巡回检查中发现一位工人有不安全的行为（例如，未关机，头部伸入注塑机内，见图 5-43）。你问：

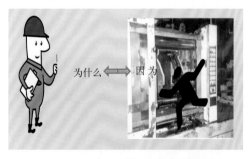

图 5-43　员工冒险进入注塑机内示图　　　　图 5-44　钻床工违章戴手套示图

（1）为何你将头伸入注塑机内？

答：因为发现了问题，影响产品质量。

（2）为什么不关机？

答：因为可以节省时间。

（3）为什么要节省时间？

答：因为我们执行的是计件制（多劳多得）。

（4）为什么不能这样做，你是否知道？

答：不知道，因为我刚来。

（5）为什么不进行岗位安全教育？

答：目前任务较忙，没有时间进行。

【例三】　假设你看到一位钻床工戴手套进行作业时（见图5-44），你问：

（1）你为什么要戴手套操作？

答：因为工件上有毛刺易扎手。

（2）为什么存有毛刺？

答：因为上道工序加工后没有去掉毛刺。

（3）为什么不去掉毛刺？

答：因为工序上没有做要求。

（4）为什么没有做工序要求？

答：因为去毛刺较简单，所以没有在工序中做具体要求。

以上三例告诉我们，在日常安全监督检查中，如发现人的不安全行为和物的不安全状态，决不能只看其表面现象就立即下结论，而是要联系现场实际状况追根寻源，找出问题的症结并采取措施，才能解决问题。如【例一】的问题只要用金属油封来取代橡胶油封，就可阻止漏油。而解决【例二】的问题必须坚持"三级"（厂级、车间级、班组级）安全教育，提高新员工的安全意识和防范能力，才有可能避免此类不安全的行为。对于纠正【例三】违章行为，必须完善工序要求，严明工艺纪律，此违章（戴手套）就能消除。

五、安全隐患随手拍工作法

安全隐患随手拍工作法是指，如果你在工作中发现了安全隐患，就可拿起随身携带的手机进行拍摄上传到企业信息平台系统（见图5-45），并报告现场负责人。此方法的应用可以广泛调动职工群众的积极性和参与意识，用手中的镜头，查找安全隐患，并将安全隐患暴露在群众的千万双锐眼之下，把事故苗头消灭在萌芽，促使企业安全生产稳定发展。安全隐患随手拍工作法可按以下七步进行（查找、拍摄、处理、汇总、分析、共享、奖励）。

第一步　查找。员工在日常工作中应养成随时认真观察的习惯，查找和诊断作业场所中的风险和隐患、操作和施工中的不安全行为以及环境的不安全因素（见图5-46）。

图5-45　安全隐患随手拍示图　　　　图5-46　现场查找隐患示图

第二步　拍摄。员工随时用手机拍下危险隐患和不安全行为，并及时上传到企业信息平台系统，同时报告现场负责人（见图5-47）。

第三步　处理。安全员或现场负责人通过信息平台管理系统及时处理上传的图片或视频，能处理的问题立即处理，一时不能处理的问题及时上报，并列入整改表中，同时要跟踪问题整改情况（见图5-48）。

图 5-47　现场拍摄隐患示图

图 5-48　隐患处理示图

　　第四步　汇总（见图 5-49）。安全员或现场负责人收集随手拍的图片或视频，并加注问题描述，制作安全隐患随手拍汇总表，填写防范措施、责任人、整改情况等，每月按时上报。

　　第五步　分析。对上传的随手拍问题进行汇总分析，将问题进行分类（见图 5-50、图 5-51），对整改情况进行跟踪（见图 5-52），确保问题及时处理。

图 5-49　隐患汇总上报示图

图 5-50　人的不安全行为示图

图 5-51　物的不安全状态示图

图 5-52　跟踪督查整改情况示图

　　第六步　共享。利用 QQ 群、微信的方式，对随手拍下的问题进行内部共享，供全员进行对照检查和学习（见图 5-53、图 5-54）。

　　第七步　奖励。每月对上报的随手拍图片或视频进行评比，对质量高、有价值的随手拍摄制人进行奖励，从而调动员工积极性（见图 5-55、图 5-56）。

图 5-53　微信平台系统示图

图 5-54　员工对照学习示图

图 5-55　隐患随手拍评比示图

图 5-56　隐患随手拍表彰会议示图

六、安全检查三示法

安全检查是发现不安全行为和不安全状态的重要途径，是消除事故隐患，落实整改措施，防止事故发生，改善劳动条件的重要方法，也是持续改进的依据。如，针对机械伤害事故的特点和伤害的方式，在日常安全检查中如发现人的不安全行为和物的不安全状态，可采用"三示"（警示、提示、告示）法，引导和教育员工遵章守纪、规范操作，消除隐患，确保安全。

1. 警示教育

警示教育就是针对作业过程中，如发现人的不安全行为，采取警示的形式及时教育员工必须严格执行操作规程，克服侥幸心理，避免事故的发生。现场警示教育的内容、方法见图 5-57。

如发现违反作业工序（如多块木料锯切），必须立即采取措施及时警示和制止违规行为，并做好说服教育工作，引导员工规范作业，遵章守纪。

如发现违反操作规定（如冒险进入危险区域），要及时制止违章行为，同时要讲清违章的后果，教育员工克服麻痹大意的思想，树立安全第一的意识。

如发现冒险将手伸入危险部位处理杂物，应立即警示，并及时采取措施（切断电源），同时教育员工必须严格执行操作规程，反对冒险蛮干。

图 5-57　现场警示教育的内容、方法示图

2. 提示教育

提示教育就是根据机械设备的管理规定，结合设备、设施的安全状态，开展针对性的安全检查，发现安全隐患及时提示，并教育员工立即进行整改。此方法的应用可有效预防机械伤害事故的发生，同时能强化员工的安全意识，提高防范能力，具体方法可见图5-58。

| 如在监督检查中发现员工擅自打开防护装置，要及时提示员工不能随意打开护罩，容易引发伤害事故。 | 如在监督检查中发现员工进入危险区域，要及时提示员工不能盲目穿越禁区，以防造成机械伤害事故。 | 如在监督检查中发现设备缺失防护罩，要立即提示员工必须注意作业安全，并及时安装防护装置。 |

图 5-58 现场提示教育的内容、方法示图

3. 告示教育

告示教育就是将现场拍下的危险状态和违章行为以及违章所产生的后果事故照片公之于众，让员工对照各自工作岗位标准和操作规程，开展辨识安全隐患的讨论活动。此项活动的开展能提高员工的辨识危险源（点）能力和对规范作业必要性的认识。具体方法可见图 5-59。

| 你认为上图的作业主要存在哪些不安全的行为，应如何纠正？ | 此类危险状态可能会引发何种类别的伤害事故，你是否知道？ | 血的教训向人们告知了什么？请结合案例谈谈你的认识？ |

图 5-59 现场告示教育的内容和方法示图

七、安全工作教导法

安全工作教导法，指的是采用什么样的方式将知识和技能有成效地传授给其他人，使其能很好地胜任某一项工作。在进行教导工作之前，要认真分析采用何种动作、方法和措施来实施教导，以便能最大限度地帮助接受教导者做好工作（见图 5-60）。

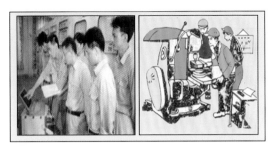

图 5-60 向员工介绍安全工作教导法的基本概念示图

安全工作教导法通常的步骤为：工作单元分割、说给他听、做给他看、说给你听，以及做给你看。例如，在教导之前，先要思考确定所教授内容的先后次序，将工作单元进行分割后，有选择地进行教导，可见图 5-61。

图 5-61 安全工作教导法的教育步骤示图

举例说明

设备名称：梳棉机

事故类别：机械伤害（断肢、断指）

危险源点：梳棉滚刀

伤害方式：操作中遇到异常情况时未停机，盲目掀开护罩伸入"虎口"排除故障。

教导方法：示范操作讲解，感知认识，谈各自体会，可见图 5-62、表 5-1。

由教员将学员带到操作台前，详细讲解设备结构、机械性能、操作要领，指出易发事故的部位，应采取的防范措施以及正确操作姿势的示范等内容。

在机械静止状态下掀开机器护罩，让学员看一看内部的结构、空间范围，并亲自动手触摸易发生伤害的部位，直接感知机械运作时可能会产生的危害。

通过施教，由学员自己讲感受的认识，有哪些危险因素，会造成何种伤害，应如何正确操作等。使其通过实施教导，加深印象，增强安全意识和提高自我防范能力。

图 5-62 讲解纺织企业梳棉机安全操作示图

表5-1　梳棉机操作工感知教育参考表

姓名		性别		出生年月		工种	用工性质		本岗位工龄
停机后静止时的手感（"√"表示）		锋利	木钝		快速旋转时会伤手	慢速旋转时会伤手	停机惯性旋转伤手		不可能伤手
请将正确操作步骤在格内打"√"，不正确打"×"		切断电源→停机→观察齿轴是否停止→掀开护罩排除故障→复位→开机				停机→掀开护罩→用木棒排除故障→关罩→开机			
通过触摸后的感受									
你今后怎样安全操作									

八、班组安全互保法

为进一步贯彻"安全第一，预防为主，综合治理"的方针，加强"群防群治，防治结合"的力度，企业在安全管理活动中，可积极推广应用"班组安全互保法"。此方法的应用能有效预防各类伤亡事故的发生，起到较好的促进作用。具体的方式、内容和要求如下。

1. 互保方式

（1）以班组为单位实行安全互保制，即每两人结成互保对象（见图5-63），人员变动时要及时调整。

图5-63　结成互保对子示图　　　　　图5-64　落实互保内容示图

（2）结成互保对子应遵循以下原则：

① 能力互补（如师傅与徒弟、技术水平高的人与技术水平低的人、老工人与新工人搭配等）。

② 性格互补（如粗心人与细心人、脾气急躁的人与稳重的人搭配等）。

③ 与岗位作业内容密切联系等。

2. 互保内容（见图5-64）

（1）工作前，班组长应根据出勤情况和人员变动情况明确当天的互保对象，不得遗漏。

（2）在每一项工作中，工作人员形成事实上的互保，认真履行互保、联保职责。

（3）工作中互保对象之间要对对方的安全负责，做到四个互相：

① 互相提醒（见图5-65）。发现对方有不安全行为与不安全因素，及时提醒纠正。

② 互相照顾。工作中要根据工作任务、操作对象合理分工，互相关心，互创条件。

③ 互相监视。工作中要互相监视、互相检查，严格执行安全操作规程。

④ 互相保证。保证对方安全生产作业，不发生各类事故。

（4）作业现场互保对象之间，班组与班组之间，在作业过程中要实行互保。互保的主要内容有：

① 在工作中发现互保对象以外的人员有不安全行为与不安全因素时，及时提醒纠正，工作中要互相联络。

② 在工作中对互保对象以外的人员要互相照顾、互相关心、互创条件。

③ 在工作中与互保对象以外的人员要互相监视，共同严格执行各项安全管理规定（见图5-66）。

图5-65　危险作业互相提示示图　　　图5-66　登高作业监护示图　　　图5-67　安全协议内容示图

3. 互保要求

（1）签订安全协议（见图5-67）。互保人必须与班组签订安全协议，一式三份（班组一份，员工各一份）。《安全互保协议书》有："互保目标、互保内容、互保责任、互保时间、互保奖惩"等五大内容。

（2）明确互保职责。班组长是安全互保责任人，工会小组长是安全互保监督见证人，班组职工是班组安全互保的核心，既向班长负责，又要向互保对象负责，还要对自己负责，负有"三不伤害"的责任。

（3）制定互保制度（四个一制度）（见图5-68）。

① 班组每天要利用班前会布置一次安全生产任务；

② 工段每周组织检查一次安全互保活动落实情况；

③ 车间（部门）每季度对安全互保协议内容考评一次；

④ 公司每年对班组和互保责任人总结评比一次。

（4）互保管理落实。安全互保活动使安全生产思想教育进班组、落实到人，形成安全生产纵向到底，横向到边的安全管理体制，有利于班组安全生产制度的落实，有利于车间（部门）、公司安全生产目标的实现（见图5-69）。

总之，开展班组安全互保活动，关键要求互保责任人要认知掌握本岗位操作的工序、危险部位和存在的诸多不安全因素及其可能引发的事故。因此，互保作业人员在工作过程中应做到：

① 履行岗位安全责任，为企业平安负责、为他人平安负责、为自己平安负责。

② 自觉遵守企业制定的安全生产管理制度，正确佩戴和使用劳动防护用品，与"违章、麻痹、不负责任"三大危害做坚决斗争，努力做到"不伤害自己、不伤害别人、不被别人伤害"。

③ 自觉执行安全技术交底的要求及落实安全措施（见图5-70）。

④ 主动制止他人的不安全行为，发现事故隐患或者其他不安全的因素，立即向现场负责人报告。

⑤ 积极参加公司、车间（部门）、工段和班组举办的各种安全培训、安全学习、安全活动、事故应急演练，掌握作业所需的安全生产知识，提高安全生产技能，增强事故预防和应急处理能力。

图5-68　互保制度内容示图　　　　图5-69　讲解危险区域示图　　　　图5-70　安全技术交底示图

九、安全隐患辨识法

安全隐患辨识法，是针对生产过程中存在的危险因素（设备设施、原材料、半成品、作业方式、工作环境、人的行为等）进行辨识，并找出、确认危险（害）的重点部位和易发事故的类别。具体辨识的内容、方法有：

1. 物的不安全状态

应按照企业安全管理规定和技术标准来辨识设备设施、作业环境中存在的危险状态。

举例说明：某化工生产岗位（该岗位涉及危化品：甲苯、乙酸乙酯等，见图5-71）。

图5-71　化工企业危险岗位现场示图　　　　图5-72　纠正危险状态预防措施现场示图

请辨识、判断、纠正危险状态。

（1）辨识危险因素。首先，了解该岗位存在的危险特性，甲苯、乙酸乙酯为易燃品，遇明火、高热能引起燃烧爆炸。其次，辨识设备设施的危险状态，管道锈蚀容易造成泄漏，现场电气线路乱拉乱接，轴流风扇不防爆，可能会引起明火。

（2）判断事故类别。可能会引发火灾、爆炸、中毒和窒息、触电等事故。

（3）纠正危险状态（见图5-72）。按照危险等级的规定和设计要求，合理敷设管道和电气线路；按防爆要求选用电扇，同时要加强设备设施的维护保养，发现隐患及时整改，不留后患。

2. 人的不安全行为

可根据化工企业生产区内的"十四个不准"、操作工的"六严格"、动火作业"六大禁令"等管理规定来辨识人的不安全行为（操作错误，忽视安全，忽视警告，冒险蛮干，违章作业，违反劳动纪律，违反作业程序等）。

举例说明：动火作业（见图5-73）。

请辨识、判断、纠正危险状态。

（1）辨识危险因素

a. 管道内存有易燃物质（没有对管道进行检测、置换、检查）；

b. 动火作业场所存在危险（存在易燃物品，氧气瓶、乙炔瓶安放的位置不符合安全距离，配电箱、开关箱也不符合安全要求）；

c. 人的违章行为（没有电焊操作证，没有办理动火作业证，也没有设监护人）。

（2）判断事故类别。容易引发火灾、爆炸、触电等事故。

（3）纠正人的违章行为管理措施（见图5-74）。严格执行《化学品生产单位动火作业安全规范》的规定（申请、审批、置换、检测、落实、监管等）；加强现场检查（易燃物品是否清除，防护设施、灭火器材是否到位，氧气瓶与乙炔瓶间距不应小于5m，二者与动火作业地点不应小于10m，并不得在烈日下暴晒）；临时用电实行三级配电，开关箱要做到"一箱、一机、一闸、一漏"，有门，有锁和防雨、防尘措施。

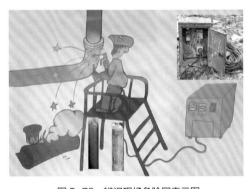
图5-73　辨识现场危险因素示图

图5-74　纠正人的违章行为示图

十、设备故障排除法

设备故障排除法是指在设备系统中发生一种异常情况后，通过分析和判断，找出问题

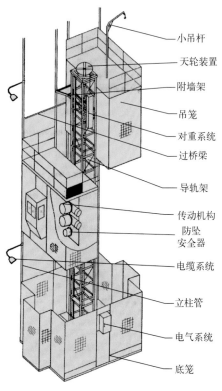

图5-75　施工升降机结构示图

小吊杆
天轮装置
附墙架
吊笼
对重系统
过桥梁
导轨架
传动机构
防坠安全器
电缆系统
立柱管
电气系统
底笼

的症结所在，及时排除设备故障，确保安全运行。

运用这种方法时，首先指出一个系统或过程中的异常现象，然后根据法规和标准进行对照和比较，找出造成异常现象的原因以及对系统的影响。

分析时，应系统地查找其中的因果关系，弄清所有可能发生的事故和它的结果。最后针对潜在于系统或过程中的问题，制定应急排除方法。同时，要做好应知应会的培训工作，使作业人员在操作过程中遇到应急事件时，能及时、准确排除设备故障。

举例说明：施工升降机主要故障及排除。

首先，了解施工升降机的结构。施工升降机由金属结构、驱动装置、电气控制系统以及安全保护装置等部分组成。具体部件见施工升降机结构图（见图5-75）。

其次，分析施工升降机常见的坠落、倒塌事故及主要原因（见图5-76）。

缺乏防护　引发事故　　　　开关失灵　导致倒塌　　　　钢绳断裂　引发坠落

违规操作　引发冲顶　　　　装置缺失　引发事故　　　　防护不力　引发倒塌

图5-76　施工升降机坠落、倒塌事故现场示图

然后，根据上述分析的事故原因对故障类型进行归纳，列出系统中常见的故障类型和现象及其排除方法，见表5-2。

表5-2　施工升降机常见故障及其排除方法

序号	故障类型和现象	排除方法
1	按"上升""下降"按钮，吊笼不动 (1) 电源断电或控制回路熔断器烧毁 (2) 单、双行门未关严 (3) 急停开关或锁开关未接通 (4) 热继电器脱扣 (5) 由于过载，停车位置过低，将下极限开关 　　碰开 (6) 下降时超速，将限速开关碰开 (7) 限位行程开关接触不良 (8) 制动器直流电源断路 (9) 时间继电器动作时间调得太短 (10) 线路电阻烧坏 (11) 电源缺相或主回路熔断器烧毁 (12) 吊笼过载	(1) 查明原因，接通电源或更换熔断器 (2) 将门关严 (3) 接通开关 (4) 检查电动机无过热现象后，将热继电器复位 (5) 接通下极限开关 (6) 同时按动辅助按钮及下行按钮，将吊笼慢速下降到底层。 　　排除故障后，将限位开关复位 (7) 修理或更换行程开关 (8) 更换熔断器 (9) 调整到0.8~1.0s (10) 更换电阻 (11) 查无短路过载现象后，接通缺相电源更换熔断器 (12) 减小部分载荷
2	蜗轮箱联轴节发生抖动 (1) 键与键槽配合不当或磨损 (2) 电动机与蜗轮箱同轴度差	(1) 重新配键安装 (2) 调整同轴度
3	制动时吊笼有颤抖冲击 (1) 齿轮与齿条间隙过大，制动时有往复齿间 　　撞击 (2) 导向滚轮与导轨接触不均匀	(1) 调整传动机构的偏心套及平衡滚轮使啮合间隙合适 (2) 调整导向滚轮偏心轴的位置使滚轮接触均匀
4	吊笼内无电 (1) 底笼电箱内QF1、QS未合闸 (2) 电缆线损坏 (3) 极限限位未复位或损坏	(1) 重新合闸 (2) 检查并更换 (3) 检查或更换

生产安全事故预防的知识有很多，如需了解更多知识（如危险源的基本概念和识别、系统安全分析法的应用）可扫描二维码。

第六章

应急救护知识

第一节　应急救护基本概念和要求

图 6-1　应急救护培训教育示图

应急救护主要是针对威胁作业者生命安全的意外伤害、职业中毒和各种急症所采取的紧急救护措施。其目的是通过现场初步必要的急救处理，缩小伤害范围，从而达到挽救生命、减轻伤残的目的。

根据《生产安全事故应急条例》[中华人民共和国国务院令（第 708 号）] 的规定，生产经营单位应当对从业人员进行应急教育和培训（见图 6-1），保证从业人员具备必要的应急知识，掌握风险防范技能和事故应急措施。具体的内容有：急救的基本程序、处置原则、应急救援步骤、方法及设备设施的使用。

一、应急救护程序

作业现场一旦发生事故，在场目击人员首先应高声呼喊，通知现场安全员，由安全员迅速向上级有关部门或医院打电话求救（见图 6-2），同时急报企业负责人和上级部门，并组织紧急应变小组进行可行的应急施救，如现场包扎、止血等措施，防止受伤人员流血过多造成死亡事故发生。企业应急救援领导小组成员立即到达事故现场，指挥协调事故抢险救援工作，按应急救援小组人员的分工，各负其责，受伤人员由救护人员协助送往医院，门卫在大门口迎接救护的车辆，有程序地处置事故，最大限度地减少人员和财产损失。具体应急救援行动紧急联络系统见图 6-3，应急救援行动紧急措施组织见图 6-4。

图 6-2　现场应急救护程序示图

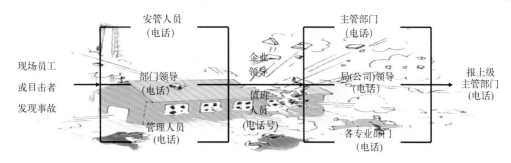

图6-3 应急救援行动紧急联络系统示图

责任要求说明：

现场第一发现人：向现场负责人或值班人员报告，紧急情况时，可直接向有关部门求救。

现场负责人和安管员：要及时控制事态，保护现场，组织抢救，疏导人员，报告领导，并向有关部门求救（报警110、火警119，救护120及有关专业单位电话）。

车间（部门）领导：要组织人员进行现场急救，组织车辆保证道路畅通，送往最佳医院。

公司领导或值班人员：要及时了解事故和伤亡人员情况，并立即启动应急救援预案。

公司安全应急救援小组：要迅速赶赴现场，了解、分析事态的进展，及时研究对策，落实施救措施和人员，并报告上级有关部门。

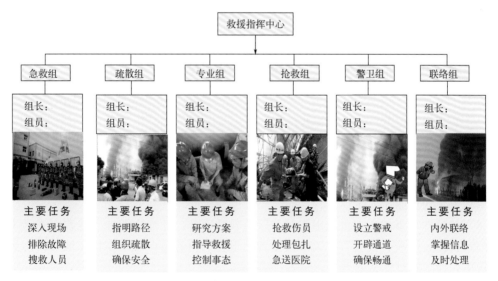

图6-4 应急救援行动紧急措施组织示图

紧急措施组织说明：紧急措施组织是为了发生紧急情况时能够采取统一措施而预先编成的图（见图6-4），为做到组织落实、分工到位，图中应注明组长及组员的姓名。

举例说明：如在施工场所发生坍塌或倒塌事故，如果能按应急救护的工作程序施救，采取必要的措施，可以大大降低死亡的可能及减轻后遗症。因此，要求现场施工人员都能熟知、掌握图6-5所示的应急救护程序及处置方式。

一旦发生坍塌事故　组织撤离报告情况 分析状况组织施救

现场救护方法正确 急送医院进行抢救 保护现场设立警戒

注意要点：事故发生后现场应做到：忙而不乱，有序撤离，侦察现场，掌握状况；
制定方案，措施有力，统一指挥，协同作战，争分夺秒，营救伤员；
正确搬运，脱离现场，处理到位，急送医院，清理现场，注重安全。

图6-5　应急救护程序及处置方式示图

二、应急处置原则

发生事故的现场员工都容易惊慌失措，不知怎么办。因此，现场负责人和员工务必要沉着冷静多思考，在应急处置上应掌握以下原则（见图6-6）。

图6-6　正确处置事故现场示图

图6-7　伤员分类抢救现场示图

图6-8　听从指挥，有序撤离示图

（1）遇到伤害事故发生时，不要惊慌失措，要保持镇静，并设法维持好现场的秩序。

（2）在周围环境不危及生命的条件下，一般不要随便搬动伤员。

（3）暂不要给伤员喝任何饮料和进食。

（4）如发生意外而现场无人，应向周围大声呼喊，请求来人帮助或设法联系有关部门，不要单独留下伤员而无人照管。

（5）遇到严重事故、灾害或中毒时，除急救呼叫外，还应立即向当地政府安全生产主管部门及卫生、防疫、公安等有关部门报告。报告的内容是，现场在什么地方、伤员有多少、伤情如何、做过什么处理等。

（6）伤员较多时，根据伤情对伤员分类抢救（见图6-7），处理的原则是先重后轻、先急后缓、先近后远。

（7）对呼吸困难、窒息和心跳停止的伤员，立即将伤员头部置于后仰位，托起下颌，使呼吸道畅通，同时施行人工呼吸、胸外心脏按压等复苏操作，原地抢救。

（8）对伤情稳定、估计转运途中不会加重伤情的伤员，迅速组织人力，利用各种交通工具分别转运到附近的医疗机构急救。

（9）现场抢救的一切行动必须服从有关领导的统一指挥，不可各自为政（见图6-8）。

三、应急设备设施的使用

作业现场应急使用的设备设施（见图6-9）一般有：

图6-9　应急设备设施示图

1. 应急电话

在作业现场要正确使用好电话通信工具，可以为现场事故应急处置发挥很大作用。

（1）报救电话。作业现场应安装电话，一般可装于办公室、值班室、警卫室内。电话旁张贴常用呼救报警电话号码，以便现场人员都了解，在应急时能快速地找到电话拨打报警求救。

（2）报救使用。伤亡事故现场重伤员抢救应拨打120救护电话，请医疗单位派救护车及时到场急救。

2. 急救箱的配备

急救箱的配备应以简单和适用为原则，保证现场急救的基本需要，并可根据不同情况予以增减，定期检查补充，确保随时可供急救使用。使用注意事项：急救药箱应是一个防尘、醒目的容器，它应该放在干燥、清洁、易取的地方。定期更换超过消毒期的敷料和过期药品，每次急救后要及时补充。

3. 其他应急设备和设施

由于在现场经常会出现一些不安全情况，甚至发生事故，或因采光和照明情况不良，在应急处置时就需配备应急照明，如充电工作灯、电筒、油灯等设施。由于现场有危险情况，在应急处理时就需有用于危险区域隔离的警戒带、各类安全禁止、警告、指令、提示标志牌。有时为了安全逃生、救生、救护需要，还必须配置安全带、安全绳、担架、防毒面具等以及专用应急救护药箱。

第二节　现场应急救护

人们在劳动生产过程中，往往会发生各种类别的伤害事故，常见的伤害事故有：机械事故、高处坠落事故、触电事故、起重机械事故、坍塌事故、车辆事故、中毒、窒息和火灾、爆炸事故等。对于这些伤害事故的发生，如果现场采取的应急措施正确，就可以大大降低事故的伤害程度，减轻后遗症。因此，广大职工群众应当懂得一些最基本的应急救护知识和方法，以便在事故发生时（后）能及时、正确做好自救、互救工作。常见的伤害事故可见图6-10。

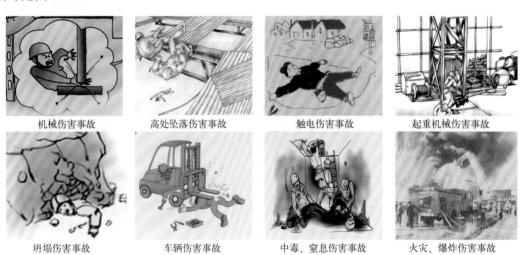

机械伤害事故　　　高处坠落伤害事故　　　触电伤害事故　　　起重机械伤害事故

坍塌伤害事故　　　车辆伤害事故　　　中毒、窒息伤害事故　　　火灾、爆炸伤害事故

图6-10　常见的伤害事故示图

一、机械事故的应急救护

发生机械伤害事故后，现场作业人员不要害怕和慌乱，要保持冷静，迅速对受伤人员进行应急救援和救护。

1.实施救援

机械事故往往是受伤者的肢体被机械设备卷入、绞缠、夹住。因此，可采取将机械移动、分解、切断等方法施救（见图6-11）。

（1）切断机械的电源。如是特殊机械，应得到专业人员的帮助指导，然后，再决定救助方法，采取行动。

（2）拆卸法施救。一般机械设备的部件分易拆除和不易拆除两种结构。根据机械设备的种类和受伤者肢体被机械设备卷入的部位，确定采取拆卸的方法，将受伤者的肢体从机械设备内救出。

（3）破拆法施救。当拆卸困难时，只能采用破拆的方法才能将受伤者的肢体从机械设备里面取出。当螺栓锈蚀严重无法拆卸时，直接用无齿锯或者气体切割器将机械设备的本体切开一条缝，然后用扩张器实施扩张作业，把受伤者的肢体从里面取出。

（4）拆卸法与破拆法并用施救。拆卸与破拆法就是综合运用拆卸和破拆的方法。凡是可以使用工具进行拆卸的螺栓或零件，都应当进行拆卸。如果不能拆卸，只有对机器实施破拆才能将受伤者的肢体救出时，就只能采取破拆的办法。

（5）反方向旋转机械施救：根据具体情形，有时可用相反方向旋转机械的方法救出受伤者，这时，需请专业人员在技术上给予指导，慎重进行。

必须切断电源　　　　　　气体切割器　　　　　　扩张器

图6-11　机械事故现场施救方法示图

2. 应急救护（见图6-12）

急救检查应先看神志、呼吸，接着摸脉搏、听心跳，再看瞳孔，有条件者测血压。检查局部有无创伤、出血、骨折、畸形等变化，根据伤者的情况，有针对性地采取人工呼吸、心脏按压、止血、包扎、固定等临时应急措施。

3. 报救联系（见图6-13、图6-14）

要迅速拨打报救电话，向医疗救护单位求援。记住报救电话很重要，我国通用的医疗报救电话为120，但除了120以外，各地还有一些其他的报救电话，也要适当留意。在发生伤害事故后，要迅速及时拨打报救电话，拨打急救电话时，要注意以下问题：

（1）在电话中应向医生讲清伤员的单位地点、联系方法（如电话或定位）、行驶路线。

（2）简要说明伤员的受伤情况等，并询问清楚在救护车到来之前，应该做什么。

（3）派人到路口迎候救护人员。

图6-12　救护检查示图　　　　图6-13　报救及时准确示图　　　　图6-14　急送医院抢救示图

4. 救护事项（见图6-15）

（1）遵循"先救命、后救肢"的原则，优先处理颅脑伤、胸伤、肝、脾破裂等危及生命的内脏伤，然后处理肢体出血、骨折等伤。

（2）检查伤者呼吸道是否被舌头、分泌物或其他异物堵塞。

（3）如果呼吸已经停止，立即实施人工呼吸。

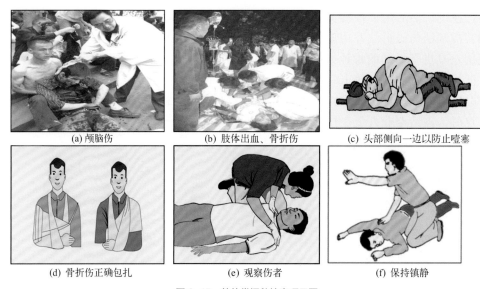

| (a) 颅脑伤 | (b) 肢体出血、骨折伤 | (c) 头部侧向一边以防止噎塞 |
| (d) 骨折伤正确包扎 | (e) 观察伤者 | (f) 保持镇静 |

图 6-15　熟练掌握救护事项示图

（4）如果脉搏不存在，心脏停止跳动，应立即进行心肺复苏。

（5）如果伤者出血，应进行必要的止血及包扎。

（6）大多数伤员可以尽快抬送医院，但对于颈部背部严重受伤者要慎重，以防止其进一步受伤。

（7）让伤者平卧并保持安静，如有呕吐，同时无颈部骨折，应将其头部侧向一边以防止噎塞。

（8）动作轻缓地检查伤者，必要时剪开其衣服，避免突然挪动增加伤者痛苦。

（9）救护人员既要安慰伤者，自己也应尽量保持镇静，以消除伤者的恐惧。

（10）不要给昏迷或半昏迷者喝水，以防液体进入呼吸道而导致窒息，也不要用拍击或摇动的方式试图唤醒昏迷者。

5. 机械伤害常见的现场急救方法

（1）手外伤急救（见图 6-16）。作业人员在操作设备设施过程中经常发生手外伤，严重的还会发生断指、断肢性伤害。对于断指、断肢及开放性手外伤的急救方法是：

图 6-16　事故示图

① 发生断肢（指）后，若肢体仍在机器中，千万不能强行将肢体拉出或将机器倒转，以免加重损伤，应停止机器转动，拆开机器，取出断肢（指）。

② 断肢（指）残端如有活动性出血，应首先止血。要立即掐住伤肢（指）两侧防止出血过多，然后采用加压包扎、夹板固定止血。如果伤肢没有完全断开，只要有皮肉相连，就不要弄断它，尽可能用干净布包裹好，并用夹板把伤肢（指）尽量固定，不让随便活动，以免加重损伤（见图 6-17）。

③ 应迅速将离断肢体用无菌或清洁的敷料包扎好，放入塑料袋内，冬天可直接转送；

在炎热的夏天，可将塑料袋放入加盖的容器内，外围加冰块保存，不让断肢（指）直接与冰块接触，以防冻伤。也不要用任何液体浸泡断肢，以免影响断肢再植的成活率（见图6-18）。

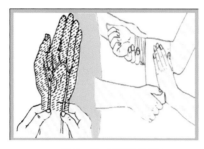　

图6-17　正确救护示图　　　　　　图6-18　断手保护示图

④ 除非断肢污染严重，一般不需冲洗，以防加重感染。同时要向医院提供准确的受伤时间、经过和现场情况。

⑤ 对断肢（指）对接手术有时间要求，一般不超过伤后的 6～8 小时，要求快速运送有条件的医院进行抢救（见图6-19）。

快速运送　　　　　　　　　　对接手术

图6-19　断肢（指）再植手术示图

⑥ 对开放性手外伤，应尽快用消毒纱布或干净的毛巾、手帕或其他布类包扎伤口。不要用清水、碘酒、酒精等冲洗或擦伤口，也不要用止血粉、消炎粉、棉花等敷在伤口上，以免给以后清创手术带来困难。手外伤包扎时一定要注意功能位，最好让伤者手抓住一大块毛巾或棉花，各指间用纱布分开，指甲、指尖要外露，以观察血流情况。包扎后用木板、硬纸板等将手固定，再用三角巾悬吊在胸前，转送医院处理（见图6-20）。

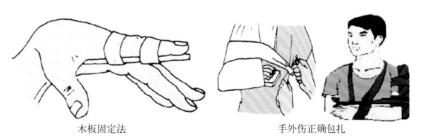

木板固定法　　　　　　　　　手外伤正确包扎

图6-20　手外伤处理示图

（2）眼外伤急救（见图6-21）。在操作车床、铣床、钻床、刨床等设备时，经常遇到切屑和异物的飞溅引发眼外伤，严重的还会造成失明。对于眼外伤的急救方法是：

① 轻度眼伤，如眼进异物，可叫现场同伴翻开眼皮用干净的手绢、纱布将异物拨出。如眼中溅入化学物质，要及时用清水冲洗。

② 重度眼伤，可让伤者仰躺，施救者设法支撑其头部，并尽可能使其保持静止不动，千万不要试图拨出进入眼中的异物。

③ 见到眼球鼓出或从眼球脱出的东西，不可把它推回眼内，这样做十分危险，可能会把能恢复的伤眼弄坏。

④ 立即用消毒纱布轻轻盖上伤眼，如没有纱布可用干净的毛巾覆盖，再缠上布条，缠时不可用力，以不压及伤眼为原则。

做完上述处理后，立即送医院再做进一步的治疗。

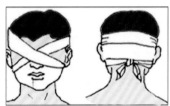

清水冲洗法　　　　　　　　保持静止不动　　　　　　　　双眼三角巾包扎

图6-21　眼外伤急救示图

（3）颅脑外伤急救（见图6-22）。颅脑外伤会导致头部软组织损伤、颅骨变形或骨折，进而造成脑膜、脑血管、脑组织及脑神经的损伤。最可怕的是，颅内出血可迅速导致脑水肿、脑血肿、颅内压增高，产生继发性脑疝，死亡率极高。因此，一旦遭受颅脑外伤，急救要争分夺秒，尽可能做到"七要"：

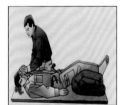

颅脑外伤急救　　　　正确救护　　　　头后仰偏向一侧　　　　清除口腔异物

图6-22　颅脑外伤急救示图

一要保持镇静。发现头部受伤者，即使无昏迷也应禁食限水，静卧放松，避免情绪激动，不要随便搬动。

二要迅速止血。应立即就地取材，利用衣服或布料进行加压包扎止血。切忌在现场拔出致伤物，以免引起大出血。若有脑组织脱出，可用碗作为支持物再加敷料包扎，以确保脱出的脑组织不受压迫。

三要防止颅内继发感染。头部受伤后，可见血液和清水（脑脊液）从耳、鼻流出，此时应将患者平卧，伤侧向下，让血液或脑脊液顺利流出来。切忌用布类或棉花堵塞外耳道或鼻腔，以免其逆流而继发颅内感染。

四要防止误吸。颅脑损伤者大多有吞咽、咳嗽反射丧失，咽喉和口腔异物或分泌物会阻塞呼吸道而造成窒息。因此，伤员应取平卧位，不垫枕头，头后仰偏向一侧。

五要维持呼吸道通畅。伤员如出现呼吸困难、嘴唇发绀，应用双手放在患者两侧下颌角处将其下颌托起，清除口腔异物，以保持呼吸道通畅。

六要心肺复苏。若患者神志不清，大动脉搏动消失，应立即行胸外心脏按压和人工呼吸。不要试图用拍击或摇晃的方法去唤醒昏迷的伤员。

七要平稳快运。清醒患者一旦出现频繁、喷射性呕吐，剧烈头痛，或短时间清醒后再次昏迷，应迅速送到有条件的医院抢救。

二、高处坠落事故的应急救护

发生高处坠落事故后，在场目击人员首先高声呼喊，通知现场安全员，由安全员迅速向上级有关部门或医院打电话求救，同时急报企业负责人和上级部门，并组织紧急应变小组进行可行的应急救护（见图 6-23）。现场救护的要点如下：

快速应急救护　　　　　　　检查伤员情况　　　　　　　查看受伤人员

图 6-23　高处坠落受伤人员急救示图

1. 快速诊断，掌握情况

（1）观察神志：伤员对问话、拍打、推动等外界刺激无反应，表示伤员已意识不清或丧失，病情危重。

（2）检查呼吸：主要看胸、腹部有无起伏。有起伏说明有呼吸，没有起伏说明呼吸很微弱或已经停止。正常人每分钟呼吸 16～18 次，垂危时呼吸变快、变浅、不规则。临死前呼吸变慢、不规则，甚至呼吸停止。

（3）测量脉搏：正常人每分钟心跳男性为 60～80 次，女性为 70～90 次，严重创伤（如大出血），心跳快而弱，脉搏细而速，死亡则心跳停止。

（4）查看瞳孔：正常时两眼瞳孔等大等圆，遇光则迅速缩小，危重伤病员两眼瞳孔不等大等圆，或缩小或扩大或偏斜，对光刺激无反应。呼吸停止、心跳停止、双侧瞳孔固定散大是死亡的三大特征。出现尸斑则为不可逆的死亡。

2. 方法准确，及时救护

（1）对于心跳呼吸骤停的重伤员的急救方法

① 人工呼吸法（见图 6-24）：用手捏住伤者鼻子，口对口用力对伤者吹气，同时观察伤者胸部是否上升，看到伤者胸部上升，停止吹气，让伤者被动呼出气体，然后再给伤者深吹气，成人每分钟 14～16 次。

② 胸外心脏按压术：抢救者跪于伤员一侧（一般为右侧），一手掌根部放于伤者的胸骨下半部，另一手放在第一只手手背上，儿童一只手掌即可，手臂伸直，利用身体的部分

重量下压胸壁 5 ~ 6cm（成年人）即放松，抬手时掌根部与伤者胸壁不能脱离，成人每分钟 100 ~ 120 次。

③ 单人心肺复苏术（见图 6-25）：同一抢救者轮番进行口对口人工呼吸和胸外按压术。比例为：胸部按压数：人工呼吸数 =15：2。

④ 双人心肺复苏术（见图 6-26）：由两位抢救者分别进行人工呼吸和胸外心胸按压术。比例为：胸部按压数：人工呼吸数 =5：1。

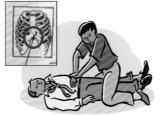

图 6-24　人工呼吸法示图　　　图 6-25　单人心肺复苏术示图　　　图 6-26　双人心肺复苏术示图

（2）对于遭受颅脑外伤的重伤员现场急救要点（见图 6-27）

① 对昏迷的伤者，必须保持气道通畅，如舌根下坠、呕吐物堵塞呼吸道，要及时作出处理。受了伤的头部不要任意搬动，也不宜取垂头位。

② 出现大出血，要及时止血和包扎（可采用止血带止血法，见图 6-28）。对严重的颅内血肿、血压波动等，火速请医生抢救。

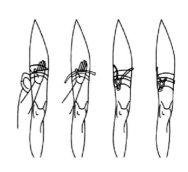

图 6-27　颅脑外伤急救示图　　　　　图 6-28　止血带止血法示图

正确使用止血带止血法。止血带止血适用于大血管出血，尤其是动脉出血，当采用加压包扎止血不能有效地止住出血时，可用止血带止血法。常用橡皮管作止血带，也可用绷带、三角巾、布带等代替。

使用止血带时要记住六个字（见图 6-29）：

· "快"：动作快，抢时间。

· "准"：看准出血点，准确扎好止血带。

· "垫"：垫上垫子，不要直接扎在皮肤上。

· "上"：扎在伤口上方，尽量接近伤口处，但禁扎于上臂中段。

· "适"：松紧适宜，以出血停止、摸不到远端脉搏为合适。

· "放"：每隔 1 小时放松 2 ~ 3 分钟，松止血带时，应同时用指压法压迫止血，缓缓放松。

③ 发现开放性颅骨骨折或脑液已外露，可将伤口周围 5cm 范围内的头发剪去。轻轻覆盖无菌纱布，并加以包扎。如发现伤口内有脏东西，也不要随便取出，以免扩散感染（见图 6-30）。

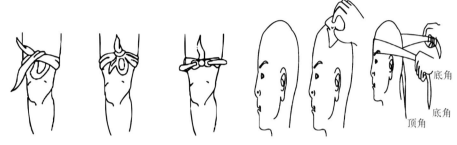

图 6-29　绞紧止血法示图　　　　　图 6-30　头部包扎法示图

④ 颅底骨折，耳或鼻内流出脑脊液时，不要用棉花堵塞鼻、耳等处的外漏脊液，它具有减低颅内压，防止鼻、耳等处病菌从伤口逆行进入的作用。同时，见到耳、鼻流出的脑脊液，也禁止用水冲洗；可用灭菌棉棍蘸取 75% 酒精，消毒外耳道，并用棉棍清除鼻痂。用高枕垫头，使头处于高位，并立即转送医院。

（3）对于胸部受到外伤的伤员急救原则是，根据不同外伤采取不同方法。

① 如发现伤者出现反常呼吸的浮动胸，应立刻用手掌将受伤部位轻轻按住，逐渐用力，不使受伤处胸壁出现反常活动。再找来重量适中的沙袋，或在伤处多放几层棉垫，加压包扎，使浮动肋骨稳定（见图 6-31）。

图 6-31　胸部外伤的伤员急救图

图 6-32　伤者侧卧示图

② 如肋骨骨折，发生在胸旁，可以让伤者侧卧，伤侧在下，这样就可稳定伤处（见图 6-32）。较重的浮动肋骨仅用加压稳定，不能完全解决问题，应请医生急速处理。如身边有简易呼吸器，可以趁伤者吸气时，将气压入，使肺扩张，就能改反常呼吸为正常。

③ 对胸壁有破口、肺部漏气和胸壁破口相连的"开放性气胸"，必须立即填堵胸壁破口，改开放为闭合，才能减轻对心肺的影响。此方法须在医务人员在场的指导下进行（见图 6-33）。

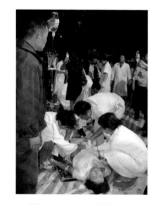

图 6-33　现场抢救示图

（4）对于腹部受伤者的急救要点

① 如果是腹壁有破口，没有内脏膨出，只需及时止血，伤口周围皮肤消毒后，将伤口内浅在的脏东西取出，盖以敷料、包扎。伤情较重者，速送医院（见图6-34）。

② 如有内脏膨出，不要再塞到腹内，以防扩散污染。最好用灭菌生理盐水纱布拧干后，盖在内脏表面，上再扣一灭菌碗或盆，加敷料松松包扎固定（见图6-35）。

③ 对于出现腹痛加重、范围扩大；反跳痛和腹肌发硬明显、血压下降的腹部闭合伤者，应火速送就近医院，立刻手术。

（5）对于大腿、小腿、脊椎骨折的伤者急救要点。一般应就地固定，不要随便移动伤者，不要盲目复位，以免加重损伤程度。如上肢受伤，可将伤肢固定于躯干；如下肢受伤，可将伤肢固定于健肢（见图6-36）。

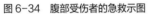

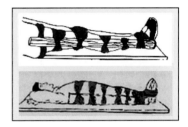

图6-34　腹部受伤者的急救示图　　　图6-35　正确使用灭菌碗示图　　　图6-36　伤肢固定法示图

（6）进行急救之后，就要把伤员迅速地送往医院。此时，正确地搬运伤员是非常重要的。如果搬运不当，可使伤情加重，严重时还可能造成神经、血管损伤，甚至瘫痪，难以治疗。因此，对伤员的搬运应十分小心。搬运伤员时必须根据伤情和不同的部位及条件，采用相应的正确合理的搬运方式和方法，可见图6-37、图6-38、图6-39、图6-40。

扶着行走。左手拉着伤员的手，右手扶住伤员的腰部慢慢行走。此法适于伤员伤势不重，神智清醒时使用。

肩膝手抱法。伤员不能行走，但上肢还有力量，可让伤员钩在搬运者颈上。此法禁用于脊柱骨折的伤员。

用靠椅抬着走。让伤员坐在椅子上，一人在后抬着靠背部，另一人在前抬椅腿。此法适于肋骨骨折的伤员。

平抱着走法。搬运者站在同侧，抱起伤员同步行走。此法适于下肢骨折的伤员和短距离的搬运。

图6-37　单人搬运法示图　　　　　　图6-38　双人搬运法示图

搬运重伤员的注意事项：在搬运颅脑伤、颈椎伤和腹部损伤的伤员，一定要固定损伤部位和卧位姿势，同时做到，起落平稳，步调一致，并随时注意伤势发展的情况，具体可见图6-41。

脊椎骨折搬运法。应由三人进行，使伤员成一线起落，步调一致，切忌一人抱胸，一人搬。抬运时应采取俯卧位在担架上进行。

图6-39 三人搬运法示图

大腿骨折损伤严重者，可采用四人搬运法。即三人并排蹲在或跪在伤员的同侧，一人在对面扶住担架；然后用手分别托住伤员的头、肩、胸背、臀部和下肢，并将担架速移伤员下面轻轻放下，在使伤员保持平卧姿势下抬起伤员，稳步向前行进。

图6-40 四人搬运法示图

颅脑伤昏迷伤员半俯卧位搬运法。要两人以上，重点保护头部，放在担架上应采取半卧位，头部偏向一边，以免呕吐物阻塞气道而窒息。抬运前，头部给以软枕，膝部、肘部应用衣物垫好，头颈部两侧垫衣物以使颈部固定，防止来回摆动。

颈椎骨折伤员的搬运法。搬运时，应由一人稳定头部，其他人以协调力量将其平直抬到担架上，头部左右两侧用衣物、软枕加以固定，防止左右摆动。

腹部损伤的搬运法。严重腹部损伤者，多有腹腔脏器从伤口脱出，可采用布带做一个略大的环圈盖住加以保护，然后固定。搬运时采取仰卧位，并使下肢屈曲，防止腹压增加而使肠管继续脱出。

图6-41 搬运重伤员示图

三、触电事故的应急救护

1. 掌握原则

触电事故是比较特殊的事故。因此，触电急救必须掌握3项原则，否则，不但达不到救人的目的，还可能造成不必要的多人伤害事故。

（1）迅速切断电源的原则。人触电以后，可能由于痉挛或失去知觉等原因而手紧抓带电体，不能自行摆脱电源，这时，要迅速切断电源（见图6-42）。一方面，通电时间越长，触电者身体流过的电流越多，对人体的伤害越大；另一方面，从救护人员的安全考虑，除非万不得已，我们不能带电抢救，否则可能造成触电事故的扩大。

抢救电击者时，要注意自身安全和施救方法。抢救者应首先切断电源，站在绝缘物体上（如胶垫、木板、穿着绝缘的胶底鞋等），用干木棒或塑料棍等绝缘物拨开电击者身上的电线、灯、插座等带电物品，同时还要注意在进行解脱电源的动作时，要事先采取防摔措施，防止触电者脱离电源后因肌肉放松而自行摔倒，造成新的外伤。然

图6-42 触电现场施救示图

后再将伤者移至通风、干燥较好的地方，解开患者衣扣、裤带及检查口中是否有异物（如假牙、分泌物、血块、呕吐物等，以免阻塞呼吸道）后进行抢救。

（2）就地正确抢救的原则。触电者脱离电源后，处于"假死"状态时，恢复心跳和呼吸是最重要的。时间就是生命。如果只是依靠送医院进行抢救，可能会（因路途耽搁）失去最佳抢救时间。心跳和呼吸停止时间越长，大脑细胞坏死速度越快，即使再高明的医术也难以挽救人的生命。有资料显示，触电1min后就进行救治的，90%有良好效果；触电6min后开始救治的，10%有良好效果；触电12min后才施行救治，救活的可能性很小。因此，刻不容缓，争分夺秒地就地抢救是触电急救中最佳抢救方式（见表6-1）。

表6-1　心肺复苏成功率与时间的关系表

复苏开始时间/min	复苏成功率/%
<1	90
1～2	45
2～4	27
<6	10～20
8～12	6
>12	很小

（3）坚持到底不中断的原则。遇到触电"假死"者的抢救，从一开始就应该持续不断地进行到底。抢救的结果只有两个，一个是生还，一个是死亡。这里说的死亡，指的是真正的死亡，即触电者身体僵硬、出现尸斑等症状，经医生确诊的死亡。只要触电者未出现真正死亡的症状并被医生确诊（二者缺一不可），救护者就要尽100%的努力，继续抢救。实践中，有触电者经4h或更长时间的人工急救而得救的先例（见图6-43、图6-44）。

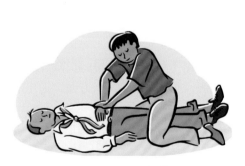 

图6-43　单人心肺复苏术示图　　　　图6-44　双人心肺复苏术示图

2.现场急救的程序

当触电者脱离电源后，应根据触电者的具体情况，迅速对症救治。救治时应该区分不同情况按照下列程序处理。

（1）触电者脱离电源后，救护者应该迅速检查、判明以下情况：观察触电者是否清醒；观察触电者呼吸、心跳是否存在；观察有无严重的外伤和可能存在的外伤（见图6-45、图6-46）。

（2）对症抢救。对伤势较轻、神志清醒，但有些心慌、四肢发麻、全身无力，或曾一度昏迷，但未失去知觉的伤者，不能用心肺复苏法抢救，因为，会加重心脏压力而产生严重后果，应将触电者抬到空气新鲜，通风良好地方，让其躺平，安静休息，不要走动，注意观察并请医生前来治疗或送往医院（见图6-47）。

图6-45　判断伤员有无意识示图　　图6-46　看、听、试判断呼吸示图　　图6-47　放置伤员示图

（3）触电者伤势较重，已经失去知觉，但心脏跳动和呼吸尚未中断，应使其安静地平卧，保持空气流通；解开其紧身衣服以利呼吸；若天气寒冷，应注意保温；并严密观察，速请医生治疗或送往医院。如果发现触电者呼吸困难、微弱或发生痉挛，在其心跳或呼吸停止后立即做进一步抢救（见图6-48、图6-49）。

图6-48　急救示图

图6-49　保持体温示图

（4）触电者伤势严重，呼吸停止或心脏跳动停止，或二者均停止，这时触电者已处于"假死"状态。呼吸停止者要立即恢复其呼吸，心跳停止者要立即恢复其心跳，两者都停止者，要同时恢复（见图6-50）。

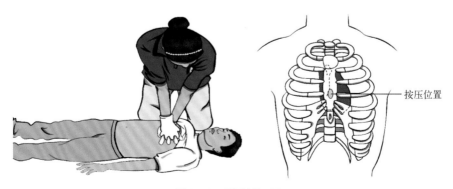

按压位置

图6-50　现场抢救示图

3. 触电急救的方法

（1）人工呼吸法。各种人工呼吸方法中，以口对口（鼻）人工呼吸法效果最好，而且简单易学，容易掌握。口对口人工呼吸方法的具体操作步骤如下：

① 畅通气道。实施人工呼吸前，应解开触电者身上妨碍呼吸的衣物，取出口腔内可能妨碍呼吸的杂物；使触电者仰卧，并使其头部后仰，鼻孔朝天，同时把口张开（见图6-51）。

图 6-51　实施人工呼吸前的检查示图

② 操作步骤。使触电者鼻孔（或嘴唇）紧闭，救护人员深吸一口气后自触电者的口（或鼻孔），向内吹气，时间约2s；吹气完毕立即松开触电者的鼻孔（或嘴唇），让其自行呼气，时间约3s（见图6-52）。

口对口人工呼吸方法不仅简单易行，便于与胸外按压法同时运用，而且换气量也比较大。口对口人工呼吸方法每次换气量约为 1000～1500mL，仰卧压胸法约400mL。

图 6-52　口对口人工呼吸方法示图

（2）胸外心脏按压法。这是触电者心脏停止跳动后的急救方法。做胸外心脏按压时应使触电者仰卧在比较坚实的地方，姿势与口对口（口对鼻）人工呼吸相同。胸外心脏按压法的具体动作可扫描二维码见视频。

① 操作步骤。救护人员位于触电者一侧，两手交叉相叠，手掌跟部置于胸骨下 1/3～1/2 处；用力向下，即向脊背方向按压，压出心脏里的血液；对成人压陷 5～6cm，每分钟按压 100～120 次；儿童压陷 4～5cm，每分钟按压 100～120 次；按压后迅速放松其胸部，让触电者胸部自动复原，心脏充满血液；放松时手掌不必离开触电者的胸部（见图 6-53）。

② 应当注意的是，心脏跳动和呼吸过程是互相联系的。心脏跳动停止了，呼吸也将停止；呼吸停止了，心脏跳动也持续不了多久。一旦呼吸和心跳都停止了，应当同时进行口对口（口对鼻）人工呼吸和胸外心脏按压。如果现场仅 1 人抢救，两种方法应交替进行：每吹气 2～3 次，再按压 10～15 次，而且频率适当提高一些，以保证抢救效果（见图6-54）。

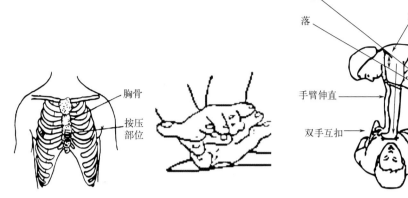

图6-53　施救的部位示图

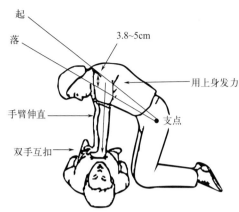

图6-54　施救人员规范的示图

（3）电弧灼伤的救护

① 电弧灼伤一般分为三度：一度，灼伤部位轻度变红，表皮受伤；二度，皮肤大面积烫伤，烫伤部位出现水泡；三度，肌肉组织深度灼伤，皮下组织坏死，皮肤烧焦（见图6-55）。

② 当触电者的皮肤严重灼伤时，必须先将其身上的衣服和鞋袜特别小心地脱下，最好用剪刀一块块剪下。由于灼伤部位一般都很脏，容易化脓溃烂，长期不能治愈，所以救护人员的手不得接触触电者的灼伤部位，不得在灼伤部位上涂抹油膏、油脂或其他护肤油（见图6-56）。

③ 灼伤的皮肤表面必须包扎好。包扎时如同包扎其他伤口一样，应在灼伤部位覆盖消毒的无菌纱布或消毒的洁净亚麻布。包扎前不得刺破水泡，也不得随便擦去粘在灼伤部位的烧焦衣服碎片，如果需要除去，则应使用锋利的剪刀剪下。对灼伤者进行急救包扎后，应立即将其送往医院治疗（见图6-57）。

图6-55　电弧灼伤的示图

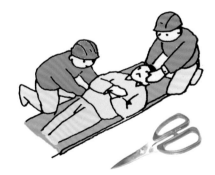

图6-56　现场救护方法示图

（4）触电急救过程中应注意的问题

① 要坚持就地抢救，这是非常重要的原则。但是，如果医院就在附近，或者触电者有严重外伤，现场很难处理，就要考虑送医院，但必须保证在送医院的短暂过程中，分分秒秒也不能中断抢救。

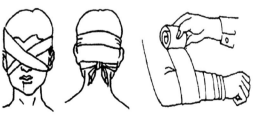

图6-57　灼伤部位包扎的示图

经过现场抢救，触电者恢复了心跳和呼吸，这时仍要送医院进行复苏阶段治疗（即使触电者感到已没有什么问题，也要到医院进行检查治疗）（见图6-58）。

图6-58　快速抢救示图

②触电急救的用药，主要是指强心剂（肾上腺素）的使用。现在专家已取得一致意见，认为肾上腺素是促使心跳恢复的较好药物，对于触电心跳停止者，在进行积极有效的心脏按压和人工呼吸的基础上，配合使用肾上腺素使心跳恢复是必要的。但必须注意，任何药物都不能替代人工呼吸和心脏按压，这始终是触电急救的主要方法。肾上腺素对有心跳的人不能使用，即便对心跳停止或微弱的人员使用，也必须经医生诊断后开具处方才能实施（见图6-59）。

图6-59　抢救方法示图

四、中毒窒息事故的应急救护

现场施救是施救工作重要环节之一。正确的现场施救为进一步抢救伤员的生命，减少其痛苦，并迅速地护送到医院治疗赢得时间，打下基础。因此，救援人员在施救过程中要保持清醒的头脑，采用科学的方法、合理的手段和正确方式实施救援、救护工作。

1. 注意事项

（1）严格按防护要求进行，注意防止救援人员中毒，绝对禁止在不采取任何防护措施的情况下盲目施救，造成多人无谓牺牲（见图6-60）。

（2）向沟、池、井、窖、罐等事故现场鼓入新鲜空气，或先打开风机通风，在通风换气后，待有害气体降到允许浓度时，方可进入现场施救。

（3）呼吸防护。救援人员必须佩戴空气（氧气）呼吸防护器，才能进入中毒现场救助中毒者（无关人员从中毒现场逃生可用过滤式呼吸防护器，配相应的滤毒罐）。正压式空气呼吸器的使用可扫描二维码见视频。

（4）朝上风向或侧上风向移离中毒者和疏散现场人员，疏散地确保空气新鲜，不要安置在低洼处；有条件时疏散范围和距离依据空气中有毒气体浓度测定结果，并考虑气体扩散趋势确定（见图6-61）。

图6-60 现场施救的警示图　　　　图6-61 移离中毒者的现场示图

2. 救护方法（重点介绍八种有毒物质中毒救护方法）

（1）一氧化碳中毒。作业场所一旦发现有一氧化碳中毒时，应立即采取以下施救、救护方法：

① 要立即打开门窗，流通空气，迅速将泄漏污染区人员撤离至上风处，并隔离至气体散尽，切断火源；施救人员戴正压自给式呼吸器，穿一般消防防护服；合理通风，切断气源，喷雾状水稀释、溶解、抽排（室内）或强力通风（室外）（见图6-62）。

  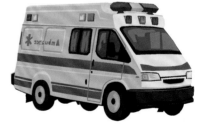

图6-62 喷雾状水稀释、溶解示图　　图6-63 现场施救示图　　图6-64 用救护车运送伤者示图

② 现场抢救时，要迅速解开患者的衣服、纽扣、腰带以利其呼吸顺畅。同时呼叫救护车（120），急送医院进行抢救。

③ 对于昏迷不醒的伤者可将其头部偏向一侧，以防呕吐物误吸入肺内导致窒息。发现伤者呼吸或心跳停止应进行人工呼吸（勿用口对口）和胸外心脏按压等心肺复苏措施（见图6-63）。

④ 对有昏迷或抽搐者，可在头部置冰袋，以减轻脑水肿。

⑤ 迅速送往有高压氧治疗条件的医院。因为高压氧不仅可以降低碳氧血红蛋白的半衰期，增加一氧化碳排出和清除组织中残留的一氧化碳，还能增加氧的溶解量，降低脑水肿和解除细胞色素化酶的抑制。

⑥ 观察病人变化。对轻度中毒者，经数小时的通风观察后即可恢复，对中、重度中毒者应尽快向急救中心呼救。在转送医院的途中，一定要严密监测中毒者的神志、面色、呼吸、心率、血压等病情变化（见图 6-64）。

（2）硫化氢中毒。作业场所一旦发现有硫化氢中毒时，应立即采取以下施救、救护方法：

① 凡在深沟、池、槽、罐等处抢救中毒患者时，要及时做好防护措施，合理通风，切断电源（火源），喷雾状水稀释、溶解等；同时要求抢救者自己必须戴供氧式面具和腰系安全带（或绳子）并有专人监护，以免施救者自己中毒和贻误救治病人（见图 6-65）。

② 施救过程中要合理搬运，并迅速将伤者抬离中毒现场，移至空气新鲜通风良好处，解开衣服、裤带，气温低时注意保暖，密切观察呼吸和意识状态，保持呼吸道的通畅，有条件的还应给予氧气吸入（见图 6-66）。

③ 对呼吸、心跳停止者，要立即采取人工呼吸（勿用口对口）、胸外心脏按压等心肺复苏措施；对休克者应让其取平卧位，头稍低；对昏迷者应及时清除口腔内异物，保持呼吸道通畅（见图 6-67）。

④ 有眼部损伤者，应尽快用清水反复冲洗，并给以抗生素眼膏或眼药水滴眼，或用醋酸可的松眼药水滴眼，每日数次，直至炎症好转。

图 6-65　正确穿戴个人护品示图　　　图 6-66　现场搬运施救示图　　　图 6-67　现场急救示图

（3）氯气中毒。作业场所一旦发现有氯气中毒时，应立即采取以下施救方法：

① 现场控制。事故抢险与施救人员，应对事故装置（设备）采取应急措施，关闭、隔绝、堵漏、灭火等，避免事故扩大；在危险区与安全区交界处（警戒线）设立洗消站，对撤离现场人员，需要清洗的人员（包括伤员、抢救人员）进行洗消。

② 救护要求。氯气中毒救援人员，在危险区域施救时，除了自己佩戴防毒面具之外，还应给中毒人员佩戴防毒面具（见图 6-68），防止救护过程深度中毒；应迅速对中毒人员现场施救，然后转送医院治疗。

③ 现场急救。吸入氯气，在任何情况下，都应首先将中毒人员迅速脱离事故现场至空气新鲜处（见图 6-69），如呼吸、心跳停止，应立即进行人工呼吸和胸外心脏按压，同时报警（120）就医。皮肤接触，如果液氯污染了衣服或皮肤，应该立即脱去被污染的衣服，用大量流动清水冲洗至少 15min 或更长。由于液氯温度很低，可能出现冻伤，应注意保温（见图 6-70），立即就医治疗。眼睛接触，应张开眼睑，用大量清洁的流动水、生理盐水冲洗或将头部埋入脸盆的清水中作晃动清洗至少 15min 或更长，不允许自行试图用化学物中

和，应立即就医。

图 6-68　正确使用防毒面具示图

图 6-69　现场搬运施救示图

图 6-70　现场施救护理示图

（4）氨气中毒。作业场所一旦发现有氨气中毒时，应立即采取以下施救：

① 泄漏处理（见图 6-71）。迅速将漏污染区人员撤至上风处，切断火源；应急施救人员戴正压自给式呼吸器，穿化学防护服；切断泄漏源；对高浓度泄漏区，应喷含盐酸的雾状水中和、稀释、溶解，构筑围堤或挖坑收容产生的大量废水，合理通风。

② 消防措施（见图 6-72）。消防人员必须穿戴全身防护服；切断气源，若不能堵漏切断气源，则不允许熄灭正在燃烧的气体；用水保持火场中容器冷却；用水喷淋保护切断气源的人员。灭火剂：雾状水、抗溶性泡沫、二氧化碳、砂土。

图 6-71　泄漏处理示图

图 6-72　氨气瓶处理示图

③ 急救措施（见图 6-73）。皮肤接触：立即脱去污染的衣着，用大量流动清水彻底冲洗，或用 3% 硼酸溶液冲洗，若有灼伤，就医治疗。眼睛接触：立即张开眼睑，用流动清水或生理盐水冲洗至少15min，立即就医。吸入：迅速脱离现场至空气新鲜处；保持呼吸道通畅，如呼吸困难，则给输氧，呼吸停止时，立即进行人工呼吸，并及时送医院救治。

图 6-73　现场施救示图

（5）氰化物中毒。作业场所一旦发现有氰化物中毒时，应立即采取以下施救方法（见图 6-74）：

① 泄漏处理。隔离泄漏污染区，限制人员出入；应急处理人员戴自给正压式呼吸器，穿防毒服。处理时不要直接接触泄漏物，如小量泄漏，应避免扬尘，用洁净的铲子收集于干燥、洁净、有盖的容器中；如大量泄漏，应用塑料布、帆布覆盖，减少飞扬。然后收集、回收或运至废物处理场所处置。

② 疏散距离（见图 6-75）。紧急隔离至少 100m，疏散至少 150m，如果泄漏于水中，产生氰化氢气体，应下风向隔离 500 ～ 10000m。

图6-74 氰化物储存示图

图6-75 急救疏散示图

③ 急救措施。吸入：对吸入中毒者（救护人员至现场必须戴好供氧式防毒面具）急救要迅速，使患者立即脱离污染区，脱去受污染衣着，在通风处安卧、保暖。如果呼吸停止须立即进行人工呼吸（切不可用口对口的人工呼吸法）。在现场立即打开一支亚硝酸异戊酯，使吸入15～30s，必要时隔2～3min再吸一次（一般不超过3支）。同时要迅速送医院抢救，要及早进行输氧、休息并保暖。食入：如系误服更须速送医院催吐，用4%的碳酸氢钠（小苏打）水溶液或用5%硫代硫酸钠水溶液充分洗胃。特效解毒剂用3%亚硝酸钠及50%硫代硫酸钠静脉注射（现场用药必须由医师主持）。皮肤接触：立即脱去被污染衣着，用流动清水或5%硫代硫酸钠彻底冲洗至少20min，并就医。眼睛接触：立即张开眼睑，用大量流动清水彻底清洗至少15min，并就医。

（6）苯中毒常规急救和治疗方法（见图6-76）

① 急救方法

a. 吸入高浓度苯发生中毒时，应立即脱离中毒现场，移至空气新鲜、环境安静处（见图6-77、图6-78）；皮肤出现接触时，尽快用清水冲洗，换去污衣，冬季注意保暖。

图6-76 苯罐示图

图6-77 现场急救示图

图6-78 现场救护示图

b. 可迅速给予吸氧，并保持中毒者呼吸道通畅。

c. 应给予精神安慰，克服紧张情绪，保证患者绝对卧床休息，防止过分躁动。

d. 发生误服者应及时使用0.5%活性炭悬液、1%～5%碳酸氢钠液交替洗胃，然后用25～30g硫酸钠导泻（忌用植物油）。

e. 苯溅入眼内，应立即用清水彻底冲洗，尽快到医院眼科救治处理。

② 治疗方法

a. 治疗原则。给氧，对呼吸心跳停止者应立即采取心肺脑复苏措施，保护重要脏器功能，解毒及对症支持处理。

b. 苯中毒无特效解毒剂，可用葡醛内酯片（肝泰乐）0.4g，加到葡萄糖液中静脉滴注；还原型谷胱甘肽钠（古拉定）0.6g，加入壶内滴入，每日 1～2 次；维生素 C 亦有解毒作用，可用 1g 加入 50% 的葡萄糖注射液 40mL 中静脉推注，或 2～3g 加入 10% 葡萄糖注射液 500mL 中静脉滴注，每日 1～2 次。

c. 密切观察呼吸、心跳、瞳孔、眼底变化及液体出入量、肝肾功能、心电图、X 线胸片等，及时根据病情变化给予处理。

（7）二氧化碳中毒（窒息）急救方法

① 监护人发现有人中毒后，应立即呼救，并向池内通风（见图 6-79），使中毒者吸入新鲜空气。并及时利用保险绳索将窑内中毒者抢救出窑，并移至通风的正常空气中或给氧复苏。

② 移至通风处，解开衣服和腰带，如无呼吸，要立即作口对口的人工呼吸；如心脏停跳，应作心脏按压积极抢救（见图 6-80）。若有皮肤冻伤，先用温水洗浴，再涂抹冻伤软膏，用消毒纱布包扎后，就医。若眼睛灼伤，立即翻开上下眼睑，用大量流动清水或生理盐水冲洗后（见图 6-81），就医。

图 6-79　通风设备示图　　　　图 6-80　现场急救示图　　　　图 6-81　洗眼设备示图

③ 在抢救的同时，要立即报告医务室、安技科及办公室组织救援，经诊断严重者要尽快送到附近医院抢救治疗，不可耽误时间。

（8）乙酸中毒急救方法。皮肤接触：立即用水冲洗至少 15min。若有灼伤，就医治疗。眼睛接触：立即张开眼睑，用流动清水或生理盐水冲洗至少 15min。就医。吸入：迅速脱离现场至空气新鲜处。必要时，立即进行人工呼吸。给予 2%～4% 碳酸氢钠溶液雾化吸入。就医。食入：患者清醒时立即漱口，催吐，就医。

五、爆炸事故的现场应急救护

爆炸事故造成的人身伤害较为严重，常见的伤害有：压埋伤、颅脑伤、烧伤等。这些伤害如果现场救护恰当及时，不仅可以减轻伤者的痛苦，降低事故的严重程度，而且可以争取抢救时间，挽救更多人的生命。

一旦发生爆炸事故，会造成火灾、物体打击、倒塌等事故，尤其是倒塌事故，可以使人被压埋，造成压埋伤（见图 6-82）。压埋伤伤势一般较重，可造成颅内、内脏破裂大出血或四肢骨折、脊椎骨折，从而导致瘫痪、窒息、急性肾衰等严重后果。

1. 压埋伤的抢救要点（见图 6-83、图 6-84）

（1）心肺复苏。将土石、砖瓦、水泥板、梁和设备、设施吊扒开，伤者露出头部后即应迅速将其口、鼻处泥土清除掉，以保证呼吸通畅。如伤者救出后已无呼吸心跳，可立即进行人工呼吸与心脏按压术，一般30min后未见呼吸心跳恢复，可停止心肺复苏术。

图6-82　爆炸事故现场示图

图6-83　现场施救示图

（2）合理搬运。抢救被埋者时切勿生拉硬拽，应先将埋土或重物迅速搬除；被埋者充分外露后再整体外移，否则易致骨折、截瘫及新的撕裂伤。

（3）止血、包扎、固定。伤者被扒出后，如发现有伤口大出血，应按外伤包扎、止血法，将伤口包扎固定后再送医院救治；如有下身瘫痪、四肢骨折等，应放平身体，切勿随意搬动，设法用布类、衣物等将夹板、木棍或席卷包裹后，置于伤者身体或四肢两侧，并稍加固定后迅速送医院救治。

（4）保护伤肢。肢体有肿胀时，可能存在肌肉撕裂或血管破损，此时切忌用热敷，可采用冷毛巾、冰块毛巾包放在肿胀处；不论上下肢被挤压程度如何，都可将伤肢置于较高的位置；寒冷季节要注意伤肢保暖（见图6-85）。

图6-84　现场急救示图

图6-85　现场救护示图（一）

2. 颅脑损伤者急救要点

（1）急救攸关生命安危的重要症状。如呼吸、心跳停止，立即进行心肺复苏；出现大出血，要及时止血和包扎。对严重的颅内血肿、血压波动等，火速请医生抢救。

（2）对昏迷的伤者，必须保持气道通畅。如舌根下坠、呕吐物堵塞呼吸道时，要及时作出处理。受了伤的头部不要任意搬动，也不宜取垂头位（见图6-86）。

图6-86　现场救护示图（二）

图6-87　现场救护示图（三）

（3）发现开放的颅骨骨折或脑液已外露，可将伤口周围 5cm 范围内的头发剪去。轻轻覆盖无菌纱布，轻轻加以包扎。如发现伤口内有脏东西，也不要随便取出，以免扩散感染（见图 6-87）。

（4）颅底骨折，耳或鼻内流出脑脊液时，不要用棉花堵塞鼻、耳等处的外漏脑脊液，它具有减低颅内压，防止鼻、耳等处病菌从伤口逆行进入的作用。同时，见到耳、鼻流出的脑脊液，也禁止用水冲洗；可用灭菌棉棍蘸取 75% 酒精，消毒外耳道，并用棉棍清除鼻痂。伤者不可去鼻涕、不可洗耳朵，保持口腔卫生。用高枕垫头，使头处于高位，并立即转送医院。

（5）脑震荡的伤者必须卧床，除大小便外，不要下地。头痛重者，可用针刺止痛或给以止痛片。对脑挫裂伤，伤势较重者，现场急救后，立即送往专科医院，作进一步处理（见图 6-88）。

（6）搬运颅脑外伤者时应注意：必须用木板或担架抬送，不能用人扛、肩背的办法。搬运或抬送时，尽量减少震动。清醒的伤者，可适当垫高枕头。昏迷的伤者，特别应防止气道不畅及呕吐物的误吸入肺，边运送边观察伤情变化，以便及时处理（见图 6-89）。

图 6-88　现场救护示图（四）

图 6-89　现场急救搬运示图

3. 对烧伤者的救护要点

（1）在火灾现场，应及时熄灭病人身上的火。可采取就地打滚的办法，不要滚得过快，不要大声连续喊叫，不可直接用手灭火。如燃烧液体沾着衣服，立刻脱衣，或用冷水淋湿（见图 6-90）。

（2）烧伤者脱离现场后，应检查其是否呼吸、心跳停止；有无昏迷、休克的发生；有无气道烧伤；烧伤面积有多大、深度有多广。

（3）对烧伤不足 1% 的小面积烧伤，皮肤微红或有水泡时，可把手伸入干净冷水中，或用自来水冲洗 20～30min，痛和伤势将好转（见图 6-91）。然后，再抹些烫伤药膏。皮肤已破，就不要浸在凉水里，而应转送医院由医生处置。

图 6-90　火灾现场自救方法示图

图 6-91　烧伤者现场紧急处理示图

（4）在烧伤现场，要注意对烧伤创面的保护，急需时可用洗干净的衣服或被单覆盖。

大冷天里身体也需保暖。如手头有现成的止痛中草药大黄、地榆粉、万花油等，也可敷在创面上，再盖上干净敷料，以减少创面再被污染。切不可用红药水、紫药水等乱抹。

（5）在重伤者运送医院途中，需给伤者补充必要的液体。如不能静脉输液，伤者又清醒，可配制简易的烧伤饮料，让伤者多喝些。即用食盐 3g，小苏打（碳酸氢钠）15g，加水 100mL 配成即可饮用。

（6）往医院运送时，为避免加重休克，同时要注意上下坡，不能头高足低。汽车运送时，最好横躺车内（即伤者身体与车头垂直）。

（7）如伤者发生气道烧伤、呼吸困难（大约在伤后 12 ～ 15h 出现），应在此之前火速送医院作气管切开，加压吸氧等。失血者及时补液，重大骨折外伤者，分别轻重急救。

4. 眼睛受到酸、碱化学烧伤的救护要点（见图 6-92、图 6-93）

当眼内溅入强酸或强碱性化学物质时，往往会引起眼的损伤。在工作中，发现眼的酸、碱化学烧伤者，要立即就地用干净水冲洗伤眼，如自来水或凉开水，以及壶里或杯里的水都可以，越快越好。眼要睁大，并用手指将眼睑分开；如果来不及冲洗，而就近有一脸盆水，应马上将脸面浸入水中，睁开双眼，不住地摇头，使水晃动；接着请人取来干净水冲洗；冲洗的水量要大，酸性物质至少冲洗 10min，碱性物质应在 15min 以上；干净水冲洗后，请医生作进一步处理。当生石灰粒溅入眼内时，不可用手揉眼。因为石灰属于碱性物质，不可先用水冲洗，以免造成碱性烧伤。可用干净手帕的一角，将其拨除；再用清水反复冲眼。

图 6-92　洗眼设备示图

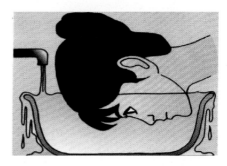

图 6-93　脸部浸入水中清洗示图

5. 眼外伤的救护要点

在日常生产过程中，眼睛是很容易受到意外伤害的，严重的还可能造成失明。因此，在受到眼外伤后，应恰当及时地加以处理。

（1）当意外爆炸、金属、石头或玻璃碎片击伤眼部，引起眼挫伤时，伤者不可用手揉擦眼睛，应请有经验的人翻起眼皮，用清洁手帕或棉球轻轻擦去结膜面上的异物（见图6-94）；角膜表面浅层异物，可用湿消毒棉棒揩涂；较深的，用消毒（或火烤过）的针尖剔去，再点新霉素滴眼液，并加金霉素眼膏包扎一天，以防感染，如外伤引起眼睑皮下出血，可用纱布压迫几分钟止血。

（2）出现眼球穿通伤和眼球内异物时，如雷管爆炸的碎片、锐利的铁丝、竹木签、树枝等刺破眼球，并在眼球内残留异物，要用纱布遮盖患眼，并避免压迫眼球（见图6-95）。防止眼内组织进一步脱出。如有条件，可先用抗生素点眼。注意预防感染。尽快送到医院眼科抢救，同时马上告诉医师眼内异物情况。

　　总之，在现场正确地处理眼外伤后，要及时送医院作进一步的检查处理。

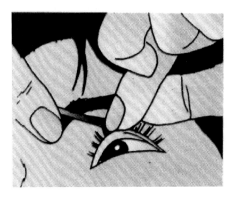

图 6-94　眼外伤救护示图

图 6-95　眼外伤救护包扎示图

六、车辆事故的应急救护

1. 心脏按压术

　　在交通事故的损伤中，心脏停止跳动是最为可怕的（检查方法见图 6-96）。如果心脏停止了跳动，或心室的肌纤维乱动而不能有效地收缩排出血液，则全身组织器官得不到氧气和养料的供应，短时间内就将坏死。这时，应立即做胸外心脏按压，帮助恢复心跳。

　　在做胸外心脏按压前，可先做胸部叩击术。用拳头叩击心前区或胸骨处，连续叩击 2～3 次，并检查脉搏和心音，如恢复则表示复苏成功。否则改用胸外心脏按压术。

　　胸外心脏按压术的具体作法是：病人仰卧于硬木板或地上，在胸部正中间摸到一块狭长的骨头即胸骨，胸骨下面即心脏。操作者双手掌根部重叠放在病人胸骨的中、下 1/3 交界处，两肘伸直，用冲击性的力量垂直向下按压，使胸骨下陷 5～6cm，然后放松，使胸骨复位，但手掌根部不应离开胸壁皮肤（见图 6-97）。如此一压一松，反复有节律地进行，直至心脏复苏为止。

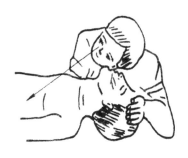

图 6-96　看、听、试判断呼吸示图

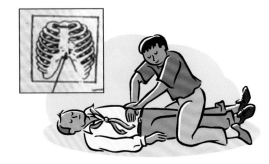

图 6-97　胸外心脏按压急救示图

2. 人工呼吸法

　　在车辆伤害事故中，胸部可能因受到钝性暴力打击而致损伤，如从高处跌下、车辆碰撞、物体挤压等，从而出现呼吸困难，颜面、指甲呈青紫色，甚者造成呼吸停止。心跳、呼吸一旦停止，必须尽快进行心肺复苏。这时，可采用人工呼吸法，即口对口吹气法（见图6-98）。

图6-98　人工呼吸前检查示图　　　　　　　图6-99　人工呼吸吹气示图

　　首先要迅速检查并清除伤者口、鼻内的泥沙、痰液、呕吐物等，如有活动的假牙也要取出，松开伤者的衣领、内衣、裤带、乳罩等。操作者以一手托起伤者的下颌，尽量使其头部后仰，口张开；用另一手的拇指和食指捏住伤者鼻孔，防止吹气时，气从鼻孔漏出，然后深吸一口气，紧贴伤者的嘴用力徐徐向里吹气，此时可以看到胸廓扩张（见图6-99）。吹气完毕让胸廓自行回缩，将气体排出。如此反复进行，每分钟吹气18次左右。

　　值得注意的是，口对口吹气与心脏按压必须协调进行，每吹一口气，须按压5次。

3. 昏迷处理

　　车辆伤害事故造成的昏迷一般由精神因素或外伤造成。精神因素多为惊吓和恐惧。在外伤中，最常见的是颅脑损伤。一般短暂昏迷多为脑震荡，伤后持续昏迷可见于脑挫裂伤，清醒后再度昏迷可见于硬脑膜外血肿，在将昏迷者送往医院之前将患者置于平卧位，头偏向一侧，保持呼吸道畅通，防止舌头后坠（见图6-100），手掐百会、合谷、太冲、人中、内关、足三里等穴位。

图6-100　伤者昏迷处理示图　　　　　图6-101　急救前的处理示图

4. 休克急救

　　在车辆伤害事故中，造成休克的原因大致有三种类型：①低血容量性休克，多因大出血引起。②神经性休克，可由强烈的精神刺激、剧痛等引起。③创伤性休克，可由骨折、撕裂伤、挤压伤等引起。

　　发现伤者休克时，要给予紧急处理。首先使伤者平卧（不宜采取头低脚高位）于空气流通处，下肢略抬高（约 30°），以利于静脉血回流。松解衣领和裤带，便于病人呼吸。保持呼吸道畅通，及时清除口中异物，有条件时可给予吸氧。对伤者应注意保暖，保持安静，尽量减少搬动（见图 6-101）。手掐穴位也能发挥很好的作用，可选人中、内关、足三里、十宣等穴位。若为创伤性休克，要给予正确的止血、包扎、固定；对剧痛者可服止痛片或打止痛针（见图 6-102）。

图 6-102　现场抢救示图

5. 指压止血法

在车辆伤害事故中，人体受到创伤和出血是常见的现象。外伤后大量出血是引起休克和死亡的主要原因之一。因此，在将伤员送医院救治之前，必须迅速有效地进行止血。

止血前应弄清楚出血的性质。出血通常分为三种：①动脉出血呈喷射状，颜色鲜红，出血量多，有生命危险。②静脉出血为缓慢流出，颜色暗红。③毛细血管出血呈片状渗出，颜色鲜红，常可自凝。其中动脉出血最危险，应及时处理。当遇到伤者头颈部及四肢动脉出血并且身边又无止血器材时，可采用指压止血法。方法是用手指压迫伤口近心端的动脉，将动脉压向深部的骨骼，阻断血流，从而达到临时止血的目的。

6. 正确使用止血带（见图 6-103）

当四肢较大动脉出血时，切不可滥用止血带。必须使用时，应当选用有弹性的橡皮管或布带做止血带。缚带时，首先应当用毛巾或布缠绕在创口以上部位的皮肤上，再扎紧止血带，松紧以血液不再流出为度。缚止血带的时间，原则上不超过 1 小时，每隔半小时，应松解止血带半分钟左右。没有止血带时，可以用干净（最好是消过毒的）纱布盖在伤口上，用手紧紧压住，急送就近医院治疗。

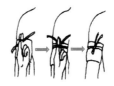

图 6-103　橡皮止血带止血法示图

7. 伤口处理和包扎

由于车辆伤害事故往往发生于户外，常遇砂粒、尘埃污染伤口，所以在现场处理时应格外小心，对伤口表面的异物可以取掉，外露的骨折端不应复位，以免将污染的脏物带入深部。由于皮肤和肌肉碾轧后均已有损害。对于这类伤口应该用干净布加以包扎，待送医院后再处理，绝不能随便用脏布覆盖伤口，使伤口加重损害和污染（见图 6-104）。

包扎时，先让伤员取舒适的卧位或坐位，并暴露伤口。将消毒纱布或清洁纱布覆盖在伤面上，再以绷带缠绕。包扎四肢时，应由末端开始，指（趾）最好暴露在外边，以便随时观察血液循环情况。一般胳膊要弯曲着包扎，腿要直着包扎，以保持肢体的功能位置。包扎开始和终止必须缠绕两周，以免脱落和松散（见图 6-105）。

图 6-104　现场救护示图

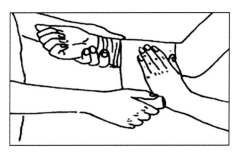

图 6-105　现场包扎示图

8. 伤员搬运（见图 6-106）

在车辆伤害的创伤中，伤员经过初步处理后，需根据情况组织转运，在转运过程中应注意以下问题：

（1）对骨折的伤员，应给予肢体固定。

（2）对于疑有脊柱骨折的伤员，搬运时应特别注意保持脊柱的平直，以免加重脊髓的损伤，造成瘫痪。

图 6-106　现场搬运示图

9. 急刹车引起的创伤处理

司机开车难免遇到意外险情，迫使司机紧急刹车，车内乘客常因措手不及而致创伤。乘客轻度撞伤时，多为胸部或上肢的软组织挫伤，受伤部位有肿胀和疼痛。若无其他症状，可等下车后再做处理。此类伤者的伤部皮肤如无破损，早期（伤后 1～2 天）可用冷水毛巾作湿敷，以减少血肿形成并减轻疼痛，以后改用热醋或热水洗熏伤处。对皮肤擦伤者，可用干净手绢暂时包扎，下车后再涂药；当剧烈撞伤造成肋骨骨折时，骨折处可出现凹陷或凸出，局部肿痛明显，说话、咳嗽时疼痛更为剧烈，应使伤者半卧（见图 6-107），速送医院处理。万一被碎玻璃划破了面、颈部，出血可能较多，应先将伤口内外看得见又可取出的碎玻璃除去，然后用干净毛巾予以包扎。出血不止时，可用指压止血法暂时止血，并速送伤员去医院。有时儿童撞伤头部可引起脑震荡，多有短暂的意识丧失，大约持续数分钟，最多不超过 30min 就能清醒，可伴有头晕、头痛及呕吐等。虽然轻度脑震荡无需特殊治疗，休息 5～7 天就能痊愈，但为了防止遗漏其他伤情，也应送伤者去医院做检查（见图 6-108）。

图 6-107　伤者半卧示图

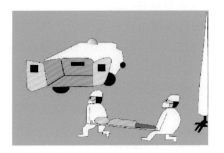

图 6-108　快速救护示图

10. 鼻外伤的处理

鼻子是面部最突出的部分，易遭外伤。在车祸中常见的鼻子外伤有皮肤擦伤、软组织挫伤、鼻出血及鼻骨骨折。

鼻部擦伤可用凉开水、自来水或生理盐水将创面及其周围冲洗干净（见图6-109），再给创面涂点红药水或紫药水，周围可用酒精涂擦，然后用干净纱布覆盖。软组织挫伤后，如皮肤未破，可给予冷敷，以防止鼻出血和减轻局部组织肿胀，1～2天后改用热敷，能促进消肿。鼻骨单纯性骨折无移位者，经医生检查并确诊后，可服用抗菌药物以预防感染，也可选服跌打丸等中成药。骨折后有畸形者，说明骨折断端发生移位，须及早去医院进行复位手术；若局部明显肿胀，可先冷敷治疗几天，待消肿后再行复位。骨折后如从鼻腔中流出清水样或血性液体，说明可能伴有颅底骨折，切勿堵塞鼻孔，应任其流出，并速送医院由医生处理（见图6-110）。

图6-109　鼻部擦伤处理示图　　　　　　　图6-110　现场急救处理示图

七、中暑急救

中暑是在夏季最常见的疾病，当长期在炎热的环境中作业时就可能出现中暑现象。中暑时，周围的人应该及时对患者采取急救措施，防止病情加重。比如将中暑患者搬运到阴凉的地方，给予清热解暑的饮料。如果患者没有意识，可以掐人中等穴位。具体急救处理的方法可遵循以下几个步骤进行（见图6-111）。

将患者搬运到阴凉的地方　　　　　用温水擦拭患者　　　　　对重度中暑者现场检查

图6-111　现场中暑急救示图

（1）搬运中暑人员。人员发生中暑后，应迅速将患者搬运到通风、干燥、阴凉的地方。让患者处于平卧状态，松开衣物，保持呼吸道通畅。如果衣物被汗水打湿，有条件的情况下应该更换衣物。

（2）物理降温。中暑后，患者的体温会比较高，及时给患者做好物理降温是非常有必要的。可以用温水擦拭患者的大腿、腹股沟或者腋窝下方。

（3）补水。患者中暑时水分丢失比较多，搬运到清凉的地方时，可以让患者多喝一点清凉饮料，在补充水分的同时，需要少量加入盐或小苏打水。禁忌急于补充大量水分。

（4）促醒。重度中暑者若没有意识，可指掐人中、合谷穴位，让患者苏醒。若没有了呼吸，应采用人工呼吸法。

（5）转运。在搬运病人时，采用担架运送，是有必要的。在运送的过程中用冰袋敷于患者的额头、胸口、大腿根部等部位，帮助患者降温。

第三节　现场紧急避险、逃生和救护

一、紧急避险的方法

当作业现场设备出现异常情况时，或发生人身伤害事故后，如果能采取正确的处置方法和应急、逃生措施，不仅可以降低事故的严重程度，而且可以争取抢救时间，挽救更多人的生命。因此，每位职工都应熟悉掌握一些处置、应急、逃生方法，对自己和对工友都是非常有用的。

1. 及时发现事故征兆

事实证明，发生各类事故之前，都会出现各种异常情况，如有异常声响、振动、泄漏、特殊气味，警报装置会发出报警信息等。作业人员在操作过程中，应认真注意现场出现的异常情况，准确判断出危险征兆。

2. 采取应急措施

迅速反应和采取正确措施，是控制事故发生的关键。通常的处置方法是：查明危险所在的部位，判断危险出现的原因，立即采取果断措施消除危险因素或控制事故的扩大蔓延，如管道泄漏，要迅速关闭阀门或切断电源，拉下或关闭设备电器开关，使机器迅速停转，使泄漏物品停止泄漏等。如果判断事故即将发生或局部已发生（如爆炸、火灾），要立即采取相应的应急措施（如放下应急防火卷帘门），防止事故蔓延和二次事故发生。同时，还要组织人员撤离现场，迅速避险。

3. 掌握应急处置的方法（见图 6-112）

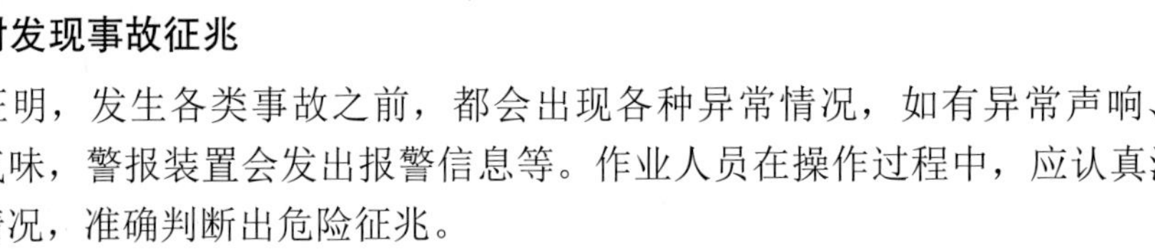

管道、阀门泄漏　　　　　迅速关闭阀门　　　　　控制事故的扩大蔓延

图 6-112　紧急避险的方法示图

危险应急的根本目的是通过现场初步必要的急救处置，缩小灾害范围，减少经济损失，避免伤亡事故的发生。这就要求现场作业人员首先要熟知工艺流程，找准危险源点，

掌握科学方法，及时控制事故的扩大蔓延；其次应坚定沉着冷静、临危不惧的思想；然后见机行事，采取果断的处置手段。很多情况下，如果判断正确，救援及时，措施得当，就会转危为安。反之，如果对危险处置不当或冒险蛮干，往往会造成更为严重的后果。

二、火灾时的避险、逃生

一场火灾降临，能否从火中逃生，固然与火势大小、起火时间、楼层高度、建筑物内有无报警、排烟、灭火设施等因素有关，但也与受害者的自救和互救能力，以及是否掌握逃生办法等有直接关系。现简要介绍逃生自救的方法（见图6-113）。

1. 防烟方法

发现火灾烟雾弥漫时，不必惊慌，最简便的防烟方法是用湿毛巾将口鼻捂严，或采取面部紧贴地面匍匐行进法（见图6-114），这样可避免热气流对呼吸系统的灼伤。一时找不到湿毛巾时可用衣服或其他棉制品浸湿代替；在没有水的情况下，尿液也可应急。

图6-113　火灾事故现场示图

图6-114　紧贴地面匍匐行进法示图

2. 防热方法（见图6-115、图6-116）

遇到火势很大、很猛的情况，一是可将身上的衣服淋湿，或用浸湿的棉被披在身上迅速逃离现场；二是在浴缸、浴池里注满水，并开着水龙头，将身体浸入水中，只留鼻孔于水面，并用湿毛巾捂住鼻孔呼吸；三是在没有水源的情况下，身上着火后，千万不可惊慌乱跑或用手拍打，应赶紧设法脱掉衣服或就地打滚，压灭火苗。

图6-115　采用浸湿的棉被披在身上逃离现场示图

图6-116　身上着火严禁用手拍打示图

3. 逃生方法（见图6-117）

利用阳台、窗口求救

通过天窗爬到屋顶转移

可用绳子或床单撕成条状连接
起来拴牢逃生

抛棉被、沙发垫松软物品
以增加缓冲，往下跳逃生

躲避浴室、卫生间逃生

发扬互助精神，帮助老人、
小孩、病人优先疏散

图6-117　火灾逃生方法示图

当你被火围困时，突围逃生的方法主要根据建筑结构和火灾情况而定。

（1）火势相当猛烈时，可利用阳台、窗口、下水道管、竹竿等逃生。

（2）如逃生路线被切断，可向外扔小东西，在夜间向外打手电，发出求救信号。

（3）当火焰自下而上迅速蔓延而将楼梯封死时，可通过天窗爬到屋顶，向另一处安全地点转移。

（4）如生命受到严重威胁，又无其他自救办法时，可用绳子或床单撕成条状连接起来，一端紧拴在牢固的门窗格或其他重物上，再顺着绳子或布条滑下。

（5）在烟火威胁严重，非跳即死的情况下，可先向下抛一些棉被、沙发垫等松软物品，以增加缓冲。然后选择楼下的石棉瓦车棚、花圃草地、水池河浜等往下跳；徒手跳时双手抱头，身体弯曲，卷成一团。

（6）在无法突围的情况下，不要向床下或壁柜里躲藏。应设法向浴室、卫生间等有水源的空间躲避。进入后立即关闭门窗，打开水龙头，撕下身上衣服浸湿塞住门窗的缝隙阻止烟雾侵入。

（7）要发扬互助精神，帮助老人、小孩、病人优先疏散。

总之，遇火灾时要做到"十要""十忌"（见图6-118）。

突遇火情的"要"与"忌"

要沉着冷静，边呼边救；忌惊慌失措，不知所从。
要视为己任，报警呼救；忌束手旁观，无动于衷。
要积极主动，出谋献策；忌事不关己，高高挂起。
要审时度势，机智行事；忌不辨火情，独入火区。
要先救老幼，控制火路；忌急搬财物，忽视病残。
要服从指挥，统一行动；忌自以为是，随心所欲。
要准确报警，速拨"119"忌乱拨电话，盲目呼救。
要全力以赴，合力参救；忌漠不关心，围观取闹。
要就地取材，控制火势；忌观望等待，任火蔓延。
要提高警惕，减少损失；忌麻痹大意，冒失妄为。

图6-118　"十要""十忌"示图

三、毒气泄漏时的避险、逃生

遇到毒气泄漏时，应该立即报告有关部门。因为对于毒气泄漏的处理是有特殊要求的，作为一般人员，我们也要了解毒气泄漏处理的常识。

（1）若在毒气泄漏现场，应立即穿戴防护服装，并检查防毒面具等有没有什么漏洞，能否起到防护作用。如果没有佩戴防护服装或防毒面具（这种情况是不允许在有毒品危险的场所工作的），就应该尽快用衣服、帽子、口罩等，保护自己的眼、鼻、口腔，防止毒气吸入（见图 6-119）。

（2）当毒气泄漏量很大，而又无法采取措施防止泄漏时，特别是在通风条件差、较封闭的场所，在场人员应迅速逃离毒气泄漏场所。

（3）不要慌乱，不要拥挤，要听从指挥，特别是人员较多时，更不能慌乱，也不要大喊大叫，要镇静、沉着，有秩序地撤离（见图 6-120）。

（4）撤离时要弄清楚毒气的流向，不可顺着毒气流动的方向走，而要逆向逃离。

（5）逃离泄漏区后，应立即到医院检查，必要时进行排毒治疗。

（6）还要注意的是，当毒气泄漏发生时，若没有穿戴防护服和面具，决不能进入事故现场救人。因为这样不但救不了别人，自己也会被伤害。

图 6-119　正确使用防毒面具示图

图 6-120　听从指挥，有序撤离示图

四、建筑物坍塌（倒塌）时的避险、逃生

建筑物坍塌（倒塌）是一种较为常见的事故，当你遇到建筑坍塌（倒塌）该怎么办，如何在坍塌（倒塌）的建筑物中自救，这些安全知识务必要学习掌握（见图6-121）。

1. 了解建筑物坍塌（倒塌）事故预兆。

（1）地面突然下陷、空鼓或裂缝突然加大。

（2）承重柱、梁、板或墙体出现严重裂缝，并持续发展。

（3）承重柱、梁、板或墙体产生过大的变形，木构件或连接部位严重腐朽或已被白蚁蛀蚀。

（4）墙体或天花板的批荡（抹灰）层突然大面积剥落、脱落。

（5）房屋突然发出异常的声音，如"劈啪声""喳喳声"爆裂声等。

2.掌握建筑物坍塌（倒塌）事故避险、逃生方法

（1）要尽量靠近建筑物的外墙或外墙的外面。待在建筑物的外面比在里面要好。

（2）逃生时要像猫、狗和婴儿的身体一样弯曲成胎儿的姿势，这是一种自然的求生本能。这样，你可以在一个更小的空间中生存下来。

（3）如果坍塌发生时你正躺在床上，只要迅速滚到床下就可以，因为床的周围会存在安全的生存空间。

（4）如果坍塌发生时你无法从门或窗户中逃脱，那么就在靠近沙发或大椅子的地方躺下并将身体弯曲成胎儿的姿势。

（5）如果被困，一定要意志坚定，相信自己可以得救（见图6-122）。小心移动身体，以防更大的物体砸到自己身上，这时候，冷静尤为重要。护住口鼻以防粉尘污染。如果身边有金属器具，敲击这些物体，易被救援人员发现。

3.熟知自救方法（见图6-123）

（1）珍惜饮用水。尽可能找湿土吮吸，如果寻遍不获的话，就喝尿液。为了未知的受困期打算，找容器把液体盛好，分期一点点吸取，不能一干而尽。

（2）护好头、鼻、嘴。地方较小，有上下管道作支撑的地方是稳固的避难处。同时，在这儿找到食物、水等活命必需品的机会大。

（3）不能一直大声呼喊。不停地高声呼喊会消耗大量体力，而且在瓦砾中，听外面的声音大，在外面，听瓦砾中的声音小。因此，最佳方法是，保存实力，等待救援到来后再大声求救。

（4）尝试钻出去。能活动时，凭感官能力，找出逃生之门。牢记出口的三大特点，光线强，声音大，风大。

（5）巩固藏身处。利用石头、石块，把头顶上屋顶板顶住，以免余震或浮物晃动坍塌会被砸伤。此外，设法找棍子捅一些出气孔，避免窒息。

图6-121　建筑物倒塌事故现场示图　　　图6-122　相信自己可以得救示图　　　图6-123　熟知自救方法示图

五、公共场所发生意外事件时的避险、逃生和救护

在公共场所（如球场、商场、狭窄的街道、室内通道或楼梯、影院、酒吧、夜总会、宗教朝圣场所及举行各种大型活动）一旦遭遇拥挤、混乱和事故，避险、逃生和救护的方法主要有：

1.遭遇拥挤的人群避险、逃生的方法（见图6-124）

（1）发觉拥挤的人群向着自己行走的方向拥来时，应尽量避开，躲在一旁，或蹲在附近的墙角下，切忌奔跑，以免摔倒。

（2）如果路边有商店、咖啡馆等可以暂时躲避的地方，可以暂避一时。切记不要逆着人流前进，那样非常容易被推倒在地。

（3）若身不由己陷入人群之中，一定要先稳住双脚。切记远离店铺的玻璃窗，以免因玻璃破碎而被扎伤。

（4）遭遇拥挤的人流时，一定不要采用体位前倾或者低重心的姿势，即便鞋子被踩掉，也不要贸然弯腰提鞋或系鞋带。

（5）如有可能，抓住一件坚固牢靠的东西，例如路灯柱之类（见图6-125），待人群过去后，迅速而镇静地离开现场。

（6）人群异常拥挤时，左手握拳，右手握住左手手腕，双肘撑开平放胸前，以形成一定空间保证呼吸（见图6-126）。看到别人摔倒，不再前行，应大声呼救，告诉后面的人不要靠近。

图6-124　遭遇拥挤的人群示图

图6-125　避险、逃生的方法示图

图6-126　拳击式防护示图

2. 出现混乱局面后逃生的方法（见图6-127）

（1）在拥挤的人群中，要时刻保持警惕，当发现有人情绪不对，或人群开始骚动时，就要做好准备保护自己和他人。

（2）此时脚下要敏感些，千万不能被绊倒，避免自己成为拥挤踩踏事件的诱发因素。

（3）当发现自己前面有人突然摔倒时，要马上停下脚步，同时大声呼救，告知后面的人不要向前靠近。

（4）当带着孩子遭遇拥挤的人群时，最好把孩子抱起来，避免其在混乱中被踩伤。

（5）一旦自己摔倒，双膝尽量前屈，护住胸腔和腹腔的重要脏器，侧躺在地。两手十指交叉相扣、护住后脑和颈部。两肘向前，护住双侧太阳穴。同时，还要设法靠近墙角（见图6-128）。

图6-127　混乱局面示图

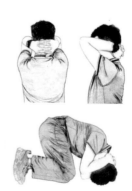

图6-128　护住后脑、颈部和太阳穴示图

3. 事故发生后自救和互救的方法

（1）拥挤踩踏事故发生后，一方面赶快报警，等待救援，另一方面，在医务人员到达现场前，要抓紧时间用科学的方法开展自救和互救。

（2）在救治中，要遵循先救重伤者、老人、儿童及妇女的原则。判断伤势的依据有：神志不清、呼之不应者伤势较重；脉搏急促而乏力者伤势较重；血压下降、瞳孔放大者伤势较重；有明显外伤，血流不止者伤势较重。

（3）当发现伤者呼吸、心跳停止时，要赶快做人工呼吸，辅之以胸外按压。

第七章

数字化信息技术在安全管理中的应用

数字化指在某个领域的各个方面或某种产品的各个环节都采用数字信息处理技术。数字化就是将许多复杂多变的信息转变为可以度量的数字、数据，再以这些数字、数据建立起适当的数字化模型，把它们转变为一系列二进制代码，引入计算机内部，进行统一处理，这就是数字化的基本过程。

当今时代是信息化时代，而信息的数字化也越来越为研究人员所重视，并在各领域中不断探索和应用，其中在安全生产管理上已被各重点行业、企业岗位、施工现场和特种设备管理等领域推广应用，并取得了明显效果，降低了事故发生的频率，提高了设备本质安全和安全管理水平，同时也增强了职工的安全意识及预防事故的能力。下面重点介绍建筑施工、石油、化工行业和特种设备及机械制造业信息化安全生产技术的应用。

第一节　建筑施工数字化信息技术的应用

建筑施工是高危行业。由于其产品的固定性，建筑结构的复杂性，加上施工人员、材料设备流动性大，露天、手工、高处作业多，施工环境、作业条件差，劳动强度大等特点，又由于施工现场交叉作业复杂，各类工种并进（见图7-1），因此，安全隐患时刻伴随在施工生产过程中。多年来，建筑施工生产事故一直是建筑业一个沉重的话题。

图 7-1　建筑施工危险作业示图

综观建筑行业发生的各类事故，可以看出，建筑施工的安全隐患多存在于高处作业、基坑作业、高支模作业、交叉作业、垂直运输和车辆运输以及使用电气设备等方面。这些建筑施工复杂又变化不定，不安全因素自然增多，因此施工现场已成为安全事故的高发区。建筑施工伤亡事故常见的类别主要有：高处坠落、坍塌、起重机械、物体打击、触电、车辆等事故，其中易发较大以上的事故有，高大支模坍塌、深基坑坍塌、起重机械事故（见图7-2）。具体事故原因举例说明（多人伤害事故）如下。

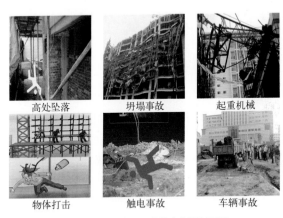

| 高处坠落 | 坍塌事故 | 起重机械 |
| 物体打击 | 触电事故 | 车辆事故 |

图7-2　建筑施工易发的事故类别示图

（1）高大支模坍塌事故和原因（见图7-3）。

地基承载力不符要求 造成坍塌事故　　支撑系统不力 引发坍塌事故　　立杆间距过大失稳 造成坍塌事故

图7-3　高大支模坍塌事故现场和原因

（2）深基坑坍塌事故和原因（见图7-4）。

防护不力，土质受到外界扰动造成坍塌　支撑系统搭设不符要求引发坍塌事故　　黏土潮湿，支护不力，土方坍塌

图7-4　深基坑坍塌事故现场和原因

（3）塔吊倒塌事故和原因（见图7-5）。

擅自解除起重力矩限制器造成整机　　无证操作、违章超载造成塔吊倒塌　　吊物超重、限制器失效、标准节螺栓
倒塌　　　　　　　　　　　　　　　　　　　　　　　　　　　　　　　　　存在缺陷造成塔吊倒塌

图7-5　塔吊倒塌事故现场和原因

（4）施工升降机坠落事故和原因（见图7-6）。

施工升降机超载、防坠安全器失效造　　无证操作、造成升降机冲顶致使坠落　　升降机缺乏维护保养，致使钢丝绳负荷
成升降机坠落　　　　　　　　　　　　　　　　　　　　　　　　　　　　超过承载极限断裂，造成吊笼坠落

图7-6　施工升降机坠落事故现场和原因

（5）防护栏杆缺失引发高处坠落（见图7-7）。

盲目移位防护栏杆引发高坠事故　　　横杆缺乏引发高坠事故　　　　平台四周缺少横杆引发高坠事故

图7-7　防护不力引发高坠事故现场和原因

（6）缺乏监测引发卸料钢平台坍塌事故（见图7-8）。

平台未经计算引发倾覆　　　　　钢管堆放不均衡引发倾覆　　　　　平台超重引发倾覆

图7-8　缺乏监测引发卸料钢平台坍塌事故现场和原因

上述列举的建筑施工中易发的事故案例，其原因都是由于对设备、设施缺乏系统监测和现场监管，从而引发了坍塌（倒塌）和设备坠落事故及高处坠落事故。因此，数字化技术在建筑施工安全管理中的应用，必将推动管理模式和管理方法的革新，从而有效减少安全生产事故，起到为国民经济发展保驾护航的重要作用。下面重点介绍深基坑、高大支模架、塔式起重机和施工升降机、防护栏杆、卸料钢平台监测系统数字化信息技术的应用。

一、深基坑监测系统

运用物联网、移动互联网技术，以平面布置图、BIM 模型为信息载体，通过前端传感器全时、全天候监测深基坑的支护结构顶部的水平位移、深层水平位移、立柱顶的水平位移、沉降、支撑结构内力和锚索应力等，数据实时监测，传输至云端分析，并对超警戒数据进行报警，辅助基坑安全管理，预防生产安全事故。具体可见图 7-9、检测系统表（见表 7-1）和说明。

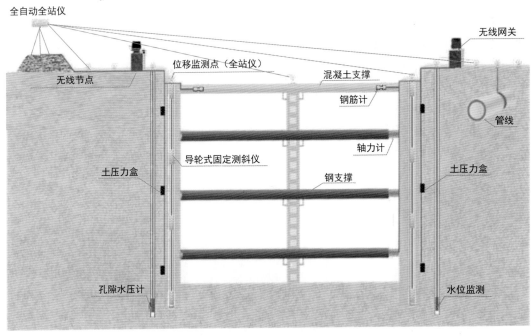

图 7-9　深基坑监测系统平面布置示图

表 7-1　深基坑监测（项目、传感器、设备）系统表

监测项目	传感器	采集设备	监测点设备
支护结构顶部水平位移	棱镜、反射片	全自动全站仪	沿基坑周边布设，布设间距为 10 ～ 30m。基坑中部、阳角部位、深度变化部位、地质复杂部位等应布设监测点
深层水平位移监测	导轮固定测斜仪	无线节点、网关	沿基坑周边的桩（墙）体布设，布设间距为 20 ～ 50m
支护桩（墙）结构应力	钢筋计	无线节点、网关	监测点的竖向间距不宜大于 5m，在弯矩最大处应布设监测点
支撑轴力	轴力计	无线节点、网关	选择基坑中部、阳角部位、深度变化部位及起控制作用的支撑布设
	钢筋计	无线节点、网关	选择基坑中部、阳角部位、深度变化部位及起控制作用的支撑布设
地下水位监测	投入式水位计	无线节点、网关	沿基坑周边布设，布设间距为 20 ～ 50m

　　深基坑监测系统的主要功能是，（1）水平位移监测。通过对基坑监测系统、基坑支护报警系统软件的使用，根据检测结果进行分析，处理，保持对基坑支护体系的正常工作状态，一旦发生事故能及时报警，启动事故发生前的预防措施，以确保基坑支撑体系的可靠性。（2）水位监测。水位监测采用SWJ-90型水位计，将带电缆的探头下降到钻孔中，当接触到水面时就会触发声音报警器和信号灯，水深可从刻有标度的电缆线上读出，可及时掌握水位的变化情况。（3）沉降监测。沉降监测是测定变形体的高程随时间而产生的位移大小、位移方向，解释原因，并提供变形趋势及稳定预报而进行的测量工作。总之，通过基坑智能检测系统软件的使用，根据检测结果进行分析，处理，保持对基坑支护体系的正常工作状态，一旦发生事故能及时报警，启动事故发生前的预防措施，以保证基坑支撑体系的安全性。

二、高大支模架监测系统

　　运用物联网和云计算技术，将现场监测仪器连接起来，对高大模板支撑系统的模板沉降、支架变形和立杆轴力进行实时监测，可以实现实时监测、超限预警、危险报警的监测目标。实现监测数据的自动采集（压力、位移、倾角等数据），并通过数据分析和判断，预警危险状态，及时排查事故隐患，确保施工安全。

　　高大支模架监测系统（见图7-10）主要设备预警功能介绍如下：

　　（1）无线倾角传感器可对高支模的立杆倾斜的倾角数据，进行实时监测。当监测值达到设计限定值时，系统会发生紧急预警，提醒现场工作人员进行排除（见图7-11）。

　　（2）无线位移传感器由传感器探头、电源等要素组成的。在监测状态下，当被监测架体的水平位移及模板发生变化时，该传感器可以通过上位机将位移变化转化成电容，进而完成位移的测定，并能迅速测出数据，警示施工人员（见图7-12）。

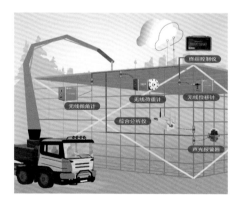　　

图 7-10　高大支模架监测系统示意图　　图 7-11　无线倾角传感器示图　　图 7-12　无线位移传感器示图

　　（3）高支模安全监控系统是通过安装在立杆顶部的压力传感器、位移传感器等，对支架承载的顶部传递的压力及支架产生的竖向和水平位移进行监测。通过该系统，可以动态地监测模板顶部的应力、支架水平和竖向位移变化情况，根据各个变形情况及时判断模板支架支撑体系的安全性（见图7-13）。

　　（4）系统采用无线自动组网、高频连续采样，实时数据分析及现场声光报警。在施工监测过程中，秒级响应危险情况，提醒作业人员在紧急时刻撤离危险区域，并自动触发多种报警通知，及时将现场情况告知监管人员，有效降低施工安全风险（见图7-14）。

  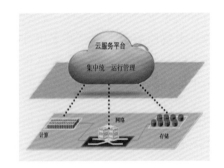

　　图7-13　无线压力传感器示图　　图7-14　无线声光报警器示图　　图7-15　云计算机服务平台示图

（5）云计算机服务平台主要用于实时监测模板支架的钢管承受的压力、架体的竖向位移和倾斜度等内容，并通过无线通信模板将各支撑钢管柱头的传感器数据发送至设备信号接收和分析终端。终端同时支持32路数据接收，数据接收终端在收到数据后对数据进行分析，在将数据传递给远程监测系统的同时，对数据的安全性进行计算，并及时将支模架的危险状态通过声光报警、短信发送和向平台实时传讯的模式传递出去。当高大支模监测参数超过预设限值时，可及时预警，通知现场作业人员停止作业、迅速撤离现场，避免重大安全事故的发生（见图7-15）。

三、塔式起重机监控预警系统

1. 预警系统标配功能的作用

通过实时监测塔式起重机的运行参数，依据不同塔式起重机的工作性能，实现塔式起重机作业过程中的起重量和力矩限制，幅度、高度、回转限位，危险区域预防，群塔作业防碰撞等；通过人员实名制系统，可以对塔式起重机司机进行实名制管理，杜绝非本项目的塔式起重机司机进行塔机操作，规避人的不安全行为造成的塔式起重机安全事故。

系统为物联网系统，管理人员可以异地通过网络平台实时查看数据，通过监控系统的应用，实现对塔式起重机安全状态的实时、远程监控。具体可见图7-16所示的安全预警辅助系统标配功能示图。

2. 主要辅助系统标配功能

（1）力和力矩监控（见图7-17）。塔吊在作业过程中，比较容易发生超限超载，轻者造成塔机关键部位疲劳，缩短塔机使用寿命；重者直接导致塔臂断裂或塔吊倾覆，造成人员伤亡和财产损失。具体防范措施有：

① 安装智能重量监控设备，自动采集每次吊物重量。

② 司机室安装显示屏，实时显示每次吊物重量，司机随时可看。

③ 当吊重超限超载时，系统自动声光预警，当起重量大于相应挡位的允许额定值时，系统自动切断上升方向的电源，只允许下降方向的运动；系统可智能判断塔机的起重量与起重力矩。在控制塔机危险操作动作时，分自动控制降挡减速和降挡停止两个过程逐步减

速,有效地保证塔机的操作安全。

④ 预警系统的控制主机根据重量传感器和幅度传感器实时上传的参数对塔机的当前力距进行合成计算与判断,如发现当前力距接近塔机限载力距时控制主机会发出报警声,超过限载力距时会停止塔机变幅向外及吊钩向上的运动。

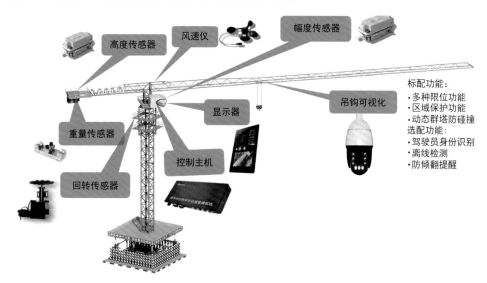

图 7-16 塔式起重机安全预警辅助系统标配功能示图

⑤ 塔吊每吊数据均通过 GPRS 模块实时发送到监控系统平台,远程可同步监控。可见图 7-17。

图 7-17 力和力矩监控系统标配功能示图

(2)群塔作业监控。群塔作业时,由于塔吊大臂回转半径的交叉,容易造成大臂之间碰撞事故发生;由于视觉误差或司机误操作,高位塔吊吊绳与低位塔吊吊臂在交叉作业区容易发生碰撞;塔吊吊物与周边建筑物容易发生碰撞。

① 群塔中每台塔吊均安装防碰撞监控设备,对塔吊作业状态(转角、半径、塔高等)进行实时监控,塔吊智能识别和判断碰撞危险区域(见图 7-18);

② 大臂进入碰撞危险区域,系统即开始声光预警,距离越近,报警越急,及时提醒塔吊司机停止危险方向的操作(见图 7-19)。

图 7-18　群塔作业防碰撞监控示图（一）

图 7-19　群塔作业防碰撞监控示图（二）

系统使用于平头塔机、锤头塔机、动臂塔机之间的防碰撞。甚至对施工中存在的轨道行走式塔机均有很好的应用。

（3）特定区域监控。由于塔吊大臂回转半径较大，容易出现大臂经过学校、马路、房屋、工棚等人群密集区域；塔吊钢丝绳容易碰触高压线；塔吊容易撞击高层建筑、山体等周边高物（见图 7-20）。

图 7-20　特定区域监控吊钩可视化示图

安装区域保护监控设备，设定塔吊作业区域，智能限制大臂或变幅禁入特定区域，可实现区域保护。

（4）特种作业人员身份识别监控（见图 7-21）。塔吊和塔吊司机的管理一直是监管的重点，也是难点，塔吊备案制的实行成效显著。但塔吊量大面广，施工现场仍然存在无资质塔吊；塔吊司机持证上岗的要求是严格的，但对于无资质顶班仍然监管不力。

① 通过塔吊监控系统平台，对塔吊实行在线备案管理，对塔吊的安装、拆卸和移机进行全方位远程异地管理；

② 通过对塔吊司机实行 IC 卡 / 人脸识别 / 指纹识别、实名制管理，进行有效监管。

（5）塔机吊钩视频系统监控（见图 7-22）。

图 7-21　塔吊司机人脸识别设备示图

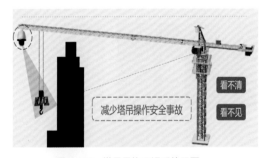

减少塔吊操作安全事故

看不清

看不见

图 7-22　塔吊吊钩可视系统示图

① 吊钩视频系统主要作用。该系统重点解决塔机司机在作业时，因为塔机太高、视线受阻、视线不清等可能造成的吊运安全风险。通过在塔机起重臂上安装视频摄像头，对塔机的吊钩位置进行动态跟踪，驾驶员通过监视屏幕可以直观了解吊钩下的工作环境状况，便可有主动规避吊钩运行轨迹中的碰撞物，从而避免不必要的安全风险。

系统所使用的摄像头所采集的视频画面，可以通过无线传输局域组网的方式并入施工工地的视频监控系统，起到一机两用的效果。

吊钩可视化的作用：避免盲区作业，减少塔吊操作安全事故，夜间吊钩位置精确引导，球机自动变焦保证画面清晰，司机室中显示吊钩运行画面。

② 系统架构系统硬件组成。该系统主要包括高清摄像头，控制主机，无线网桥，其他网络辅助设备等。

③ 吊钩视频系统功能（见图 7-23、图 7-24）

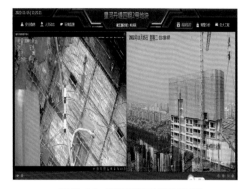

图 7-23　现场吊钩视频画面示图　　　　　图 7-24　现场吊钩可视画面示图

a. 塔机吊钩实时追踪。塔机吊钩视频子系统的球机摄像机，会根据吊钩的上、下和前、后位置的编号，自动进行跟踪；保持塔机吊钩及其吊装物品持续出现在监控系统的画面中，通过驾驶室内的视频屏幕实时显示出来。塔机司机在作业时能够全程看到钓钩所在的工作范围。这种监控系统的应用减少了塔吊司机因为视线受阻而造成的盲吊现象，从而主动避免可能存在的各种碰撞隐患。

b. 数据实时显示。系统在提供画面给司机的同时，还将塔机的吊钩高度、变幅值等显示给司机，也进一步协助塔吊司机进行塔吊吊钩位置的判断。

c. 多路视频接入。系统支持多路视频接入，最多支持 4 路视频接入，可将塔机驾驶室、主卷扬机、回转中心等位置的画面（可根据需要设置摄像头安装位置）实时传回显示屏，协助塔机司机全面了解塔机主卷扬机钢丝绳盘绳状态和工作状态，了解塔机回转工作情况及主电缆安全情况等内容。能够主动发现塔机的故障状态，减少安全事故，为项目部合理安排塔机维修作业及塔机工作时间提供依据。

d. 地面监控和远程监控。通过无线网桥的信号传输，可以将塔机吊钩视频信号传输至施工项目部，协助安全员和其他项目管理人员直观了解塔机作业面和塔机关键部位的安全状况，并在塔机处于非工作状态时，实时观察施工现场的整体作业状况。通过 web 网络接入，可以将项目部各台塔机的视频信号接入智慧工地云平台，协助施工单位对项目部的多级安全管理。

四、施工升降机监控预警系统

1. 预警辅助系统标配功能的作用

施工升降机与塔机相同，都属于特种设备，施工升降机需要由专业的特种作业人员驾驶，严禁无关人员私自驾驶。系统主要通过人脸识别的认证方式，确保施工升降机的操作人员专人专岗，持证上岗的要求得到很好的落实，并将操作人员工作过程情况传输至智慧云平台层。

同时，系统结合 RFID（射频识别）技术，对进入施工升降机吊笼的人数进行智能识别。当升降机发生超载荷、超人员数量时，系统将自动实现危险状态控制。具体可见下列预警辅助系统标配图（见图 7-25）。

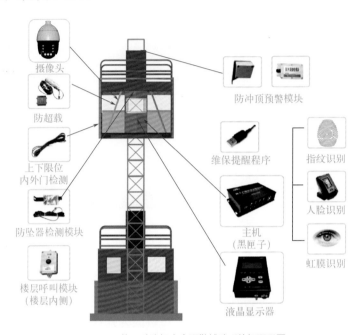

图 7-25 施工升降机安全预警辅助系统标配示图

2. 主要辅助系统标配功能

施工升降机安全监控管理系统，可实时监测施工升降机的运行工况，且在有危险时及时发出警报和输出控制信号，全程记录运行数据并标记报警数据，同时将工况数据传输到远程监控中心。具体可见图 7-26。

（1）司机识别。该系统提供人脸、指纹和虹膜三种身份识别方式。操作施工升降机时，先通过司机身份审核，并记录该司机在岗所有操作数据。

（2）高度限位。系统实时监测吊笼高度及高度限位开关状态，一旦提升高度距离高度限位 2m 时即会预警，当超过高度限位值时，系统会发出报警并切断控制电源，停止吊笼上行。

（3）限制重量。系统实时监测吊笼荷载量，一旦荷载量达到最高额定值的 90% 时即会报警；当荷载量达到额定值 110% 前就会立即报警，并且切断控制电源，终止吊笼启动。

（4）监测门锁。系统实时监测门锁开关状态及门锁异常情况，前后门若有门锁开启状态即切断电源。启动前，关闭前后门，运行过程中门锁如果处于异常状态，即会发出门锁异常报警。

（5）倾斜监测。系统实时监测吊笼倾斜状态，在倾斜角度达到额定值时就会立即发出报警、并切断控制电源，停止吊笼上行，防止发生倾翻事故。

（6）人数限制。利用 AI 识别对梯笼内的人数进行限制，当梯笼内人员超限后，施工升降机无法运行，并报警。

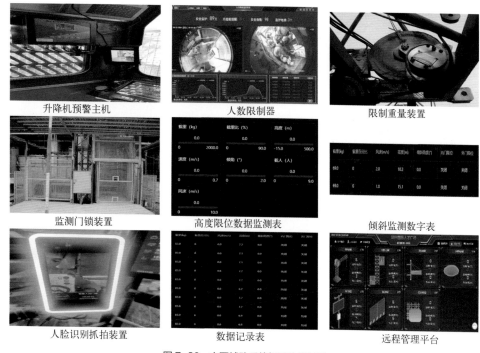

升降机预警主机　　　　人数限制器　　　　限制重量装置

监测门锁装置　　　　高度限位数据监测表　　　　倾斜监测数字表

人脸识别抓拍装置　　　　数据记录表　　　　远程管理平台

图 7-26　主要辅助系统标配功能示图

（7）远程管理。远程管理平台可对工程升降机、司机等信息备案，对当前司机、提升状态、载重量、门锁状态等关键信息进行实时监控。

（8）数据记录。系统可记录多种运行数据，便于事故原因追溯。按预定时间记录施工升降机运行数据，并将报警的数据作特殊标记。所有数据不可修改，数据保存周期为 30天，系统自动删除 30 天以前的数据，进行循环储存。

五、防护栏杆监测系统

通过监测终端远程实时监控临边防护栏安全状态，同步上传数据至云平台，发生防护栏位移、缺失等异常情况立即报警，并推送信息至管理者，帮助管理人员及时排查危险情况，确保及时维护，防患于未然。护栏状态监测系统见图 7-27 和说明。

防护栏杆监测系统的说明。

（1）实时监测。智能传感设备 24h×365 天不间断监测护栏状态。其目的是帮助施工单位能及时了解护栏的状态，为施工作业提供重要安全保证。

（2）自动报警。护栏被撞倾斜、移动或倒下后，会立即向系统发出警报。其作用可以及时采取措施，控制事故的发生，确保施工安全。

（3）云平台管控。云平台收到报警后，以电话、短信的形式同步通知指挥中心、护栏维修中心和现场监管人员。采用云平台的管控，其优点是信息传递快，危险的部位明了，隐患能迅速得到控制和排除（见图 7-28、图 7-29）。

（4）报警解除。事故处置后，系统提供手工 / 自动消除报警功能。若规定时间内没有解决，可再次以电话、短信形式通知更高层管理人员。这种重复的警示功能，能有效督促现场负责人和维护人员必须立即到达现场处理事故隐患。同时，也能避免施工中的推诿、耽误隐患消除的时间，避免事故的发生。

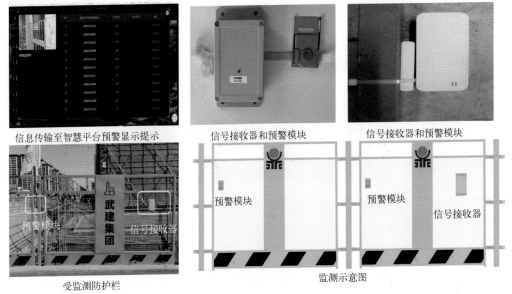

图 7-27　护栏状态监测系统及预警模块示图

（5）手机小程序（见图 7-30）。通过手机端直接查看各管辖的防护栏杆情况，及时了解并接收相关报警信息。手机小程序的应用优势是，携带方便，随时查看。

图 7-28　远程监测平台示图　　图 7-29　排除现场安全隐患示图　　图 7-30　手机小程序示图

（6）远程访问监控。对于危险地带（如沟、坑、槽边）、高层临边处设置的防护栏杆可通过浏览器登录平台，查视所有监测点的防护栏杆情况，是否牢固可靠，同时还可以查看历史记录、报警记录等。

六、卸料钢平台超载预警系统

卸料钢平台是施工现场搭设的各种临时性的操作台和操作架，主要用于材料周转等作业。多年来随着建筑业的高速发展，卸料钢平台得到了广泛应用。在实际使用中一直存在着监管难、超载现象严重且不知情等安全隐患。综合卸料钢平台监测需求，一些软件公司特开发卸料钢平台载荷预警仪，并采用嵌入式控制技术、无线传输技术，结合施工现场实况，自动检测载物实时重量，数码载重显示，智能过载声光报警提醒，后台预警同步响应，从而规范人员的现场操作，保障材料周转进度，创造更为安全的施工环境。监测预警系统设备设施见图 7-31、图 7-32 和说明。

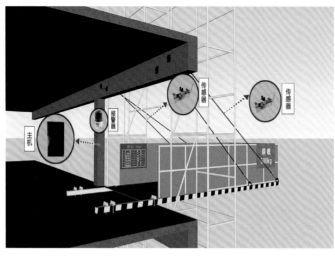

图 7-31 悬挑式卸料钢平台超载预警系统三维示图　　　图 7-32 超载预警系统仪器示图

卸料钢平台超载预警系统设备功能说明。

（1）嵌入式控制器是用于执行指定独立控制功能并具有处理数据能力的控制系统。它能够完成设备设施的监视、控制等各种自动化处理任务。

（2）无线传输是指利用无线技术进行数据传输的一种方式。采用无线传输方式，建立被监控点和监控中心之间的连接。

（3）数码载重显示器是数码显示电路的末级电路，它用来将输入的数码还原成数字。它主要功能可以远距离观察称重结果，可作为称重装置的辅助显示器。

（4）声光报警器是一种声光报警设备，当现场出现危险情况且确认清楚时，声光报警器就会被自动开启，并且会发出强烈的声光报警信号，从而实现提醒现场人员注意危险情况，及时采取相应的对策。

（5）监控主机就是用于视频监控的主机，接摄像头，可以看视频和录像。每个摄像头都需要接到监控主机进行监控和录像。它的主要功能是连接信号输入、信号输出和远程网络监控。一般来说，智能监控主机有一个显示器，可以立即显示监控摄像机返回的界面（见图 7-33）。

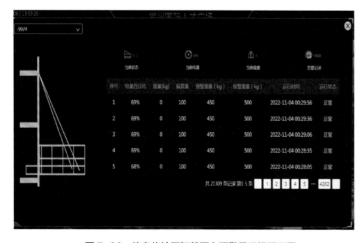

图 7-33 信息传输至智慧平台预警显示提醒示图　　　图 7-34 现场卸料钢平台作业示图

（6）卸料钢平台超载预警信息技术的应用，为作业人员施工提供了安全保障。

① 远程监控平台可以实施全方位、全过程、全天候的监控，并能及时记录、分析卸料钢平台进出料的作业情况，一旦发现违章行为，能及时制止、纠正，从而为平台的安全使用提供了保障（见图7-34、图7-35）。

图 7-35　报警后现场处理示图

② 语音与灯光报警功能，给施工作业人员预警报警，避免因超载而引起的坍塌事故。

③ 实时监测平台载物重量，倾斜角度等危险隐患，增加卸料平台的超载保护功能。

注：以上所介绍的数字化信息技术在建筑施工中的应用可扫描二维码，见视频。

第二节　石油化工行业数字化信息技术的应用

石油化工行业是高温、高压、易燃、易爆、有毒的危险行业。该行业生产特点是生产工艺复杂，设备设施大型化、密集化。石油化工生产原料、生产过程的危险性与管理不力等因素有着直接的关系。石油化工行业事故产生的原因主要有：

第一，原料性质不稳定。化工企业在生产过程中，由于大多数原料都具有反应性、易燃性及毒性，所以会导致火灾、中毒及爆炸事故的发生，当压力容器出现爆炸或反应物出现爆燃时，会形成具有极强破坏力的冲击波（见图7-36）。

第二，生产过程中的原因。在化工生产中，处于临界状态或爆炸极限附近的反应、副反应都会导致火灾事故的发生（见图7-37）。

第三，设备的破损。生产原料引起的腐蚀、生产过程中机械设备的振动以及生产压力的波动都会造成设备出现疲劳性损坏，且当处于深冷及高温状态下也会引发压力容器损坏现象发生。机械设备不合理使用或加工工艺中存在的缺陷都会导致事故出现（见图7-38）。

第四，对于小型化工企业，人员素质普遍较低，施工人员对安全操作规程进行随意删改，造成设备机械检修中或由于误操作引发的安全事故发生。在对施工机械检修时，通常在易燃易爆化工装置区域，使用喷灯、砂轮、电钻实施焊接及切割。在操作中很容易产生火花、火焰及炽热表面。再加上违章指挥、私自动火、动火审批不严，火灾事故极易发生（见图 7-39）。

图 7-36　原料不稳定引发爆炸事故现场示图

图 7-37　处置不力引发火灾事故现场示图

图 7-38　生产工艺存在缺陷引发中毒事故现场示图

图 7-39　错开阀门引发火灾事故现场示图

上述事故案例的关键原因是，现场缺乏必要的管控措施，尤其是设备系统缺乏科学的监测、监控技术手段，以致设备出现异常或危情时，得不到实时的数据信息和预警，因而引发了事故。因此，在石油化工行业中应用安全生产信息化管理平台（DCS、PLC、SIS、NFC、APP）进行管控风险是非常有必要的。下面重点介绍石油罐区监控系统、化工装置反应系统、自动化控制系统和设备检查、维修保养信息化技术应用。

一、石油罐区监控系统

石油罐区储存的油品都是易燃、易爆且易扩散、易流淌、易积聚静电、易受热膨胀的物质，一旦泄漏遇明火高热或电火花极易起火爆炸。为实现石油罐区存储安全管理，依靠数字化技术，采用自动化控制、安全生产信息化管理等系统，并通过前端重量、温度、压力、流量、定位等传感器，实时监视油库收发油工艺过程，提高设备设施、技术的自动化程度，减少人

图 7-40　石油储罐区示图

为因素，从而达到预防石油罐区生产安全事故的发生（见图 7-40）。

1. 认知 PLC 监测系统仪器仪表和传递程序（见图 7-41）

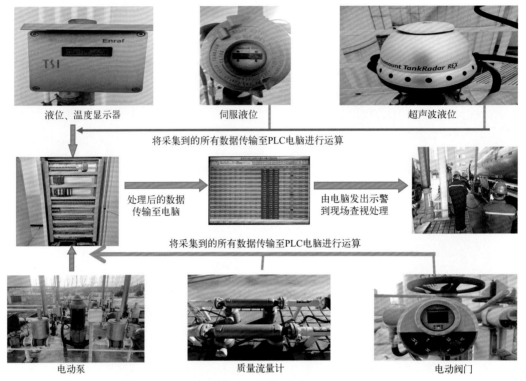

图 7-41　PLC 监测系统仪器仪表和传输程序示图

　　PLC 监测系统就是将液位计、切断阀门等一套设备接入系统，对现场有可能发生的意外状况进行远程监视及危险源的切断隔离，以保证现场操作人员及设备的安全，并把报警信号传递给监控人员，提示员工做好相应的防护准备。具体 PLC 监测系统的仪器仪表功能见表 7-2。

表 7-2　油罐监测系统仪器仪表功能

名称	说明
伺服液位计	伺服液位计是一种多功能仪表，既可以测量液位，也可以测量界面、储存液体密度或罐底等参数
超声波液位计	超声波液位计是由微处理器控制的数字液位仪表。在测量中超声波脉冲由传感器（换能器）发出，声波经液体表面反射后被同一传感器接收，通过压电晶体转换成电信号，并由声波的发射和接收之间的时间来计算传感器到被测液体表面的距离
电动泵	电动泵由泵体、扬水管、泵座、潜水电机（包括电缆）和启动保护装置等组成。泵体是潜水泵的工作部件，它是由进水管、导流壳、逆止阀、泵轴和叶轮等零部件组成的，叶轮在轴上的固定有两种方式（焊接、整体铸造）
质量流量计	用于计量流过某一横截面的流体质量流量的流量计
电动阀	电动阀通常由电动执行机构和阀门组成。电动阀以电能为动力来通过电动执行机构来驱动阀门，实现阀门的开关动作。从而达到对管道介质流动的控制

2. 可燃气体浓度报警器

可燃气体浓度报警器就是检测气体浓度泄漏报警的仪器。当工业环境中有可燃或有毒气体泄漏时，当可燃气体浓度报警器检测到气体浓度达到爆炸或中毒的报警点时，可燃气体浓度报警器就会发出报警信号，以提醒工作人员采取安全措施，并启动排风、切断、喷淋系统，防止发生爆炸、火灾、中毒事故，从而保障人身财产安全。控制器对探测器发出的电信号（mA 或 mV）进行采样，转换为数字信号，经内部的数据处理，在液晶屏上显示出对应的气体浓度，并输出相应的控制信号（见图7-42）。

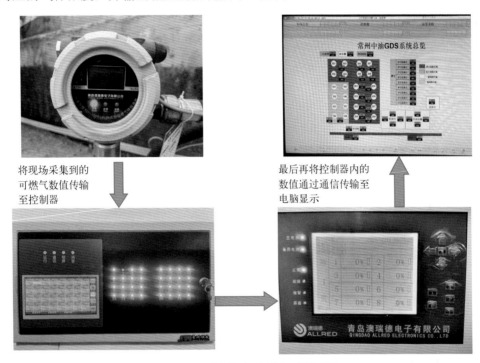

图7-42　可燃气体浓度报警器和传输示图

3. 安全仪表系统

（1）安全仪表系统（safety instrumentation system，SIS）又称为安全联锁系统（safety interlock system）。主要为油库控制系统中报警和联锁部分，对控制系统中检测的结果实施报警动作或调节或停机阀门的控制。

（2）压力变送器能将测压元件传感器感受到的气体、液体等物理压力参数转换成标准的电信号（如 4 ~ 20mA DC 等），以供给指示报警仪、记录仪、调节器等二次仪表进行测量、指示和过程调节。

安全仪表和传输系统具体可见图7-43。

4. 雷电、风速预警气象站监测系统配备仪器

雷电、风速预警气象站监测系统配备 4G 高准确度闪电预警定位监测装置。危险化学品港口仓储基地由于存储和搬运的产品多为易燃易爆物，一旦遇到雷暴天气就非常容易发生危险，造成安全事故，因此危险化学品码头港口雷电预警气象站监测系统的建设至关重要。雷电、风速预警气象站监测系统可实现雷电临近提前精确预警、生产运营合理调度、防护状态实时掌控，并能及时进行应急响应，确保港口仓储企业平稳运行。监测系统配备仪器和传输系统见图7-44。

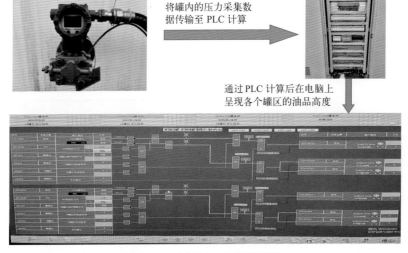

将罐内的压力采集数据传输至 PLC 计算

通过 PLC 计算后在电脑上呈现各个罐区的油品高度

图 7-43　安全仪表和传输系统示图

传感器采集到的数据传输至控制器

通过控制器在计算后在通过网络传输至系统平台进行雷电、风速预警监测

传感器

图 7-44　传感器、控制器和传输系统示图

5. 油库安全生产信息化平台管控系统

生产现场安全智能管控系统以《企业安全生产标准化基本规范》为依据，以油库人员定位系统和生产现场安全智能管控平台为核心，融合对接访客管理、出入口控制、三维地图、人脸识别、视频监控、巡检点检、语音播报、环境监测、数据采集等，实现在线监测、定位追溯、报警联动、预案管理和统计分析，将生产现场安全管控工作信息化、智能化，达到实时监测、动态管控和智能预警的效果。

人员管控说明：油库人员定位系统整体实现生产区域人员管控、外来人员管理，分类统计出入生产区域企业人员、外来人员信息，精确显示生产区域内在线人员动态，第一时间掌握企业应急状态时涉险人员情况，提高应急救援效率，杜绝未经培训、未经批准人员进入生产区域，全面提升企业风险管控能力和精细化安全管理水平。油库安全生产信息化平台管控系统可见图7-45。

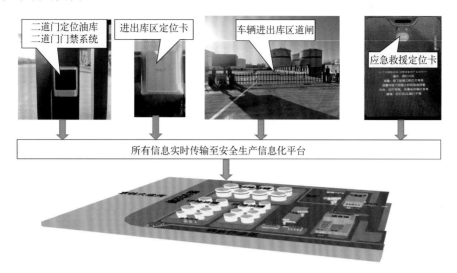

图7-45　油库安全生产信息化平台管控系统示图

二、化工装置反应系统自动化及信息化应用

化工生产具有易燃易爆的特性，反应系统风险较高。为提升反应系统的本质安全水平，围绕过程安全管理，依托信息化技术，采用自动化控制系统、安全仪表系统、信息化系统等，依托前端的温度、压力、流量、液位等传感器，实时监视反应系统的运行状态。高度的自动化、信息化提升了本质安全水平，同时可减少人为因素干扰，达到预防化工安全事故的目的（见图7-46）。

图7-46　化工装置反应设备示图

（1）化工装置反应系统自动化及信息化使用的仪器仪表、监控设施见图7-47。

反应器入口温度

反应器入口温度表

反应器入口流量

反应器进料SIS阀

反应器出料SIS阀

紧急冷却SIS阀

信息化监控中心

人员定位系统

生产实时信息手机端

图7-47　化工装置反应系统仪器仪表、监控设施示图

（2）反应系统自动化控制系统及功能见表7-3。

表7-3　反应系统自动化控制系统及功能

监测内容	传感器	采集设备	监控点设备	功能
反应温度	温度传感器	电缆、卡件	反应器进口、床层、出口均设置了温度检测原件	监测反应系统实时温度，有报警、联锁功能
反应压力	压力传感器	电缆、卡件	反应器进口、床层、出口均设置了压力检测原件	监测反应系统实时压力有报警、联锁功能
物料流量	流量计	电缆、卡件	反应器进料分支、总管及出料管线均设置了流量计	监测反应系统实时流量，有报警、联锁功能
物料配比	DCS系统	电缆、卡件	反应进料均设置了物料配比控制，通过DCS系统，设置了物料进料配比	监测反应系统进料比例，有报警、联锁功能

监测内容	传感器	采集设备	监控点设备	功能
控制调节阀	DCS 系统	电缆、卡件	反应系统全流程均设置了控制调节阀，在 DCS 系统中，通过调节阀，实现流量、压力、温度自动控制	通过自动调节，实现温度、压力、流量等参数的稳定控制
联锁切断阀	SIS 系统	电缆、卡件	每套反应系统均设置了安全仪表系统	为安全仪表系统重要元件，可以实现紧急切断、紧急冷却、紧急泄放等功能，确保系统安全

（3）化工装置反应过程危险因素控制措施

① 反应温度、压力控制

在反应器入口管线、反应床层、反应器出口管线均设置了温度、压力检测元件，实现温度、压力在 DCS 系统实时显示，人员可实时查看温度、压力参数及历史数据；操作人员通过 DCS 系统操作实现温度、压力的调节和控制，温度、压力波动超过限值系统将发出报警，确保温度、压力稳定，温度、压力超高将引发联锁，系统停车，防止发生安全事故。

② 物料流量控制

反应器入口设置了质量流量计，实现流量在 DCS 系统的实时显示，流量波动超过限值系统将发出报警，流量超高或超低将引发联锁，系统停车，防止发生安全事故。

三、树脂车间自动化反应工艺控制系统

以实现化工本质安全为目标，围绕化工过程安全管理，依托数字化技术，采用自动化控制系统、安全生产信息化管理等系统，通过前端重量、温度、压力、流量、定位等传感器，实时监视化工反应工艺过程，通过提高设备设施、技术的自动化程度，减少人为因素，来达到预防化工生产安全事故。

（1）树脂车间自动化反应工艺控制系统仪器仪表功能见图 7-48。

储罐区流量计计量　　滴加釜称重模块　　滴加管道比例调节阀控制滴加速度　　反应釜压力传感器　　反应釜温度传感器

滴加釜切断阀　　导热油 SIS 阀门　　冷却水 SIS 阀门　　车间现场数据监视及工艺确认　　控制室PLC控制反应釜温度、压力、流量、电机电流、阀门开度、SIS 系统各阀门

图 7-48　树脂车间自动化反应工艺控制系统仪器仪表功能示图

（2）树脂车间自动化控制系统监控信息化平台见图7-49。

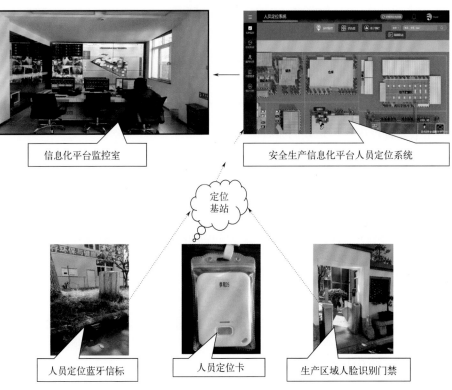

信息化平台监控室

安全生产信息化平台人员定位系统

定位基站

人员定位蓝牙信标

人员定位卡

生产区域人脸识别门禁

图7-49　信息化平台监控室、人员定位系统示图

（3）树脂车间自动化监测（项目、传感器、设备）系统见表7-4。

表7-4　树脂车间自动化监测（项目、传感器、设备）系统表

监测项目	传感器	采集设备	监测点设备
物料重量控制	称重模块	网线、网关	在每台反应釜的滴加釜上，均设置称重模块传感器
反应釜温度控制（温度传感器）	温度传感器	网线、网关	在每台反应釜上，除设置表观温度计外，均设置数据远传温度传感器
反应釜温度控制（导热油阀门）	开度传感器	网线、网关	在每台反应釜加热导热油阀门上，均设置阀门开度传感器
滴加流量控制	比例调节阀	网线、网关	在每台反应釜进料管道上，均设置比例调节阀
反应釜压力控制	压力传感器	网线、网关	在每台反应釜上，除设置压力表外，均设置数据远传压力传感器
安全仪表系统（反应釜搅拌电机电流）	电流传感器	网线、网关	在每台反应釜的搅拌电机上，均设置电流远程传感器
安全仪表系统（高位槽切断阀）	SIS系统	网线、网关	在每台反应釜的高位槽管路上，均设置切断阀远程控制器
安全仪表系统（冷却水阀门）	SIS系统	网线、网关	在每台反应釜的冷却水管路上，均设置阀门远程控制器
智能门禁及人员定位系统	芯片卡、信标	网线、网关	配备人员定位卡，厂区各处设置蓝牙信标

（4）仪器仪表功能

①物料重量控制。储罐区输送泵设置流量计，达到流量后PLC自控系统联锁停输送泵。滴加釜带有称重传感器，操作员在中控上位机上可查看生产单，启动生产。上位机将配方和

生产单下载到 PLC，PLC 分析配方，自动进行生产控制。当溶剂添加到滴加釜时，相应的气动阀门自动打开，并通过滴加釜进行称重计量，可防止物料超量导致泄漏等事故的发生。

②温度控制。根据工艺要求，反应釜采用导热油/冷却循环水系统进行加热和冷却来进行温度控制。系统自动将采集的温度信号与设定目标量进行 PID 计算，然后输出信号控制进导热油阀门开度来控制温度，从而实现闭环的自动调节控制。根据生产需要，不同的时间段需要的温度不同，可以在上位机设定好时间和温度，如果反应釜内温度不在设定的范围内，由 PLC 控制循环冷却水或导热油阀，从而使温度保持在设定的范围内，可防止反应超温导致冲料等事故。

③滴加流量控制。采用滴加釜称重、磁力泵和比例调节阀组合方式，系统运行滴加时，将自动开启磁力泵，经过系统实时采集滴加釜重量进行运算并转换成流量（kg/s）。PLC 控制系统自动与设定目标流量进行 PID 计算，并输出信号调节比例调节阀开度来控制滴加流量，从而实现闭环的自动调节控制，使实时流量与设定滴加流量接近或相等。根据工艺的不同可以实现分段滴加、定时定量滴加控制，从而防止滴加流量过大导致爆聚反应甚至有可能发生的燃爆事故。

④压力控制。反应釜设置压力表，超压报警 PLC 自控联锁切断滴加、加热，打开循环水冷却，防止反应釜承压继而引发事故。

⑤安全仪表系统。生产装置配备温度、压力、流量等信息的不间断采集和监测设备，并具备信息远传、连续记录、事故预警、信息存储等功能。SIS 系统采用可编程控制器与其数据网络连接。当反应釜超温时，SIS 系统自动关闭滴加釜切断阀，关闭导热油阀门，打开冷却水进水阀门，以保证生产装置的安全可靠性。

⑥智能门禁及人员定位系统。采用人员刷卡 + 人脸识别等实名制认证方式，定位卡对应的人员与人脸识别比对确认一致后，门闸开启放行。通过刷卡、人脸识别等技术对进出企业生产区的人员信息进行识别，对进出的人员类别、数量、所在区域等信息进行实时展示，并提供查询、统计等管理功能，针对人员在岗、离岗、串岗人员等情况提供及时告警，实时获取现场信息。

四、化工企业设备安全检查信息化应用

化工企业设备设施种类繁多，数量大，预防性维护保养要求高，管理难度大。传统管理方式需要投入大量的人力物力，设置（构建）大量的纸质台账。尽管如此，往往仍不尽如人意。合理运用信息化的工具，实现设备设施的全流程管理，基于信息化系统的设备管理模式可以有效地解决传统设备管理的弊病。

1. 建立设备电子台账

台账可分类设置，如动设备、静设备、特种设备、仪表设备、电气设备等。设备台账应包括设备的所有基础信息及预防性维护保养信息及责任人，设置自动提醒功能，定期提醒维保（见图 7-50）。

2. 智能巡检设备的功能

（1）使用防爆手持终端，采用无线传输的方式连接服务器，实时接收工作任务（见图 7-51）。

图 7-50　系统内设备台账

图 7-51　防爆手持终端示图

图 7-52　NFC 巡检示图

（2）PC 端可管理及更新巡检内容并下发至手持终端。

（3）支持 NFC 巡检钮和二维码，使用手持终端进行感应或扫描（见图 7-52）。

（4）终端按周，月度，季度对巡检数据进行统计，并支持柱状图，饼图，蛛网图，列表，曲线图等多种方式展示（见图 7-53）。

（5）巡检发现的问题可随时上报隐患，实现安全隐患的闭环管理（见图 7-54）。

图 7-53　手机显示的曲线示图

图 7-54　现场发现问题立即录入示图

3. 智能巡检系统的作用

（1）能科学有效地管理巡线人员、任务安排、任务执行情况检查（见图 7-55）。

（2）巡检线路、设备等基础信息数据的录入与修改见图 7-56。

图 7-55　主管领导在智能手机上查视示图

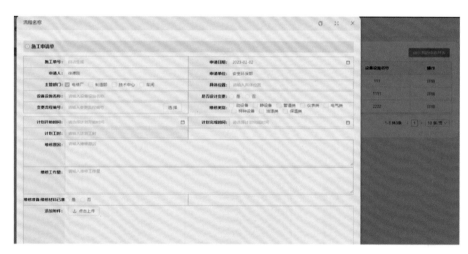

图 7-56　数据录入表示图

（3）保证管理部门能够集中有效地管理巡检工作，收集数据并与其他相关部门配合（见图 7-57）。

（4）完善数据备份和恢复功能，数据报表一目了然（导出指定表数据到 EXCEL 文件，从 EXCEL 文件导入数据，见图 7-58）。

图 7-57　与相关部门配合沟通示图

图 7-58　数据报表示图

（5）有很广泛的适应性，客户端无须任何维护工作。

4.设备智能巡检实施方式方法

针对设备巡检，应落实"应检尽检"的原则，实施三级巡检管理要求，对设备进行逐台巡检。在实施智能巡检前，公司巡检系统内需要配置专有巡检路线，明确巡检内容、各部门责任人与周期，根据设计规范与安全运行要求框定指标范围。具体巡检的方式方法见列举的氯气压缩机示图和说明。设备智能巡检实施方式方法可扫描二维码，见视频一、二。

（1）巡检的方式。配置专有的巡检示意图（见图7-59）。

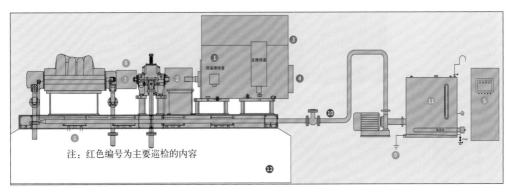

图7-59　氯气压缩机巡检目视板示图

1—仪表；2—轴承温度；3—电机温度；4—润滑脂；5—运行电流；6—地脚螺栓；
7—联轴器罩；8—轴振动；9—接地线；10—进油管路；11—润滑油；12—设备6S

（2）巡检的方法。按照巡检程序和要求做好巡检工作（见图7-60）。

①收到巡检任务　　　　②按巡检内容逐项检查　　　　③巡检前打卡

④利用工具测轴温　　　　⑤观察测量仪表参数　　　　⑥按要求填写巡检记录

图7-60　现场巡检程序示图

五、化工企业设备维修保养信息化应用

关键设备完善的定期维护保养是保证设备能够长周期高性能运行的有力保障。针对设

备维护，可实施全员 TPM 管理，加强预防预测性维护，杜绝由于设备的突发故障而对生产造成不良影响。在实施检修前，公司设备管理系统内需要建立设备台账，配置设备全生命周期所需的相应管理信息，针对日常维护保养，需由专业管理部门编制专业维护策略，包含维护内容、维护规程、维护标准、维护备件及专业工具、维护周期等内容。当设备到达维护周期预警时，维护负责人会收到维护任务，此时维护负责人完成备件准备与系统切除后，方可通过检修作业票进行维护申请。专业维护人员收到维护申请后，根据事先配置好的维护内容、维护步骤、维护标准等信息对设备进行维护保养工作，从而杜绝维护保养存在缺项漏项，以及标准不统一的现象。具体维保内容、方法如下。

（1）在信息化平台中建立设备档案，档案第一部分为设备基本信息及分类（见图7-61）。

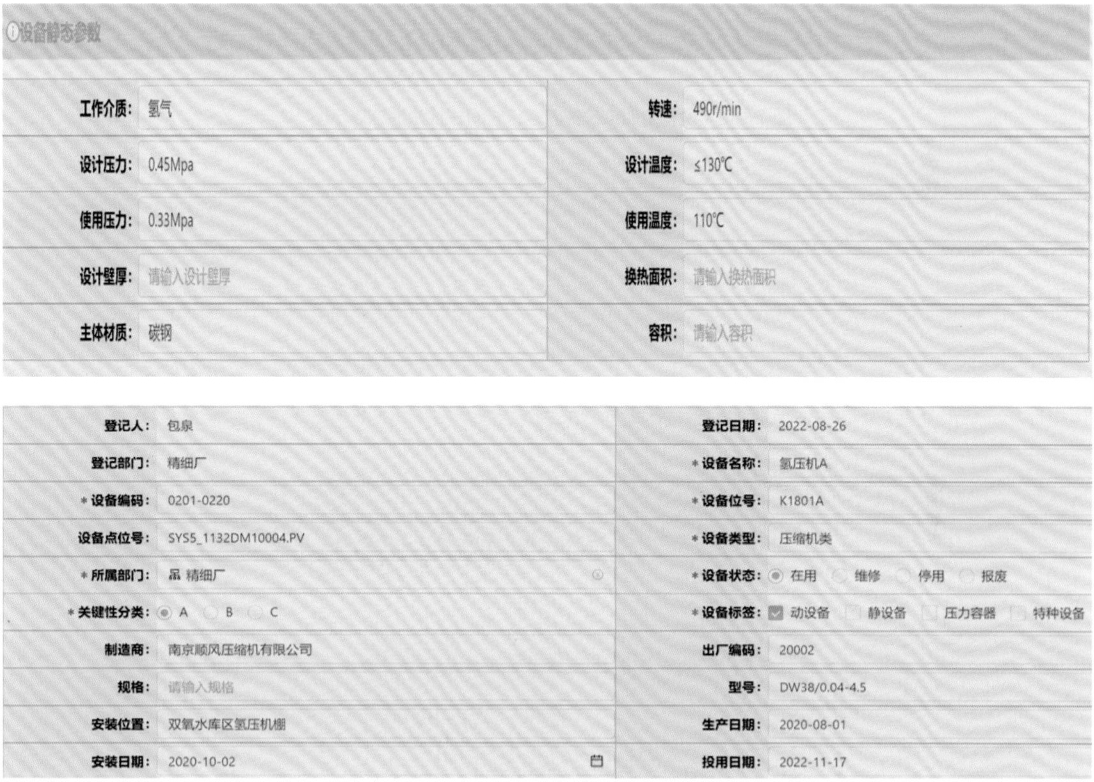

图 7-61　设备电子台账表示图

（2）依照设备运行时间，实施定期维护保养任务，制定检修作业安全措施，在开具检修作业票时一并带出，防止安全措施落实存在漏项（见图7-62）。

（3）设备档案中明确检修类型、维护规程、验收标准、维护备件及专业工具，专业维护人员收到维护申请后，根据事先配置好的信息对设备进行维护保养工作，从而杜绝维护保养存在缺项漏项，以及标准不统一的现象（见图7-63）。

设备累计运行时间	3069		
小修检维修周期时长 (A/B*2)：2000		距下次小修(小时)：1932	
配件提前准备提醒周期(%)：80		协调生产部门提醒周期(%)：90	
小修责任人：××			选择用户
中修检维修周期时长 (A/B*2)：4000		距下次中修(小时)：931	
配件提前准备提醒周期(%)：80		协调生产部门提醒周期(%)：90	
中修责任人：××			选择用户
大修检维修周期时长 (A/B*2)：8000		距下次大修(小时)：4931	
配件提前准备提醒周期(%)：80		协调生产部门提醒周期(%)：90	
大修责任人：××			选择用户
检修前措施：	"1 氢压机进出口阀门关闭； 2 0.1~0.15MPa压力氢气置换氢压机及相关管道和附属容器； 3 取置换后的气体微氢气含量分析：烧氢≤1%； 4 属地车间开具《检修安全作业票》； 5 作业负责人向检维修人员和监护人员进行安全交底；		
检修后措施：	"1 检修部位的零配件按照规程进行更换或检修，间隙符合相关要求，紧固力符合要求； 2 氢压机机体及管道内用氢气置换干净，氧含量≤1%，各密封处试压0.2MPa不漏； 3 进口阀回后，回流阀后与出口止回阀处盲板抽出完成，进口水封积水排尽； 4 氢压机飞轮盘车无卡滞现象，盘动时缸体内无异响； 5 属地作业负责人确认已工完场清；		

图 7-62　设备定期维护保养运行时间、检修措施表示图

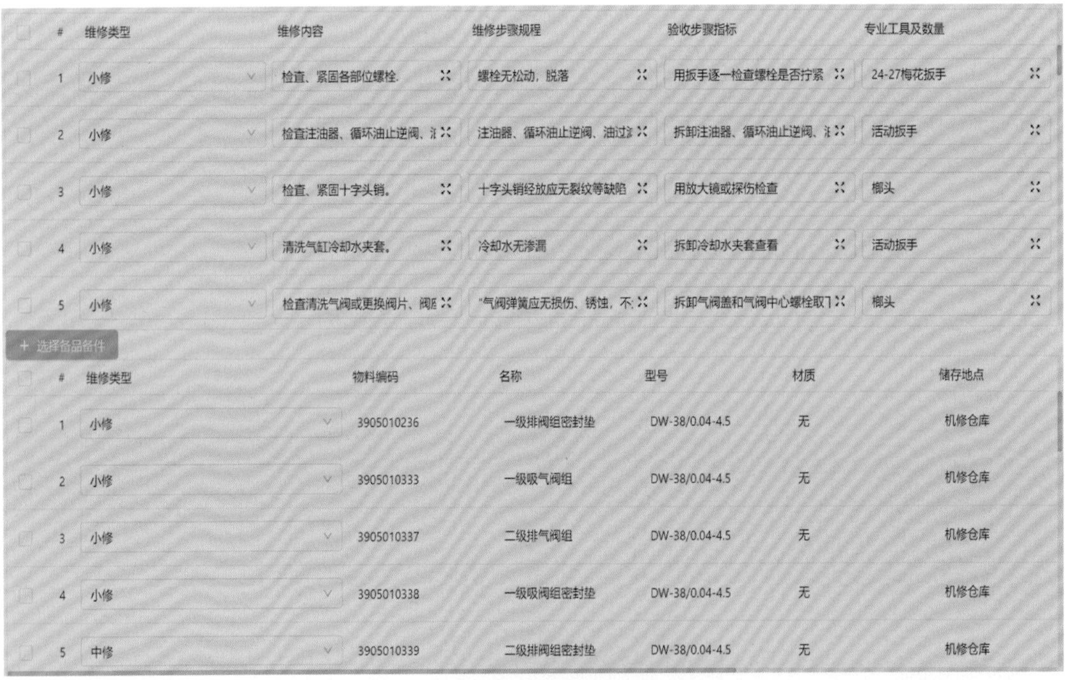

#	维修类型	维修内容	维修步骤规程	验收步骤指标	专业工具及数量
1	小修	检查、紧固各部位螺栓。	螺栓无松动、脱落	用手逐一检查螺栓是否拧紧	24-27梅花扳手
2	小修	检查注油器、循环油止逆阀、汽	注油器、循环油止逆阀、油过	拆卸注油器、循环油止逆阀、	活动扳手
3	小修	检查、紧固十字头销。	十字头销经反应无裂纹等缺陷	用放大镜或探伤检查	榔头
4	小修	清洗气缸冷却水夹套。	冷却水无渗漏	拆卸冷却水夹套查看	活动扳手
5	小修	检查清洗气阀或更换阀片、阀E	"气阀弹簧应无损伤、锈蚀、不	拆卸气阀盖和气阀中心螺栓取	榔头

＋选择备品备件

#	维修类型	物料编码	名称	型号	材质	储存地点
1	小修	3905010236	一级排阀组密封垫	DW-38/0.04-4.5	无	机修仓库
2	小修	3905010333	一级吸气阀组	DW-38/0.04-4.5	无	机修仓库
3	小修	3905010337	二级排气阀组	DW-38/0.04-4.5	无	机修仓库
4	小修	3905010338	一级吸阀组密封垫	DW-38/0.04-4.5	无	机修仓库
5	中修	3905010339	二级排阀组密封垫	DW-38/0.04-4.5	无	机修仓库

图 7-63　设备维护保养信息工作表示图

（4）班组日常进行的维护工作，责任到人，到达预警时间后推送到手操器上，按照规程进行相应操作（见图 7-64）。

维护人员对照标准进行设备维护工作（见图 7-65）。根据维保周期，制订维保计划，减少库存，降低成本（见图 7-66）。

① 检测计划策略

+ 新增

#	上次检测日期	检测周期（月）	检测内容	检测标准	检测规程	任务提前提醒天数	检测责任人
□ 1	2022-11-16 📅	2	1.取样步骤 1、确认油... ✕	外观：透明 运动黏度4 ✕	1.取样步骤 1、确认油... ✕	30	管理员

① 保养计划策略

盘车时长： 360		盘车责任人： 王栋	选择用户
调开时长： 720		调开责任人： 王栋	选择用户

保养标准： 1. 转动联轴器无卡涩现象。
2. 盘车后联轴器较盘车前转动180°

+ 新增

#	保养类型	保养规程	
1	盘车 ∨	1、确认氢压机为停运状态	✕
2	盘车 ∨	2、用防爆板手拧开联轴底部螺栓	✕
3	盘车	3、打开联轴器罩壳	✕
4	盘车	4、查看联轴器原始状态	✕
5	盘车	5、用盘车棒插入飞盘孔，盘动至少3圈。最终盘车后联轴器较盘车前转动180°	✕

图 7-64 设备维护规程操作表示图

图 7-65 维护人员分析示图

维修任务

[0101-0606]亚纳循环泵
2023-05-23

[0201-0220]氢压机A
2023-07-09

[0201-0046]氢化液泵
2023-07-11

[0201-0048]氢化液泵
2023-07-19

[0201-0220]氢压机A
2023-10-01

[0201-0046]氢化液泵
2023-10-11

[0201-0048]氢化液泵
2023-10-11

[0101-0003]成品碱泵
2023-11-06

[0101-0007]淡盐水泵
2023-11-06

[0101-0009]碱液泵
2023-11-06

[0101-0011]碱液泵
2023-11-06

图 7-66 设备维保任务计划表示图

维护保养任务的具体信息，设备基础信息、备件信息见图 7-67。维护保养任务的具体信息，保养内容、步骤、标准见图 7-68。属地车间日常保养计划排程计划表见图 7-69。

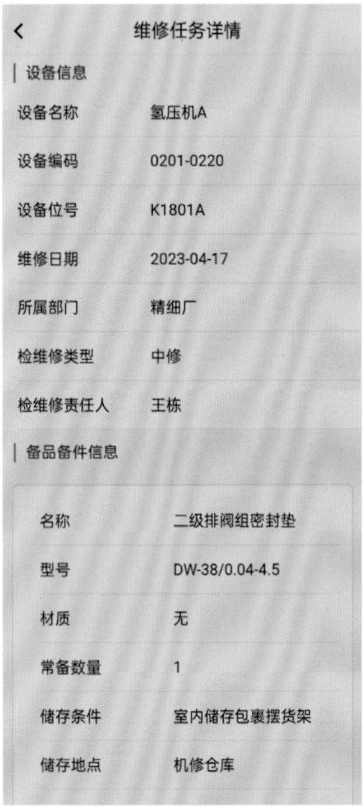

图 7-67　设备维护保养任务信息表示图

图 7-68　设备维护保养内容、步骤工作信息表示图

图 7-69　设备日常保养排程计划信息表示图

化工行业应用数字化信息技术管理的内容较多，如企业特殊作业管理数字化转型可扫描二维码，见视频。

第三节　特种设备数字化信息技术的应用

特种设备是指对人身生命和财产安全有较大危险的生产设备，包括锅炉、压力容器、压力管道、电梯、起重机械、客运索道、大型游乐设施和场（厂）内专用机动车辆。这些设备在国民经济和社会发展中有着举足轻重的作用。特种设备作为企业生产和群众生活中广泛使用的具有潜在危险的设备，具有高温、高压、高速、高空运行等特点，如果管理不善、保养缺失或操作不当，很容易造成群死群伤的事故，给人民生命财产和社会经济发展带来重大损失。

多年来，我国对特种设备的使用管理已经制定了一整套的法律法规、安全技术规范和标准。但从近年来发生的各类特种设备事故案例就可以看出，无论是宏观管控还是微观管理等方面，特种设备安全管理仍然存在不少问题。

一是特种设备使用单位在"三落实、两有证、一检验、一预案"方面的安全主体责任落实不到位（见图 7-70）。

二是特种设备作业人员存在安全意识薄弱、无证上岗作业、违反操作规程等行为

（见图 7-71）。

图 7-70　企业安全管理不善导致锅炉爆炸事故示图　　图 7-71　作业人员违规操作造成叉车事故示图

　　三是特种设备本体及安全附件存在设计、制造或保养缺陷（见图 7-72）。

　　四是缺乏科学的监测、管理技术手段，特种设备隐患发现、消除以及事故应急处置得不到有效保障（见图 7-73）。

图 7-72　设备本体缺陷导致电梯安全事故示图　　图 7-73　应急处置不当导致游乐设施高空滞留事故示图

　　随着我国改革开放的不断深入，特种设备的数量与种类迅速增长，相关安全管理和政府监管的工作愈加繁重。采用先进技术、推行科学管理的重要性和必要性日益突显。因此，下面重点介绍电梯应急救援与智慧管理系统、气瓶质量安全追溯管理系统、大型游乐设施"非现场"监管系统、压力管道信息化管理系统、叉车智慧监管和安全管理系统等方面的数字化信息技术的应用。

一、电梯应急救援与智慧管理系统

　　电梯作为市民和企业职工日常上下运行的垂直"交通工具"，在长期运行过程中难免发生故障或意外事件。因此，运用信息化手段开展及时有效的救援和维修就显得非常重要。为有效防范电梯事故、积极解决电梯困人故障救援难题，全国各地从 2013 年起陆续建设电梯应急救援平台，大体可以分为"96333""119"和"12345"三种救援模式。以常州地区"119"电梯应急救援模式为例，主要特点是"统一呼号、三级响应、多方联动"。"统一呼号"是指乘客被困电梯后可以通过拨打119（或96333）进行呼救，由市消防救援支队指挥中心电梯救援调度座席（或市民热线座席、市场监管部门自行设立的调度座席）进行"三级响应"调度。一级响应为法定电梯维保单位响应，即发生故障电梯的签约维保单位（见图7-74）；二级响应为网格化志愿救援单位响应（见图7-75），由维保质量较好、服务质量较高的电梯维保单位组成（例如常州地区在全市范围按区域就近划分了20个电梯应急救援网格，每个网格覆盖2～67个街道和乡镇，由20家电梯维保单位负责区域内的志愿救援），在一级救援单位未能及时响应的情况下出动救援；三级响应为消防救援人员响应，遇到一级、二级救援队伍都无法及时响应情况时，实施兜底救援（见图7-76）。具体可见下列电梯应急救援与智慧管理系统管理措施。

图7-74　一级响应：法定维保单位救援示图

图7-75　二级响应：网格化志愿队伍救援示图

图7-76　三级响应：消防人员实施兜底救援示图

（1）应建立健全电梯应急救援系统组织（见图7-77），并落实各级责任，做好应急救援工作。

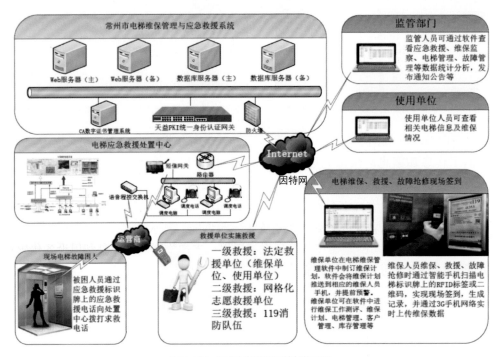

图7-77　电梯应急救援系统架构示图

（2）采用 APP 扫一扫二维码，获取电梯系统信息，查验电梯的基本情况，实现公众有效监督。电梯相关内容见图 7-78。

图 7-78　电梯二维码系统信息提醒示图

（3）电梯设备在出现特殊状况时，调度部门可通过客户端软件对电梯进行应急管理，及时接警、调度救援人员赶赴事故现场（见图 7-79）。

图 7-79　电梯救援调度部门使用的电梯应急救援软件平台示图

（4）采用电梯智慧管理平台和设备设施，解决电梯事故救援中的滞后、准确性差等问题，有效提升电梯应急救援处置效率和电梯突发事件的监管水平（见图 7-80）。

（5）基于物联网技术的电梯智慧管理系统运用。电梯物联网技术是利用设备传感技术，连接电梯监测终端设备，通过无线传输技术，实时采集电梯运行过程中的状态、故障、事件和报警信息数据，统一汇集至公共安全监管平台。其主要优势是，当电梯发生困人故障时，可先于人工方式发出报警提示，并准确获取具体故障信息，有利于救援人员准确定位、快速部署，解决老人、小孩等群体在未携带手机、无法与外界联系的情况下的困人救援难题，有效提高电梯应急救援能力和水平。推广电梯装设基于物联网的远程监测系统，由维保单位依据实时线上检查和监测维护情况，采取针对性的线下现场维护保养，提高维护保养的科学性和有效性，确保电梯安全运行。具体电梯物联网数智管理系统典型架构、组成和功能见图 7-81、图 7-82 和图 7-83。

二级响应电梯救援队伍专用车辆

运用平台对救援情况进行跟踪和追溯

电梯智慧管理平台对救援情况的统计分析

电梯智慧管理平台对多次发生困人故障、超期未维保等情况进行风险预警

图 7-80　电梯应急救援设备设施及智慧管理平台示图

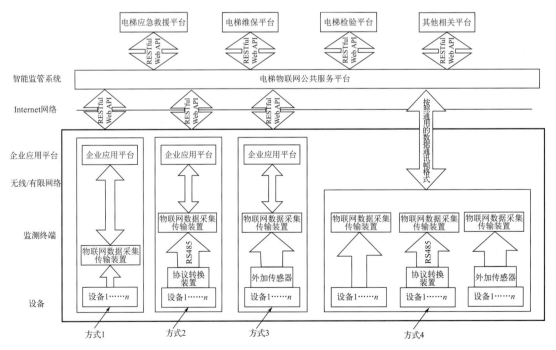

图 7-81　电梯物联网数智管理系统典型架构示图

带AI算法的智能摄像头（对
轿厢内情况进行监控和识别）

电梯物联网网关（负责数据传
输和交互）

图 7-82 智能摄像头、电梯物联网网关示图

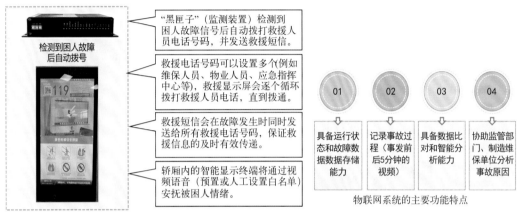

图 7-83 物联网监测装置"黑匣子"的作用和系统功能特点说明示图

二、气瓶质量安全追溯管理系统

气瓶质量安全追溯管理系统以带有二维码的新式气瓶条码应用为中心，充分利用信息化手段强化气瓶的充装、检验、销售（配送）和使用等环节的数据采集和监控，构建大数据监管体系，使行政监管和安全管理工作更加有据可查、有的放矢，建立气瓶质量安全多方位、全过程、可追溯的安全管理体系（见图 7-84、图 7-85）。

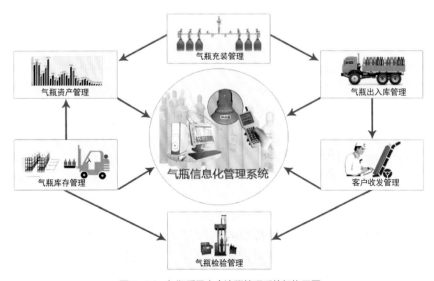

图 7-84 气瓶质量安全追溯管理系统架构示图

图7-85　手机配 APP 示图　　　　　　图7-86　基于工程陶瓷和不锈钢材料的条码，一维码用于扫描读取数据，二维码用于数据查询示图

　　在气瓶制造出厂、充装前、检验后等环节为所有气瓶安装条码（见图7-86、图7-87），在充装、检验、配送、使用等环节进行扫描时（见图7-88），对读取的信息通过气瓶信息化安全监管平台进行记录、管理，实现全过程跟踪、追溯。应用带有二维码的新式气瓶条码，可实现辅助充装前检查、控制违规充装、规范检验行为等功能，使安全监管人员可以实施远程监管，同时便于用户通过二维码查询信息，主动杜绝"黑气"和"黑瓶"。主要具备三个方面特点。

通过手枪钻对钢瓶护罩进行打孔或
采用双轴钻床对钢瓶打罩进行打孔
（钻头尺寸：φ3.5）

采用铆钉枪对条码进行安装固定
（铆钉尺寸：φ3.2；铆钉材质：不锈钢）

图7-87　条码安装示图

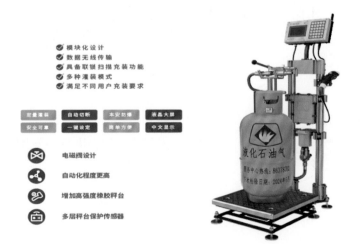

图7-88　带扫描器的罐装秤，扫码比对信息后方可打开电磁阀充装示图

1."多方位"的监管（见图7-89，图7-90）

气瓶质量安全追溯管理系统的使用登记、视频监控、联锁管理、"红绿灯"提示、分类分级考评等功能模块主要针对气瓶充装环节的监管；气瓶配送人员和配送信息的数据库查询模块主要实现配送环节的信息记录和管理；GPS车载监控设备主要管理气瓶运输车辆；餐饮气瓶用户"关闭气瓶阀门"申报模块主要督促各餐饮场所气瓶用户在每天用气后检查气瓶阀门是否关闭，切实落实安全主体责任。

2."可追溯"的监管

气瓶条码记录的信息主要包括该只气瓶的制造厂家、出厂编号、末次充装单位、末次充装时间、实际充装量、检验日期、报废日期、配送时间等。一旦发生气瓶燃爆事故，可以进行过程追溯和责任落实，同时方便广大气瓶用户通过二维码查询气瓶信息，提高辨识能力，以满足公众的知情权和监督权。

图7-89　无线防爆数据采集器，用于充装现场作业人员的充装前后检查和信息采集示图

图7-90　具备使用登记、联锁管理、数据统计、预警监测等功能的气瓶质量安全追溯系统示图

3."全过程"的监管

市场监管、住建、应急、公安、消防等各司其职、加强协同，合力推进全过程的气瓶信息化安全监管。市场监管部门主要负责气瓶充装单位的监管；住建部门主要负责对燃气经营企业的监管；公安、消防部门主要负责对"黑气"运输、存储以及倒灌行为的查处；各辖市、区及乡镇、街道的安全监管部门负责气瓶使用环节的管理和监督（见图7-91）。

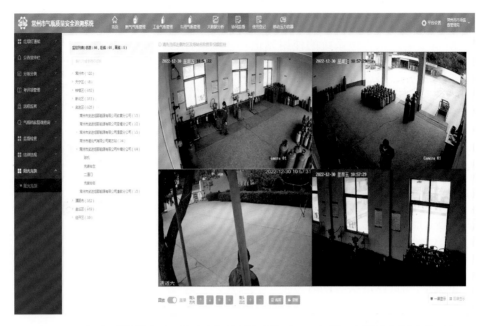

图 7-91　"阳光充装"模块可以对气瓶充装现场进行监控和记录，智能识别"非法充装"行为示图

三、大型游乐设施"非现场"监管系统

惊险、刺激的大型游乐设施是上海迪士尼、北京环球影城等全国各大主题乐园中的"主角"，是游客争相体验的主要对象。但是如何确保这些高参数、高危险性设备设施万无一失，则是非常重要的问题。运用信息化技术开展"非现场远程监管"，实现运营管理过程的"看得见、管得住、可追溯"，是不断提升大型游乐设施安全度和体验感的重要途径。具体防范措施如下。

（1）安装二维码（见图 7-92）。

图 7-92　根据日常检查项目表，在大型游乐设施不同部位安装二维码，以利于可追溯管理示图

（2）实时视频监控（见图7-93）。

图7-93　通过调看设备各个角度的实时视频监控，随时查看作业人员工作情况，
有效防范作业人员未锁紧安全压杠、乘客自行打开安全挡杆或安全带等行为示图

（3）进行追溯管理（见图7-94）。

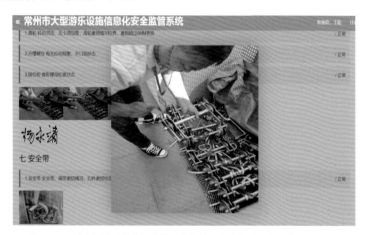

图7-94　对大型游乐设施运营管理单位的日常检查过程进行追溯管理示图

（4）进行预警提醒（见图7-95）。

图7-95　对未及时上传日常检查记录或检查结论不合格的单位进行预警提醒示图

（5）加强设备维修管理（见图 7-96）。

图 7-96　对设备维修过程进行记录和管理示图

（6）进行科学监管（见图 7-97）。

图 7-97　对大型游乐设施运营管理过程进行科学监管示图

实例：大型游乐设施的运营现场监控系统管理模式见图 7-98。

四、压力管道信息化管理系统

压力管道信息化管理系统的应用，需要做好以下几方面工作。

（1）应用数字孪生、GIS、信息编码等技术，建立基于燃气管道单元的全生命周期信息化智慧监管系统，是保障燃气管道"生命线"安全的重要路径（见图 7-99）。

图 7-98 大型游乐设施的运营管理模式延拓至整个园区的管理示图

图 7-99 压力管道智慧管理系统示图

燃气管道智慧监管平台，为监管、检验、巡查提供服务。一是打通设计、安装、维护、检验等管道信息数据链路。二是对压力管道"未检验、未巡查"等进行地图标注和预警。三是从地理位置、单位、检验、巡查、应急管理等多重维度提供信息可视化展示。

（2）实例说明（燃气的门站）：在燃气的门站设置二维码，检查人员只要扫一扫，就能知道管道相关信息（见图 7-100）。

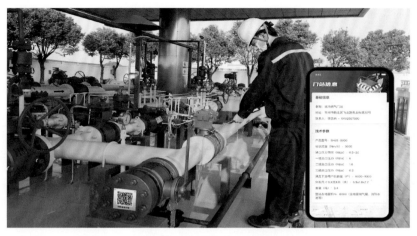

图 7-100　现场安全检查示图

在燃气的门站、管线附近的路桩、小区调压箱，以及管道起始位置等设置二维码，绑定燃气管道信息。

（3）将燃气压力管道检验涉及的所有字段信息录入到系统中汇总，便于全面监控管理（见图 7-101、图 7-102）。

图 7-101　压力管道检验信息管理系统汇总示图

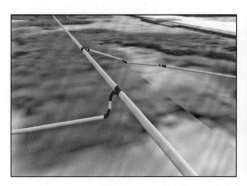

图 7-102　系统根据 GIS 信息生成全市燃气压力管道三维信息示图

（4）定期对管道进行监测检查，发现安全隐患，立即进行排除，确保燃气管道安全（见图7-103、图7-104）。

图7-103　检查管道内部缺陷示图

图7-104　检查管道表面缺陷示图

通过"外检测"技术检查管道表面缺陷，所有数据均录入智慧监管系统。

通过"内检测"技术检查管道内部缺陷，为实施管道"完整性管理"打下良好基础。

五、叉车智慧监管和安全管理系统

根据国家市场监督管理总局公布数据，近年来叉车事故在所有特种设备事故中占比高达约40%，叉车成为事故最为多发的特种设备，其安全管理一直是行业内的难点。叉车智慧监管和安全管理系统从"人、机、环、管"四个方面出发，完善安全管理功能，是致力预防和减少事故发生的整体解决方案，而不仅仅是单纯的信息化管理系统。具体可见下列叉车智慧监测系统辅助标配功能示图和预防措施。

（1）叉车智慧监测系统辅助标配的设置和功能见图7-105。

(a) 叉车智慧监测系统辅助标配设置示图　　　(b) 叉车智慧监测系统辅助标配功能示图

图7-105　叉车智慧监测系统辅助标配的设置和功能示图

（2）预防措施

①"人"，减少人的不安全行为。叉车司机的监控技术由叉车智控端配合驾驶员摄像

头实现，主要对以下内容进行监测：a.人脸识别、驾驶员身份认证；b.疲劳驾驶识别和预警；c.驾驶员行为管理（如抽烟、打电话、违规带人）；d.安全带、安全帽监测；e.超速预警；f.非授权人员不能启动车辆（见图7-106、图7-107）。

图7-106　监测人的内容示图

图7-107　现场监测的示图

②"机"，提升设备的本质安全水平。叉车监控技术由叉车智控端配合四向监控摄像头实现，检测车辆行驶过程中的异常行为，例如超速监测（北斗定位），360°环绕全景图（无惧叉车货物视线遮挡），行驶过程中对叉车附近的人、物进行预警，叉车装卸货物监测等，极大地降低叉车撞击、碾压周边行人的概率（见图7-108、图7-109）。

图7-108　叉车观察的显示器示图

图7-109　叉车北斗定位器示图

③"环"，优化设备相关的环境安全管理。对叉车使用环境方面的管理，主要通过实时上传叉车上GPS定位数据，在平台上显示运行轨迹，结合电子围栏的区域范围设置，对车辆的运行区域、停车位置和出入围栏进行严格管控。在车辆越过围栏界线时自动预警提示和保存越界记录（见图7-110）。

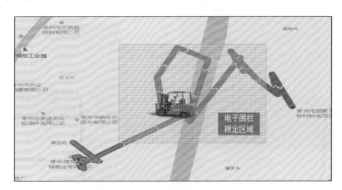

图7-110　叉车电子围栏限定区域示图

④"管"，做好企业安全管理和政府安全监管。

a.叉车使用单位。管理人员和作业人员运用网页端和APP对叉车使用、维护保养、安全培训、定期检验等方面进行全过程管理（见图7-111、图7-112）。

图 7-111　企业叉车管理电子文档示图　　　　　图 7-112　APP 使用示图

b. 叉车监管部门。政府职能部门安全监管人员通过监管平台，对本辖区的叉车从人员、设备、登记、检验、保险等方面进行"事前、事中、事后"的全方位监管（见图7-113）。

图 7-113　使用监管平台或智能专用手机对企业叉车进行跟踪督查的示图

叉车智慧监管和安全管理系统具体内容可扫描二维码，见视频。

第四节　机械制造业信息化安全生产技术的应用

机械制造业发生的事故与机械制造业的生产特点、设备设施和作业环境及管理不力等因素有着直接的关系。常见的事故类别有，机械伤害、高处坠落、触电、起重机械、物体打击、车辆伤害、火灾、爆炸、中毒窒息等事故，具体可见图7-114。

上述列举的机械制造业发生的事故案例，其原因都是由于工艺技术落后、设备设施陈旧、安全装置缺乏等，因而引发了各类伤害事故。因此，传统的机械设计制造技术已不能满足现代工业的需要。积极探索新技术，提高机械设计制造水平，并将信息化技术应用于机械设计制造，是机械行业未来发展的主流方向。信息化技术可以在无人操作的情况下完成机械设备的自动化生产和操作，减少生产中的人力、物力消耗和人直接接触的危险。信息化技术比传统的机械设计制造技术具有更多的优势，改进传统的机械设计制造模式，可以提高机械设备的运行安全性，提高机械设计制造的效率。下面重点介绍全自动焊接生产线、自动加工安全技术、自动化涂装作业生产线和天车双车联动技术。

设备缺乏安全装置引发的机械伤害事故　　安装设备现场缺乏防护设施引发的高处坠落事故　　焊割作业现场管理混乱缺乏检查引发的爆炸事故　　天车缺乏防护装置造成两天车相撞的起重机械事故

锻压物件措施不力造成物件飞出伤害他人事故　　违规驾驶车辆引发物件坠落伤及他人事故　　喷涂作业违反工艺要求引发火灾事故　　盲目检查冲天炉遭受煤气中毒事故

图 7-114　机械制造业易发的各类事故现场示图

一、全自动焊接生产线安全生产技术

传统焊接作业劳动强度高、作业环境差，易发生火灾、爆炸、触电伤害等事故，长期从事焊接作业可能造成尘肺、青光眼等职业病。全自动焊接生产线，实现了焊接作业现场的无人化，具有更高级别的本质安全性。全自动焊接生产线由焊接机器人、焊接转胎、物料配送系统等装置组成（见图 7-115）。

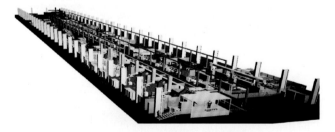

图 7-115　全自动焊接生产线示图

全自动焊接生产线安全生产技术是在充分分析自动化焊接生产线可能存在风险的基础上，在焊接生产线上配置安全启动装置、智能监控装置、RGV 自动配送系统安全防护装置、龙门焊触碰停车装置等安全防护装置，从技防和物防的角度避免故障和失误。各类安全防护装置信号（大体可分为感应信号、视频信号、探测信号）通过专用线路传输至中控系统，通过中控系统实现了生产线的实时监测和故障自动预警，提升了自动化焊接生产线的安全度。中控系统控制逻辑见图 7-116。

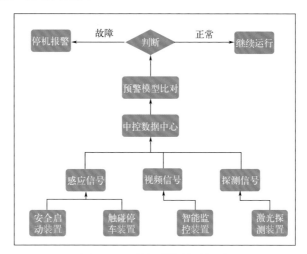

图 7-116　中控系统控制逻辑示图

安全装置说明。

1. 安全启动装置

焊接机械手通过五轴联动实现车辆部件的全位置焊接，各机械传动轴通过精密齿轮配合控制机械手运动，任一轴发生故障均可能使机械手的运动轨迹发生偏离，造成伤人或伤物事故。因此，在焊接机械手传动轴上配置应力感应装置，该装置在机械手工作前对传动轴的应力进行判断，如应力超出标准值，则判断机械手发生故障，机械手自动停止作业并通过控制系统进行报警，有效避免了因焊接机械手故障造成的伤人、伤物事故的发生。其工作逻辑可见图 7-117。

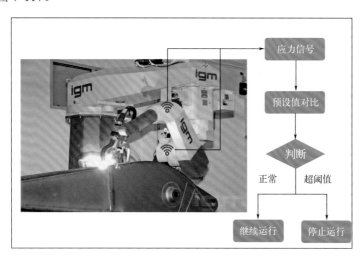

图 7-117　安全启动装置工作逻辑示图

2. 智能监控装置

自动焊接生产线为全封闭的无人化生产线。为对生产线的运行状态进行全天候、全方位的监控，在生产线的合适位置配置了若干智能监控装置，当人员、异物闯入焊接作业区域或焊接机械手工作异常时，智能装置可进行预警报警。控制室值守人员可通过控制界面确认预警报警信息后，及时对现场状态进行处置，防止危险事件发生。

3. RGV 运输车安全防护装置

在自动焊接生产线上配置 RGV 自动配送系统（见图 7-118），代替传统人工天车吊运上下物料，可有效避免天车吊运作业时物体打击伤害和起重伤害的发生。在 RGV 配送系统两侧设置防护栏，防止人员误入物料配送区域导致 RGV 小车撞击伤害。防护栏设有检修出入口，并设置门联锁装置，当检修出入门打开时，RGV 配送系统立即停车，未复位前无法再次启动。同时 RGV 小车上还配置了激光探测装置，当激光探测装置检测到 RGV 小车运行前进方向规定距离范围内存在异物时，能够控制 RGV 小车自动停车，障碍物清除后可自动恢复运行。通过防护栏门联锁装置和 RGV 小车激光探测装置，可够有效防止人员意外进入 RGV 运输通道发生车辆撞击伤害。

图 7-118　RGV 自动配送系统示图

RGV 自动配送系统具备定位感知功能。当中控系统将物料需求信息送达 RGV 小车时，系统将通过视频监控自动判定物料需求工位是否存在作业、维修等情况，存在上述情况时 RGV 小车不动作。RGV 小车将物料送到指定工位后，通过定位感知装置确认 RGV 小车是否将物料送达需求工位，物料需求工位与 RGV 小车位置不一致时，取料机械手不动作。RGV 自动配料系统具体工作逻辑可见图 7-119。

4. 触碰停车装置

进行大部件焊接时，由于被焊部件移动困难，采用龙门式焊接机械手进行自动焊接，龙门根据预设程序运动并承载焊枪完成指定焊缝的焊接作业。受作业场地限制，不便在龙门运行方向的两侧设置护栏。为避免龙门运行过程中与人员碰撞发生撞击及次生伤害，在龙门运行的前后两端配置了触碰停车装置（见图 7-120）。触碰停车装置位于龙门运行方向的最前端，当龙门运行方向存在障碍物时，触碰停车装置最先接触障碍物并使限位开关动作，限位开关通过继电器控制龙门及焊机停止工作，由于龙门运行速度极慢（约为 6m/min），触碰停车装置动作时可使龙门立即停车，避免撞击事故的发生。

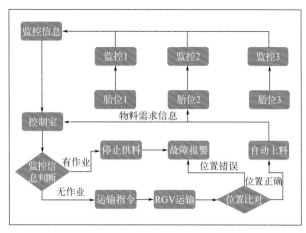

图 7-119　配料系统工作逻辑示图

图 7-120　触碰停车装置示图

二、自动加工安全技术

机械制造业中涉及大量精密加工作业，加工工艺涉及车、铣、镗、磨、冲压等。传统加工作业需要人机盯控保证加工质量，工序流转需要使用天车吊运物料，人员与设备近距离接触会使人员暴露于危险环境中，存在机器绞入、设备挤压等形式的机械伤害风险。结合物联网技术，通过采用自动化加工生产线等自动化加工技术，建立工艺参数、设备数据链，实现了车、铣、磨等加工工艺的自动化作业。自动化加工生产线配置卧式双主轴车削中心、全自动数控外圆磨床、立体料库、桁架机械手系统、AGV 运输车等先进装备，采用集中控制模式，能够实现物料自动识别、自动物料转运、自动上下料、自动定位装夹等功能。自动加工生产线见图 7-121。

自动加工生产线成功实现人机分离，生产线与中间通道之间设置全封闭护栏，生产线出入门及加工设备均设置门联锁，加工设备门联锁见图 7-122。设备工作过程中，门被打开立即停止作业，防止人员意外进入造成机械伤害。在全生产线范围内设置智能摄像头，对生产线运行状态进行监控，发现人员、异物进入时能够自动报警。此外，结合加工部件及现场作业环境特点，对桁架机械手系统配置了重量感应装置、车轮粘连感应装置等安全装置，对 AGV 运输车配置了雷达感应装置、安全保险杠、防脱轨装置等安全装置，以提升自动加工生产线作业安全度。针对冲压成型等无法实现全自动作业的设备，设置了红外测距防护装置，避免人员误操作发生机械伤害。

图 7-121　自动加工生产线示图　　　　　　图 7-122　机加工设备门联锁防护示图

1. 桁架机械手防护技术

桁架机械手是自动加工生产线用于物料运输、工件翻转的装置，桁架机械手结构可见图 7-123。

图 7-123　桁架机械手示图

某一工序加工作业完成后，需使用专用存储工装进行暂存，待下一作业条件具备时再使用桁架机械手从存储工装上将部件运输至指定位置。由于部件表面残留部分切削液且接触面光洁度高，切削液在毛细作用下均匀地填充在部件中间，形成薄膜吸附使两部件粘连。机械手抓取部件时，被粘连的部件同时被抓取。一方面，在运行过程中被粘连的部件易发生脱落造成坠物伤害；另一方面抓取重量超过机械手的承受重量，易造成机械手损伤。为此，在桁架机械手上设置了重力感应装置，同时在部件存储工装两侧，设置了粘连检测装置以防止上述情况的发生。桁架机械手防护装置工作原理见图 7-124。

重力感应装置安装在机械手内部，通过感应机械手提升力判断被抓取的部件是否发生粘连。当机械手提升力超过设定阈值时，机械手停止动作并发出报警，待人工确认处理后方可再次作业。

粘连检测装置与桁架机械手的控制系统联锁，通过检测安装在部件储存工装两侧红外对射感应的通断，判断部件是否发生粘连。机械手抓取部件后提升至指定高度（此高度能够保证机械手抓取的车轮高于红外信号，且能保证被粘连的部件在红外信号传输途中），此时粘连检测装置发射红外信号，当接收端不能接收红外信号时，即可判断发生粘连。粘连检测装置即控制桁架机械手停止动作并发生报警，待人工确认后方可再次作业。

此外，桁架机械手设置了夹紧力感应器，实时感应机械手夹紧力，避免机械手夹紧力不足使工件脱落造成坠物伤害事故的发生。

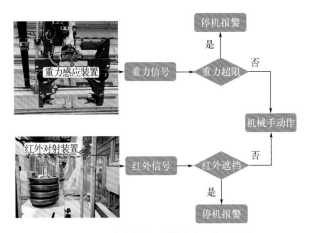

图 7-124　桁架机械手防护装置工作原理图

2. AGV 运输车防护技术

部件加工完成后，需使用 AGV 运输车将加工完的部件运送至指定的组装台位。为避免 AGV 运输车运输过程发生撞人、撞物等伤害事故，在 AGV 运输车上配置了雷达探测报警装置、安全保险杠、脱轨报警装置等安全装置，提升 AGV 运输车的本质安全，AGV 运输车结构见图 7-125。

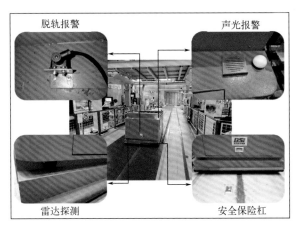

图 7-125　AGV 小车示图

在 AGV 运输车前进方向配置雷达探测装置，能够探测 AGV 运输车运行前方规定距离和规定范围内的障碍物，并进行分级处理。当障碍物距离运输车较远时，AGV 运输车减速运行，当障碍物距离运输车较近时，AGV 运输车及时停车，障碍物解除后，AGV 运输车自动恢复运行。

AGV 运输车前后运行方向配置安全保险杠，作为 AGV 运输车的双重防护。AGV 运输车运行过程中碰触到障碍物时，AGV 运输车立即停车并报警，障碍解除后需人工确认复位后方可重新启动 AGV 运输车。安全保险杠设计充分考虑运输车行驶速度，保证车辆撞击后、停止前不会造成人员伤害。

AGV 运输车依据地面铺设的磁条作为行驶指引，在 AGV 运输车上设置脱轨报警装置，当车辆偏离地面磁条时，AGV 小车立即停车并发出脱轨报警，以防止 AGV 离线失控造成伤害。

3. 自动化冲压生产线安全生产技术

长期以来，人们在不断探索和改进冲压床设备、设施，尤其是在防护设施上，采取双钮开关操作、吸盘等工夹钳进料、取料、光栅的防护和机械手操作措施来预防事故的发生，虽然也取得了一些效果，但在根本上未能得到有效保证。特别是冲压生产产品的批量一般都较大，操作动作比较单调，工人容易疲劳，极易引发人身伤害事故。因此，冲床作业机械化和自动化是减轻工人劳动强度、保证人身安全的根本措施。具体可见下列自动化冲压生产线示图和防范措施。

（1）自动化冲压生产线设备见图 7-126。

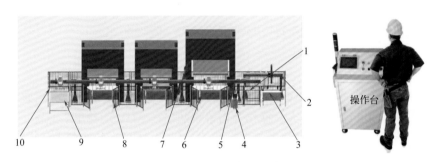

图 7-126　自动化冲压生产线设备示图

1—定位过渡台；2—拆垛机械手；3—单工位油压料架机；4—操作台；5—桁架式机械手；
6—移模臂；7—压力机；8—安全门；9—线尾出料皮带机；10—围栏

（2）系统防范措施

① 安全门及安全围栏。自动化生产线设置安全围栏，系统各可操作的控制器设置在安全围栏以外。在安全围栏适当的位置开设安全门和安全锁等装置。安全门通过安全锁与控制系统联锁，门没完全关闭时，设备不能正常自动启动，在关闭门后，必须将安全插销插入安全锁内，生产线才能启动（见图 7-127）。

图 7-127　安全门及安全围栏示图

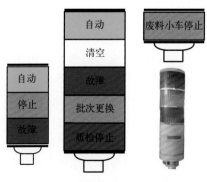

图 7-128　声光报警装置颜色示图

② 声光报警单元。自动化冲压生产线设备运行状态指示灯，具有初始状态、运行状态、故障状态等，并能在操作台的控制下以逐一或统一两种方式返回初始状态。声光报警单元作为整线安全系统的辅助工具，能够在设备起停、故障、换料、上下料故障以及安全系统中各安全监控点报警等各种异常状况发生时，及时通知操作人员处理。具体可见声光报警装置颜色例图（见图 7-128）。

③ 异常处置单元。自动化冲压生产线设置了异常处置和防止误操作单元。当设备遇到故障时，系统会自动显示当前故障和自检信息，从而达到任何故障一目了然，操作和维护更加简单、方便。整条生产线配置有光幕和异常信号感应器，使生产线中任何一处出现故障都会紧急停止整线工作（见图 7-129）。

④ 防止误操作单元。机械手不在手动模式时，系统将自动切断冲床的双手启动按钮，防止操作工对冲床进行误操作。机械手不在原点时，自动禁止冲床动作，防止操作工对冲床进行误操作，压坏机械手臂和模具。机械手运行时，将自动启动冲床运行模式保护功能，防止员工误切换，如果切换了，机械手会紧急停止机器，并显示故障的编号、位置和故障原因（见图 7-130）。

图 7-129　声光报警装置示图

图 7-130　桁架机械手示图

三、自动化涂装作业生产线

针对涂装作业劳动强度高、作业环境恶劣的特点，在涂装作业场所配置通风除尘、催化燃烧装置的基础上，通过采用自动打磨装置和涂装机器人，实现了恶劣工况下的作业无人化。

1. 自动打磨装置

涂装作业在腻子找平或涂覆涂层前，均需对腻子或原涂层进行打磨处理。腻子人工打磨需连续工作 3～5h，工作负荷重，且打磨过程中产生的大量粉尘，危害员工职业健康。采用的自动打磨装置自带集尘处理装置，降低打磨产生的粉尘浓度，且自动打磨过程中无需人工参与，有效避免人员接触粉尘的职业健康风险。自动打磨机器人作业可见图 7-131。

图 7-131　自动打磨机器人示图

自动打磨装置在作业前，首先采用模拟仿真的方式，选择合适的机器人型号，验证机器人可达性及系统方案布局的合理性。依据表面加工孔及安装附件的分布特点，设计机器人行动轨迹规划和避障算法，并通过软件仿真方式验证算法的可行性。腻子自动打磨作业时，自动打磨装置通过测量及辅助子系统完成产品表面信息采集并自动识别表面涂层打磨区域。在线打磨系统根据算法和表面信息规划机器人路径，并从工艺数据库选取合适打磨工艺参数，实现打磨作业过程中不同区域打磨工艺参数自适应调整，进而完成自动打磨作业。

2. 自动涂装机器人

涂装作业在漆房中进行，虽然为漆房配置了通风＋催化燃烧装置，但喷涂过程中漆雾飞散，甲苯、二甲苯等油漆挥发有机物严重危害施工人员职业健康。此外，漆雾属易燃易爆气体，因身体带静电或操作不当产生火花可能引发爆炸事故，安全风险较高。为提升涂装作业的本质安全度，开发了专用的自动涂装机器人，有效避免了人为操作失误引发的火灾等事故，同时将人员从恶劣的喷涂作业中解脱出来，杜绝发生职业健康伤害。

自动涂装机器人可通过离线编程、自动定位等控制装置实现对被喷涂作业点的实时定位，并根据定位信息和排产信息自动选取油漆按照设计路线自动完成油漆涂装作业。该生产线为全自动生产线，为避免自动涂装机器人运行过程中人员误入造成机械伤害，在自动机器人喷房每一个出入门上都设置一个安全插销，并与系统相联锁。当自动涂装机器人工作时，安全插销发生动作可使自动涂装机器人停止作业。此外，每一个自动站点都安装视频识别系统，以识别进入室体内的是产品还是人，当人员进入漆房时，视频识别系统将会报警并控制自动喷涂机器人停止作业。自动涂装机器人见图7-132。

图7-132　自动涂装机器人示图

四、天车双车联动技术

机械制造企业在生产大型部件时会频繁使用天车进行物料调转，大部件运转需使用双天车联运。为保证天车使用安全，针对大部件双天车吊运工况，在天车上设置了双天车联锁装置。双天车吊运大部件状态见图 7-133。

图 7-133　双天车吊运状态示图

双天车联动互锁装置是一种两台天车吊运长大部件时，远程无线联动互锁运行的控制装置，即可通过双天车联动互锁装置实现两台天车的同起同停，避免双天车不同步造成的事故隐患。双天车联动互锁分为电气控制联锁和机械运行联锁。

电气控制互锁是保证两天车运行指令一致的装置，两天车的所有动作信号（如升降动作、双向动作等）均输入各自的控制系统，通过遥控装置同时对两天车的控制系统发出相同动作指令，使两天车按照相同指令进行作业。同时，两天车之间通过无线通信系统进行实时联络，随时监控两天车的动作状态，当其中一台天车的运行状态发生变化时，另一台天车也实施相同的动作，保证两天车动作的一致性。

机械运行互锁是保证两天车动作一致的装置。两天车同步运行过程中，使用机械互锁对两天车之间的相对位置进行监控，若两天车相对位置偏差超过设定值，两天车立即停车并报警。

参考文献

［1］ 焦建荣.劳动保护工作指南.北京：原子能出版社，1999.

［2］ 焦建荣.建筑安全实用读本——施工管理六大关.北京：航空工业出版社，2004.

［3］ 焦建荣.企业职工伤亡事故剖析——100案例警示录.哈尔滨：黑龙江人民出版社，2007.

［4］ 焦建荣.企业职工伤亡事故剖析——十大类别警示丛书.南京：南京大学出版社，2009.

［5］ 焦建荣.建筑施工伤亡事故分析——六大伤害警示录.北京：化学工业出版社，2014.

［6］ 焦建荣.中小企业生产安全事故分析——八大类别警示丛书.南京：江苏凤凰科学技术出版社，2017.

［7］ 焦建荣.中小企业安全生产实用读本——事故管控六大关.北京：化学工业出版社，2020.